Photoshop+Lightroom 摄影师必备后期处理技法

（第2版）

[美] 斯科特 · 凯尔比（Scott Kelby） 著
裴雨琪 译

人 民 邮 电 出 版 社
北 京

图书在版编目（CIP）数据

Photoshop+Lightroom摄影师必备后期处理技法 : 第2版 / （美）斯科特·凯尔比（Scott Kelby）著 ; 裴雨琪译. -- 北京 : 人民邮电出版社, 2020.2
ISBN 978-7-115-52636-6

Ⅰ. ①P… Ⅱ. ①斯… ②裴… Ⅲ. ①图象处理软件 Ⅳ. ①TP391.413

中国版本图书馆CIP数据核字(2019)第259377号

内 容 提 要

本书作者斯科特·凯尔比是一位摄影师、设计师和获奖作家，曾撰写过多本 Photoshop 和 Lightroom 方面的畅销书。他一直从事 Photoshop 和 Lightroom 专业人员的培训工作，了解专业人员及数码摄影师共同关心的问题。本书就是针对这些问题而编写的一本实用教程，书中所述的后期处理流程步骤清晰、语言平实。读者在阅读本书之后，可以系统地学习到如何在 Photoshop 和 Lightroom 中导入照片、分类和组织照片、编辑照片、局部调整、校正数码照片问题、导出图像、转到 Photoshop 进行编辑、黑白转换、制作幻灯片放映、打印照片、创建针对 Web 使用的照片等方面的技巧与方法，了解专业人士所采用的照片处理工作流程。

本书适合数码摄影、广告摄影、平面设计、照片处理等领域各层次的读者阅读。无论是专业人员，还是普通爱好者，都可以通过阅读本书，迅速提高数码照片的处理水平。

◆ 著　　　　[美] 斯科特·凯尔比（Scott Kelby）
译　　　　裴雨琪
责任编辑　张　贞
责任印制　周昇亮

◆ 人民邮电出版社出版发行　　北京市丰台区成寿寺路 11 号
邮编　100164　　电子邮件　315@ptpress.com.cn
网址　http://www.ptpress.com.cn
北京九天鸿程印刷有限责任公司印刷

◆ 开本：889×1194　1/20
印张：17.4　　　　　2020 年 2 月第 1 版
字数：674 千字　　　2025 年 5 月北京第 10 次印刷

著作权合同登记号　图字：01-2016-8306 号

定价：118.00 元

读者服务热线：(010)81055296　印装质量热线：(010)81055316
反盗版热线：(010)81055315

谨以此书献给我最好的朋友和同事

——里克•萨蒙，他是我人生中碰见的最优秀的人之一，我很荣幸能称他为我的朋友。

关于作者

斯科特•凯尔比（Scott Kelby）

斯科特是《Lightroom》杂志的编辑和出版商，《Photoshop User》杂志的编辑和联合创始人，《The Grid》的主持人（《The Grid》是一档有影响力的、每周直播的摄影师谈话节目），也是Scott Kelby年度全球摄影巡展的创始人。

他是KelbyOne的总裁兼首席执行官，KelbyOne是一个Lightroom、Photoshop和摄影的在线教学社区。

斯科特是一位摄影师、设计师和获奖作家，著有90多本书，包括《Photoshop数码照片专业处理技法》《Photoshop Lightroom 摄影师专业技法》《布光 拍摄 修饰——斯科特•凯尔比影棚人像摄影全流程详解》，以及《数码摄影手册》系列，该系列的第一本《数码摄影手册（第一卷）》已成为史上最畅销的数码摄影图书之一。

在过去的6年里，斯科特一直保持着全球摄影类图书第一畅销书作者这一荣誉。他的图书已经被翻译为20多种语言，其中包括中文、俄文、西班牙文、韩文、波兰文、法文、德文、意大利文、日文、荷兰文、瑞典文、土耳其文和葡萄牙文等。他还获得了ASP国际大奖（ASP International Award），该奖由美国摄影师协会（American Society of Photographers）每年颁发一次，旨在奖励对专业摄影做出特殊或突出贡献的人。他还因其在全球摄影教育方面的贡献荣获了哈姆丹国际摄影奖（HIPA）。

斯科特还担任一年一度的Photoshop World Conference & Expo 会议技术主席，他经常在世界各地的会议和贸易展览会上发言。他参与制作了一系列在线学习课程，并且自1993年以来一直在培训Photoshop用户和摄影师。

致谢

我的每一本书的致谢开头都是相同的，那就是感谢我迷人的太太卡莱布拉。如果你知道她是个如此不可思议的女人，你就会完全明白为什么。

这听起来很傻，比如我们一起去购物，她会让我到别的通道去拿牛奶，当我带着牛奶回去找她时，她一看到我就会给我最温暖、最美丽的笑容。这并不是因为我拿到牛奶而高兴，而是即使我们刚刚分开60秒，我也会从她那里得到同样的微笑，这个微笑的意思是：“这是我爱的男人。”

如果在一段将近30年的婚姻中每天都会看到无数次这样的微笑，你就会觉得自己是这个世界上最幸运的人。相信我，我正是这样。直到今天，只是看到她，也会让我觉得像是听到了一段动人心弦的旋律，心激动得停止跳动。当你的人生是这样度过时，你会成为一个无比高兴且感到庆幸的人，而我正是这样。

所以，谢谢你，我的爱人。谢谢你的体贴，你的拥抱，你的理解，你的建议，你的耐心，你的慷慨，你是这样一个充满爱心和同情心的母亲和妻子。我爱你。

其次，我非常感谢我的儿子乔丹。我写第一本书的时候，我的妻子正怀着他（20多年前），他可以说是伴随我的写作长大的。因此你可以想象当他完成他的第一本243页的科幻小说时，我是多么骄傲。看着他在他母亲温柔和爱心的陪伴下，成长为一个这样出色的年轻人真是激动人心。当他大学毕业时，他知道没有比这更让我感到骄傲或兴奋的事了。他在人生中通过不同的途径接触到了形形色色的人，别看他现在只是一个年轻的小伙子，但他已经激励和鼓舞了不少人。我迫不及待地想看看生活为他准备的奇幻冒险、浪漫爱情和欢声笑语了。小家伙，这个世界需要更多这样的“你”！

感谢我们出色的女儿基拉，你是我们祷告的回应，是对你哥哥的祝福，你是一个强壮的小姑娘，并再次证明奇迹每天都在发生。你是你母亲的小翻版，相信我，我再也给不出比这更好的赞美了。每天都能够看到这样一股快乐、欢闹、聪明、有创造力、令人敬畏的小小自然力量在房子里跑来跑去，真是太好了，她不知道自己让我们多么快乐和骄傲。

特别感谢我的大哥杰夫。在我的生命中有很多要感谢的，但是我要特别感谢在我的成长过程中，有你这样一个积极的榜样。你是我最好的兄弟和朋友。虽然我之前已经说了一万次，但再说一次也无妨——我爱你，哥哥！

感谢我的朋友和商业伙伴简 • A. 肯德拉，感谢她这些年的支持和友谊。你对我、卡莱布拉和我们公司都很重要。

温暖的感谢言辞献给我的编辑金 • 多蒂。是她令人赞叹的态度、激情、稳重，以及对细节的关注，使我坚持把书完成。当你写这样一本书时，有时会感到彻头彻尾的孤独，但她真的让我觉得我不是一个人——我们是一个团队。往往是她鼓励的话语，或是那些有帮助的想法让我在碰壁之后能够坚持下去。我不知道怎样才能给予她足够的感谢。金，你是最棒的！

同样幸运的是，我还有才华横溢的杰西卡 • 马尔登纳多（又叫“Photoshop Girl”）给我的书做设计工作。我实在是很喜欢杰西卡的设计，还有她加在布局和封面设计中的所有聪明的小想法。她才华横溢，与她一起工作很快乐，她是一个非常聪明的设计师，每一次布局前她都能提前想好5个步骤。有她在我的工作团队中让我觉得非常幸运。

另外，还要非常感谢我的技术编辑辛迪·斯奈德，她帮我测试所有在本书中提到的技术（并确保我没有遗漏会导致失控后果的步骤），还捕捉到很多别人都会忽视的小问题。

非常感谢我亲爱的朋友，火箭摄影师，特斯拉研究教授、非正式但仍是官方的迪士尼邮轮指南以及亚马逊Prime会员爱好者艾瑞克·库纳先生。你是我每天热爱去上班的原因之一。你总是能发现一些很酷的新事物，善于跳出框框思考，并且确保我们总是做着正确的事情。感谢你的友谊，你所有的辛勤工作和你宝贵的建议。

我衷心感谢我在凯尔比传媒集团的整个团队。我知道大家都认为他们的团队是很特别的，但这一次——我是对的。我很荣幸能与你们合作。我依然惊讶于你们夜以继日所完成的工作，你们投入其中的激情和自豪感不断地给我留下深刻的印象。

多亏了我的行政助理珍妮· 吉尔勒巴使我的各项工作步入正轨。我知道即使是要找到我在哪栋大楼也是一个挑战，但你似乎总能从容应对。我非常感谢你的帮助、你的才华和无限的耐心。

感谢Peachpit Press、New Rider的全体员工，感谢我的编辑劳拉·罗曼掌舵，指导我的书顺利出版。感谢已经离开公司但不会被遗忘的南希·奥尔德里奇-鲁恩泽尔、萨拉·简·陶德、泰德·韦特、南希·戴维斯、丽萨·布拉泽厄尔、斯科特·考林，以及盖瑞·保罗·普林斯。

感谢克勒贝尔·斯蒂芬森确保了各种令人惊喜的事情发生，为我们抓住了很多机会。我特别享受我们一起度过的商务旅行，不仅笑得多，吃得也很多，商务旅行的安排比以往更加有趣。

感谢我在Adobe Systems的朋友泰瑞·怀特、马拉·夏尔马、布兰·拉姆金、沙拉德·曼加里克、汤姆·霍加尔蒂、凯西·希贝塔、朱利安尼·科斯特和罗素·普雷斯顿·布朗，以及已经离开公司但从未被忘记的芭芭拉·莱斯、卡里·古申肯、赖伊·利文斯顿、约翰·洛亚科诺、凯文·康纳、阿迪·罗夫和卡琳·戈捷。

感谢曼尼· 斯泰格曼一直信任我，谢谢他这些年的支持和友谊。感谢盖布、瑞贝卡，史蒂夫、约瑟夫以及B&H影像所有的优秀伙伴。B&H影像是世界上最好的相机店铺，但它也远不仅仅只是家相机店铺。

我要感谢多年来一直教导我，启发我的那些才华横溢的摄影师们，包括莫斯·彼得森、乔·麦克纳利、比尔·福特尼、乔治·莱普、安妮·卡希尔、文森特·弗塞斯、大卫·齐斯、吉姆·迪维陶尔、克里夫·毛特纳、戴夫·布莱克、海伦妮·格拉斯曼和蒙特·朱克。

感谢我的一些良师益友，他们的智慧和鼓励给予我极大的帮助，其中包括约翰·格拉登、杰克·李、戴夫·盖尔斯、朱迪·法默尔和道格拉斯·普尔。

开始阅读本书前你需要知道的4件事

我想确保你在阅读本书后获得尽可能多的东西，如果你花上两分钟来阅读这4件事，我保证这本书将会使你更加自如地运用Lightroom和Photoshop处理照片。顺便说一句，下面展示的图片只是为了参考。嘿，我们是摄影师——我们在意事物的外表。

（1）你可以下载很多书里用到的关键照片。这样你就可以使用我在书中用过的相同的图片。看，这是我说过的那些，如果你跳过了这段文字，直接开始阅读第1章，就会错过的事情中的一件。你会生气地发给我一封邮件，质问我怎么没告诉你在哪里下载这些图片。而且你还不会是第一个。

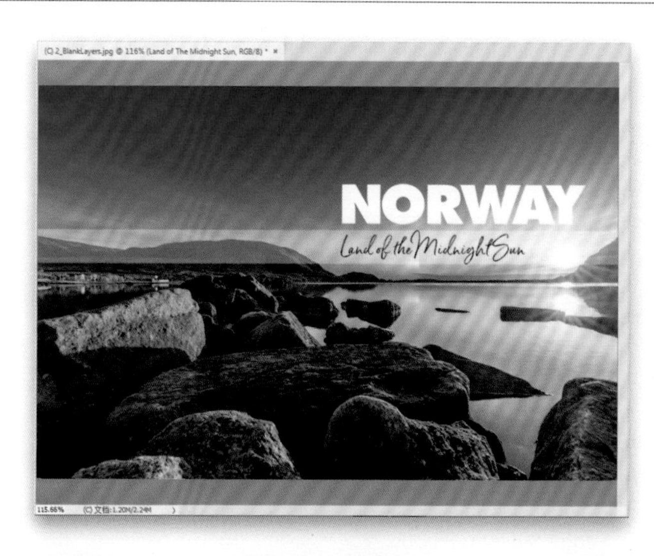

（2）如果你读过我其他的书，你就会知道，人们通常是随便翻到书的任意章节开始阅读的，但如果你第一次接触Lightroom或Photoshop，我还是建议你从基础部分开始学习。此外，请务必阅读每一节的开头文字，它们在每节首页的顶部。那里包含有你想知道的信息，所以不要跳过它们。

（3）软件的官方名称是“Adobe Photoshop CC”。不过，如果在整本书中，每一次我提到它们，都称其为“Adobe Photoshop CC”，你肯定想要掐“死”我。“Adobe Photoshop Lightroom”也是如此。所以，从现在起，我通常只称它们为“Lightroom”和“Photoshop”。

（4）如果这本书使你深深地爱上了Photoshop 或Lightroom 会怎么样？那不是件坏事。如果出现了这种情况，我还有一本300多页的书想要推荐给你，这本书涵盖了所有你（作为一个摄影师）想用Photoshop做的一切，它就是《Photoshop CC数码照片专业处理技法》。

资源下载

本书附赠案例配套素材文件，扫描“资源下载”二维码，关注“ptpress摄影客”微信公众号，即可获得下载方式。资源下载过程中如有疑问，可通过客服邮箱与我们联系。

客服邮箱：songyuanyuan@ptpress.com.cn

目　　录

第1章

向Lightroom中导入照片 LR

第2章

在Lightroom中管理照片 LR

第3章

自定设置 LR

目　　录

目　　录

第6章

从Lightroom到Photoshop（再返回） PS + LR

第7章

智能对象和HDR PS

第8章

人像照片后期处理 PS

第9章

照片合成 PS

第10章

在Photoshop中创建特殊效果 PS

目　　录

WANT T
LOOK
INSIDE?
entrance 10m →
CONTEMPORA
ART GALLER
BOOK SHOP
DESIGN
&FASHION SHO
HISTORY OF
THE DANCING
UILDING
OFFICES
FOR RENT

向Lightroom中导入照片

- 先选择照片的存储位置
- 现在选择你的备份策略
- 进入Lightroom前组织照片的方法
- 把照片从相机导入Lightroom（适用于新用户）
- 把照片从相机导入Lightroom（适用于老用户）
- 从DSLR导入视频
- 联机拍摄（直接从相机到Lightroom）
- 为导入照片选择首选项
- 使用 Lightroom要了解的4件事
- 查看导入的照片
- 使用背景光变暗、关闭背景光和其他视图模式
- 查看真正的全屏视图
- 使用参考线和尺寸可调整的网格叠加

1.1 先选择照片的存储位置

在进入 Lightroom 并开始导入照片之前，你需要先决定所有照片的存储位置（我是指你所有的照片——过去拍的，今年拍的，还有未来几年将要拍的所有照片）。你需要一个容量极大的存储设备来保存整个照片库，好消息是如今的存储卡价格非常便宜。

使用外接硬盘

如果计算机硬盘的可用空间充足，那么你可以把所有照片都存在里边。不过，我通常会建议朋友购买一个比其预期的容量要大得多的外接硬盘［初学者至少需要4TB（太字节）］。如果你打算把毕生拍下的照片都存在计算机硬盘中，那么计算机的存储空间很快就会被充满，你还是不得不购买外接硬盘，所以最好一开始就准备好一个性能好、速度快、容量大的外接硬盘。顺便说一下，不用担心，Lightroom强大到能把照片存储在独立的硬盘中（不久就会教你如何操作）。总之，无论是什么外接存储器，它都能超乎想象地迅速被填满，这也归功于当今的高像素相机越发标准化。你可能会说："我绝不可能填满4TB的存储空间！"但你仔细想想：如果你每周只拍一次照，每次只使用16GB的存储量，那么一年你也将使用超过400GB的存储空间。而这仅仅是每周只拍一次的情况，还没有算上以前拍摄的照片。所以一定要选择存储空间大的硬盘。

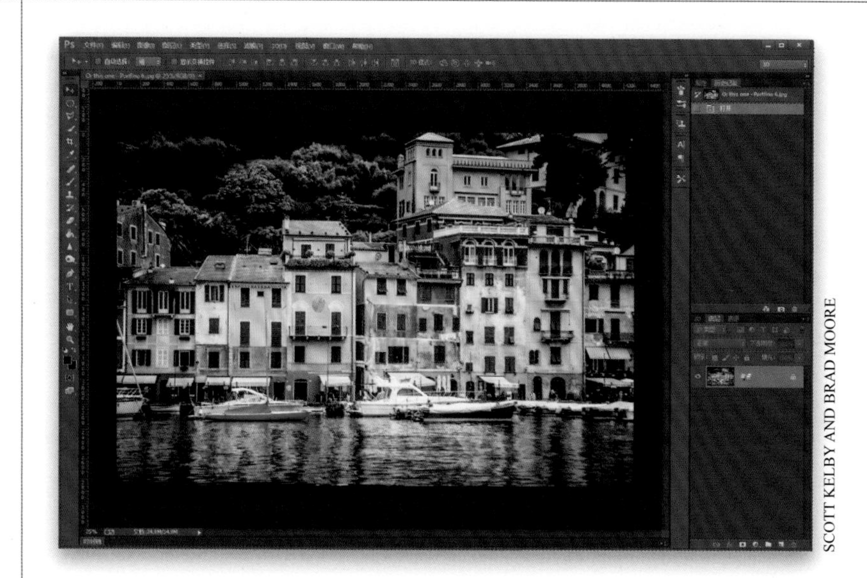

SCOTT KELBY AND BRAD MOORE

图 1-1

1.2 现在选择你的备份策略

现在你已经准备好外接硬盘了，你所有的照片都会存在这里边，可它坏掉了怎么办？注意，我此处所说的“坏掉”并非偶然，而是必然的。它们终将会坏掉，存在里面的东西也会随之消失。因此，你必须至少有一个额外的备份照片库。注意我说的是“至少有一个”。这是一个很严肃的问题。

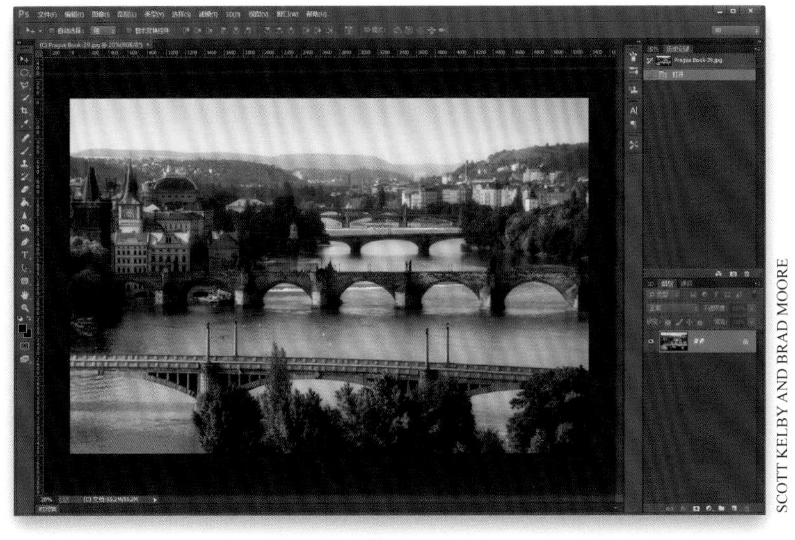

SCOTT KELBY AND BRAD MOORE

图 1-2

它必须是一个完全独立的硬盘

你的备份必须是完全独立于主外接硬盘之外的另一个外接硬盘（不是硬盘分区，也不是同一硬盘中的另一个文件夹。我曾经和一个没意识到该问题严重性的摄影师探讨过，一旦原始图库和备份图库同时崩溃，那么结局只有一个，就是照片永远丢失）。所以完全有必要准备第二个硬盘，把照片存储在两个完全独立的硬盘中。稍后我再做详细讲解。

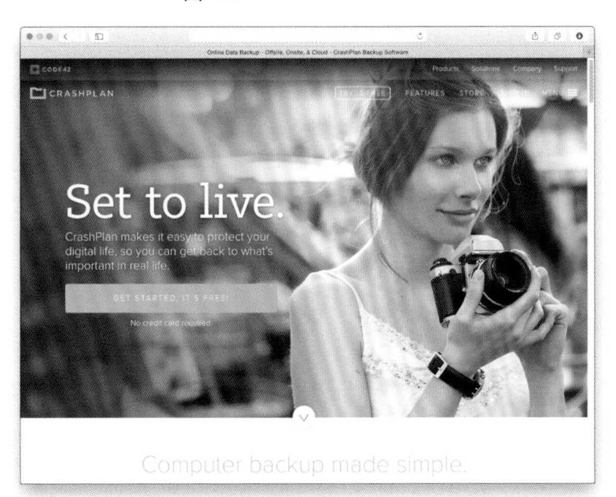

图 1-3

第二和第三策略

如果你家（或办公室）遭遇暴风、龙卷风、洪水或火灾，这时即便有两个硬盘，依旧会因其损毁而失去照片。如果家或办公室遭到破坏，整个计算机装置，包括外接硬盘都很难幸免于难。这时需要考虑把备份外接硬盘分开存放。例如，我把一个硬盘放在家里，把另一个存有相同图库的硬盘放在办公室。我的第三个备份策略是对整个图库进行“云储备”备份。

1.3 进入Lightroom前组织照片的方法

我几乎每天都会遇到为照片存储位置而犯难的摄影师，他们对Lightroom的存储功能迷惑不解，认为其毫无章法。不过，如果你能在使用Lightroom前先组织照片（我将为大家介绍一个简单的办法），那么接下来的工作将更加顺利，你不仅能明确照片的位置，而且即便你不在计算机旁，别人也能通过精确的存储位置找到所需要的照片。

第1步

进入外接硬盘并创建一个新文件夹。这是你的主图库文件夹，你需要把所有照片（无论是几年前的老照片，还是新拍摄的照片）都存入其中，这是在进入Lightroom前整理照片的关键步骤。

我把这个重要的文件夹命名为Lightroom Photos，你也可以按自己的喜好命名，只要知道这是你整个照片库的新家就行了。此外，如果想要备份整个照片库，只需要备份这个文件夹，很方便对不对?

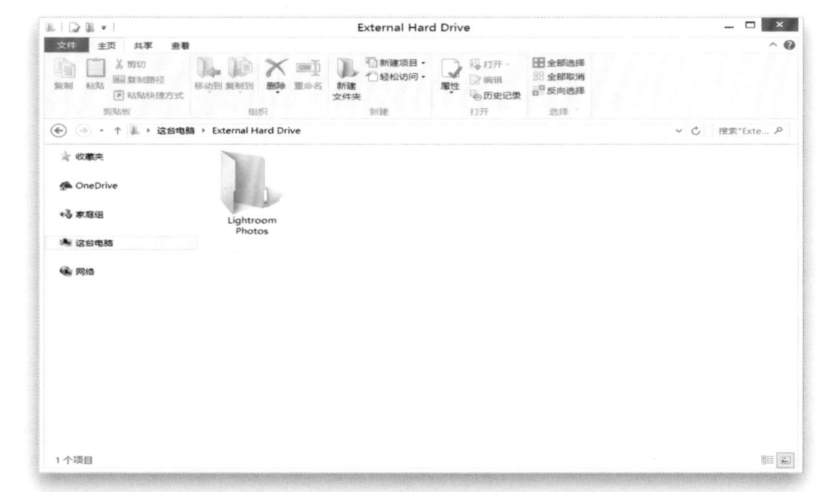

图 1-4

第2步

在主文件夹里创建更多的子文件夹，然后根据照片的主题命名它们。例如，我有旅行、运动、家庭、汽车、人像、风景、纪实和杂项等独立的文件夹。现在我已经拍摄过许多不同的运动题材的照片，因此在我的运动文件夹中又设有足球、棒球、赛车、篮球、曲棍球、橄榄球和其他运动等独立的文件夹。最后一个步骤不是必须要有的，只不过我拍过许多不同运动题材的照片，这样做更方便我快速地找到照片。

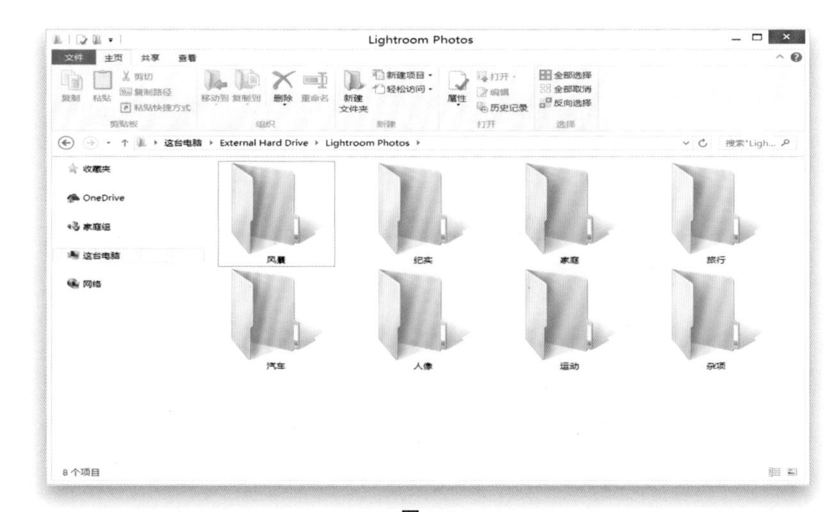

图 1-5

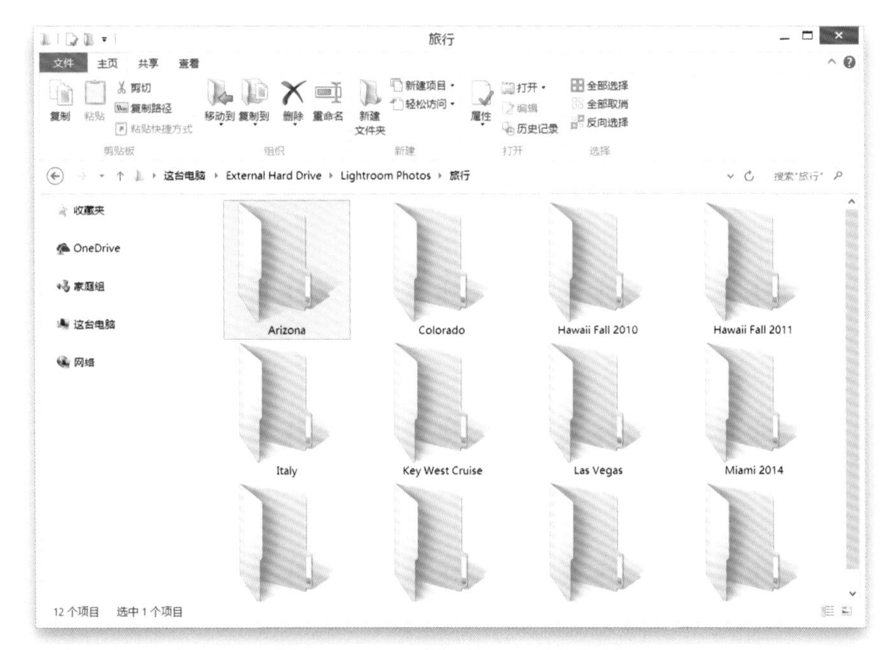

图 1-6

第3步

现在你的计算机里可能有许多满是照片的文件夹，你的任务是把它们拖入到对应主题的文件夹中。所以，如果你有一些夏威夷旅行的照片，就把文件夹拖入Lightroom Photos文件夹中的旅行文件夹中。顺便提一下，如果存储夏威夷之行照片的文件夹取了一个诸如“Maui Trip 2012”之类不太一目了然的名字，那现在你最好修改一下名称。文件夹名应该越简单直白越好。言归正传，我拍了一些我女儿参加垒球锦标赛的照片，把它们放入Lightroom Photos文件夹的运动文件夹中。但它们同时也是我女儿的照片，因此也可以把它们存入家庭文件夹中，这并没什么影响，全凭个人喜好。但如果此时选择的是家庭文件夹，那么以后孩子运动的照片就都要放入其中，必须保持一致，绝对不能将两个文件夹混杂着使用。

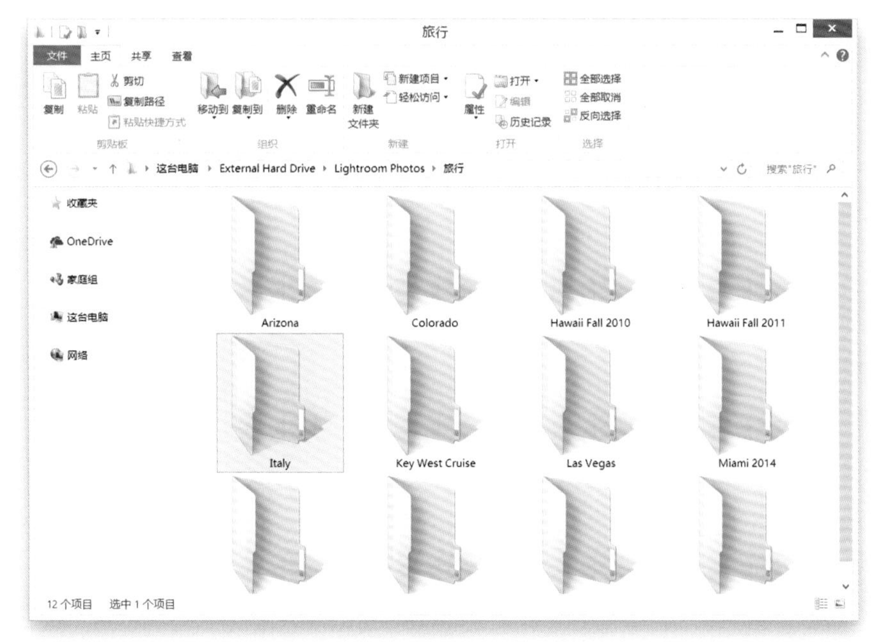

图 1-7

第4步

事实上，把所有照片从硬盘转入到文件夹里用不了多长时间，几小时足矣。怎么操作呢？首先，即使你不在计算机前，也应该能明确地说出每张照片所在的位置。例如，如果我问：“你意大利之行的照片在哪？”你立刻能说出它位于Lightroom Photos文件夹，旅游的子文件夹Italy中。如果你曾多次游览过意大利，可能会看到三个文件夹：Italy Winter 2014、Italy Spring 2012和Italy Christmas 2011，显然你去过三次意大利，但我最初不会问你去过几次，即便问了，你也知道答案。

第5步

如果你想要更深入地整理照片（有些人需要），那么可以在创建完Lightroom照片主文件夹后再加一步：不用照片的主题如旅行、运动、家庭等命名文件夹，而是用年份如2015、2014、2013等你需要的年份来命名。然后在年份文件夹中创建主题文件夹（在每个年份文件夹中再创建旅行、运动、家庭等子文件夹）。这样你的照片就是按其拍摄年份存储的了。来试一下：如果你2012年去过伦敦，先把伦敦文件夹拖入2012文件夹的旅行文件夹中，这就完成了。如果你2014年又去了伦敦，就要把它放入2014文件夹的旅行文件夹中。所以，我为何要多此一举呢？对我来说，这只是多了个步骤而已，而且我也记不住每年发生过什么事儿（我记不清自己是2012年还是2013年去的意大利），所以没法准确地找到照片位置。

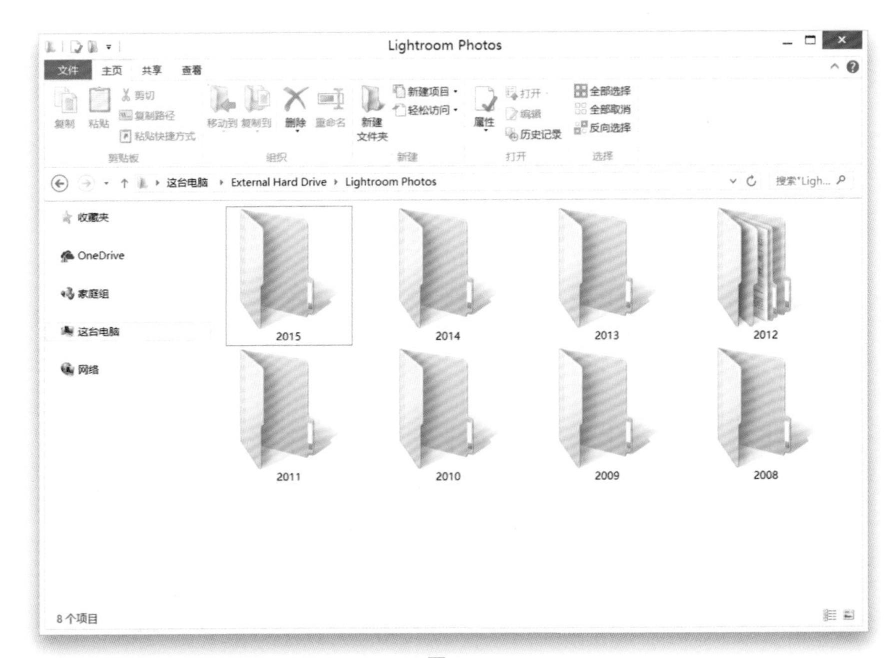

图1-8

第6步

假如你拍过许多音乐会的照片，我会问：“埃里克·克拉普顿音乐会的照片在哪？”你答：“在我的外接硬盘，Lightroom Photos\2013\Concert Shots文件夹中。”就是这么简单，因为那个文件夹中存放着所有你在2013年音乐会上拍摄的照片，并以字母顺序排列。事实上，文件夹的名称越简单直白，如“Travis Tritt”“Rome”或“Family Reunion”，接下来的工作就越简便顺利。顺便问一下，你2012年家庭聚会的照片在哪？它们当然在Lightroom Photos\2012\Family\Family Reunion文件夹中。完成，就这么简单。现在就着手整理吧（只要1个小时左右），你将受益终生。

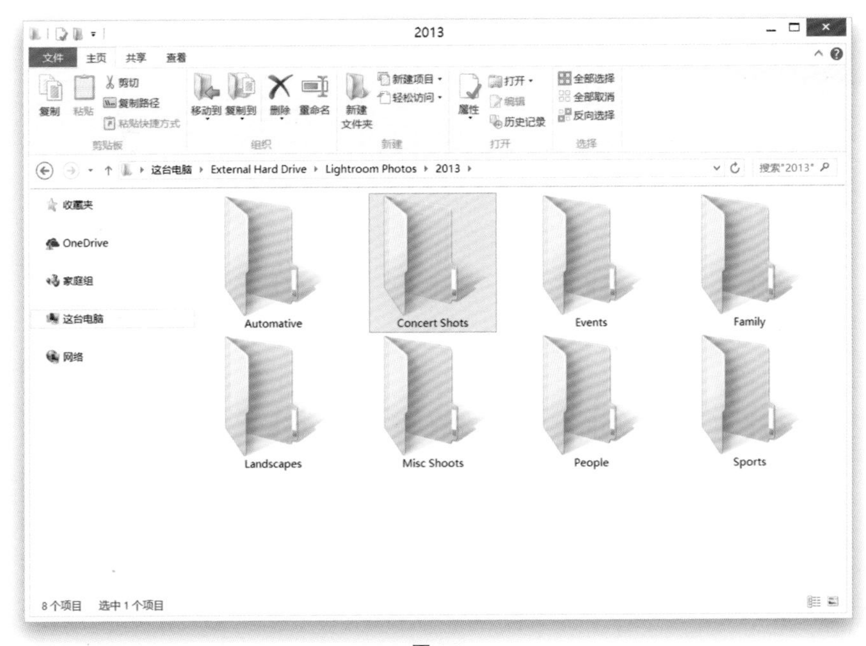

图1-9

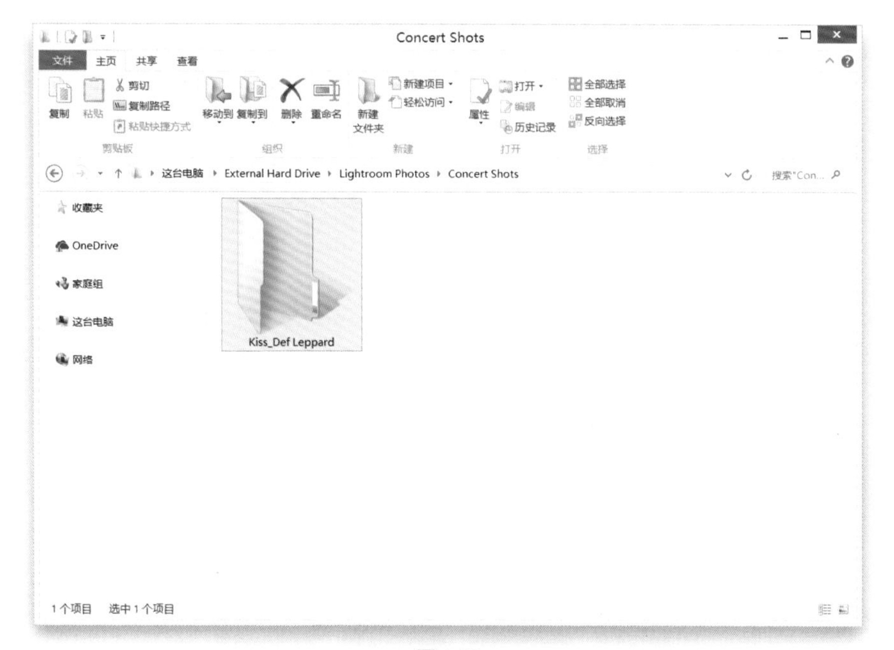

图 1-10

第7步

如果从相机存储卡导入新照片该怎么办呢？步骤一样：把它们直接导入到正确的主题文件夹中（稍后再做详细介绍），并在其中创建一个切合照片主题、名字简单的新文件夹。比如你在KISS和Def Leppard音乐会上拍下照片，那么它们会被存储在Lightroom Photos\Concert Shots\Kiss_Def Leppard文件夹中。

注意：如果你是一位严谨的纪实摄影师，你需要一个名为“Events”（纪实）的独立文件夹，该文件夹中还会包含如音乐会、名人演讲、颁奖典礼等整齐有序的照片。

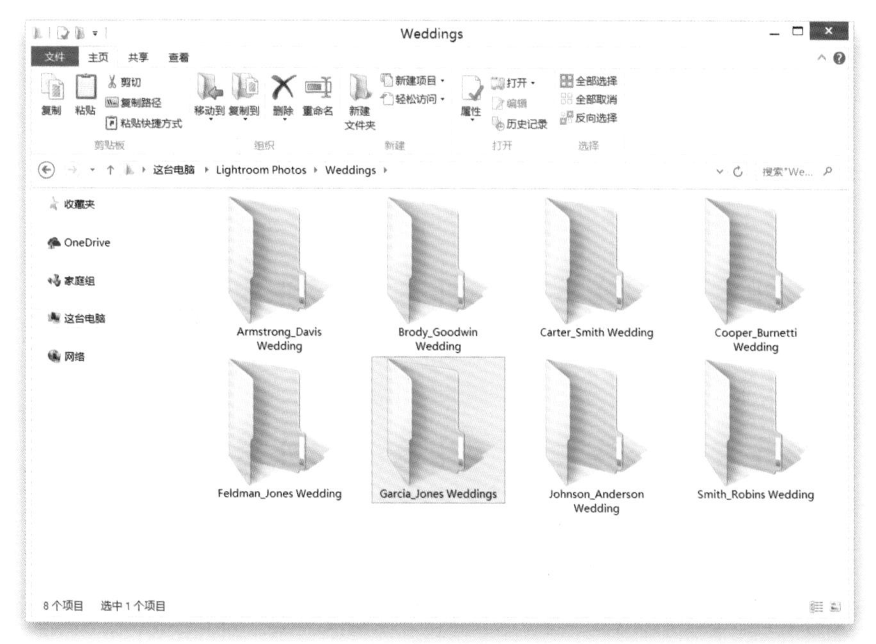

图 1-11

第8步

重申一次，我进行照片分类时喜欢跳过年份文件夹。所以如果你是婚礼摄影师，你需要有婚礼文件夹，里边要创建名为诸如Johnson_Anderson Wedding、Smith_Robins Wedding等简单的名称。如果Garcia女士对你说：“我想多要一份我们的婚礼照片。”你需要知道其确切位置：在你的Lightroom Photos\Weddings\Garcia_Jones婚礼文件夹中。简单至极（其实Lightroom可以让操作更简单，不过你需要在打开Lightroom前把照片全都整理好）。如果你遵循以上步骤，就能以简便的方式将照片整理得井然有序。

1.4 把照片从相机导入Lightroom（适用于新用户）

在本书中，我把相机存储卡中的照片导入方法进行了重大改变，使之服务于Lightroom新用户。事实上，我了解到许多摄影师都很担心不知道照片的实际存储位置，因此我完全改变了对于这个操作过程的讲解。它能够解决那些受困于Lightroom存储问题的用户的困扰，一经使用，立即受益。

第1步

许多人都会绕过Lightroom的这个功能，认为其很困难（如上所述）：把装有存储卡的读卡器插入计算机中，暂时跳过Lightroom。就是这样——按照上述步骤，把照片从存储卡直接拖入到外接硬盘的恰当位置中。比如这些布拉格的照片位于外接硬盘的Lightroom Photos中，然后在Travel文件夹中有一个名为Prague 2014的新建文件夹，我把它们从存储卡直接拖动到文件夹里。现在就不用担心照片到底在哪了，因为你有条理地存储了它们。

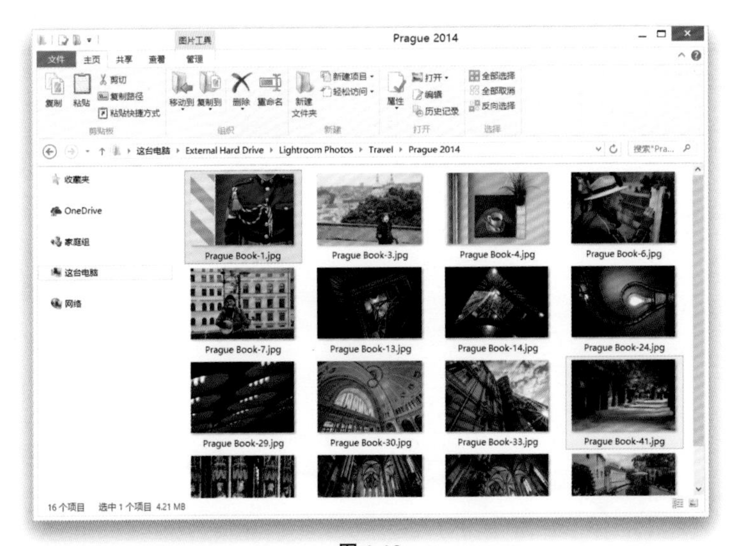

图 1-12

第2步

现在把这些照片导入Lightroom中（我们不是真的移动它们。只是需要告知Lightroom它们的位置，以便下一步操作）。幸运的是，由于照片已经存储在你的外接硬盘中，这一步会相当快！打开Lightroom，在图库模块的左下角单击导入按钮（如图1-13中红色圆圈所示），或者使用快捷键Ctrl-Shift-I（Mac：Command-Shift-I）。

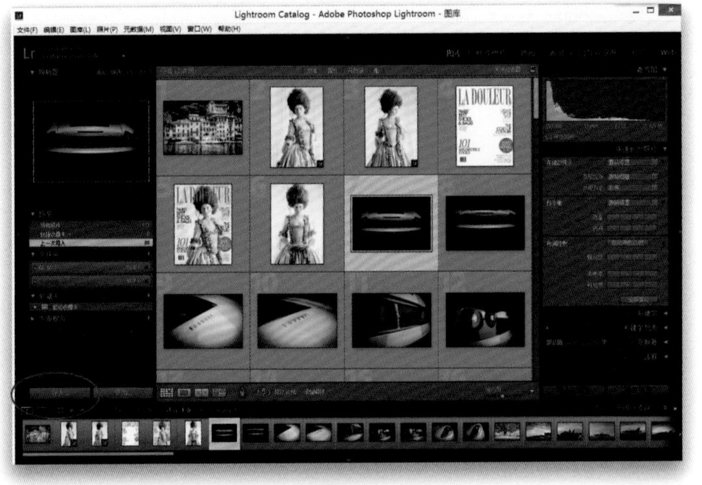

图 1-13

图 1-14

图 1-15

第 3 步

这时会打开导入窗口，如**图 1-14** 所示。根据存储的位置不同，我们操作的方式也有所不同。把照片直接存放在计算机里的操作方式与存放在外接硬盘中的方式稍有不同（若想了解详情，请直接跳到第 5 步）。如果打算把所有照片都存在计算机里，那么在源面板中，单击硬盘的左箭头以查看它的列表。始终单击这些小箭头可以导航到 Lightroom Photos 文件夹，然后单击 Travel 的左箭头查看其列表，再单击你创建的 Prague 2014 文件夹，并把照片复制到计算机中。现在可以看到所有导入就绪的布拉格照片的缩览图［如果由于某种原因，你看到的窗口比较小，只需单击左下角的显示更多选项按钮（下箭头），展开为如**图 1-14** 所示的完整的缩览图］。

提示：查看导入照片的数量和所占空间

你可以在导入窗口的左上角查看导入照片的总数量，以及它们在硬盘中所占的空间。

第 4 步

单击并拖动预览区域下方的缩览图滑块，更改缩览图大小（如**图 1-15** 所示）。默认情况下会导入该文件夹中的所有照片，如果有些照片你不想导入，只需取消勾选其左上方的复选框即可。

第5步

如果你把照片存在外接硬盘中，那么必须让Lightroom知道照片来源于此。该操作需要在导入窗口完成。外接硬盘会出现在源面板中硬盘的下方，找到Lightroom Photos\Travel\Prague 2014文件夹，然后进入该文件夹，现在就能看到所有布拉格照片的缩览图了（单击并拖动预览区域下方的缩览图滑块来改变缩览图的大小）。默认时，该文件夹中的所有照片都将被导入，但如果有些照片你不想导入，只需取消勾选它们左上角的复选框即可。

图 1-16

第6步

由于照片已经位于你的外接硬盘（或计算机）中，所以你不必再在导入窗口进行过多操作，不过还需做出一些决定。首先要决定照片在Lightroom中的显示速度和缩放比例，该操作需要在文件处理面板中完成。在后文中，我详细介绍了如图1-17所示的这4个构建预览选项，以及如何正确地选择它们。

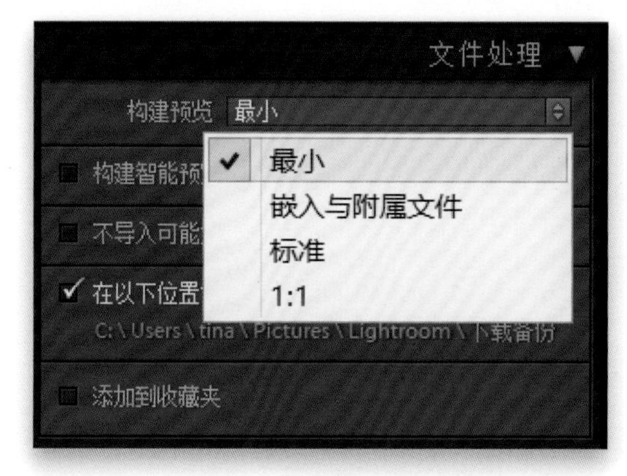

图 1-17

图 1-18

第 7 步

构建预览下拉菜单的下边是构建智能预览复选框。只有当你处于修改照片模块下，并且外接硬盘没有连接计算机时，才需打开此选项（用以调整曝光度、鲜艳度等设置）编辑照片。此外，我建议勾选不导入可能重复的照片复选框，以防把照片导入两次（当你多次导入同一个存储卡时可能会出现该问题）。这时重复照片的缩览图会显示为灰色。如果所有照片都是重复的，导入按钮也会变灰。如果想把照片导入到收藏夹里（这会省掉之后的一些步骤），可以勾选添加到收藏夹复选框。这会打开当前的收藏夹列表，只需单击想要导入照片的收藏夹，或单击复选框右侧的+图标来创建新收藏夹，Lightroom 就能完成其余操作。

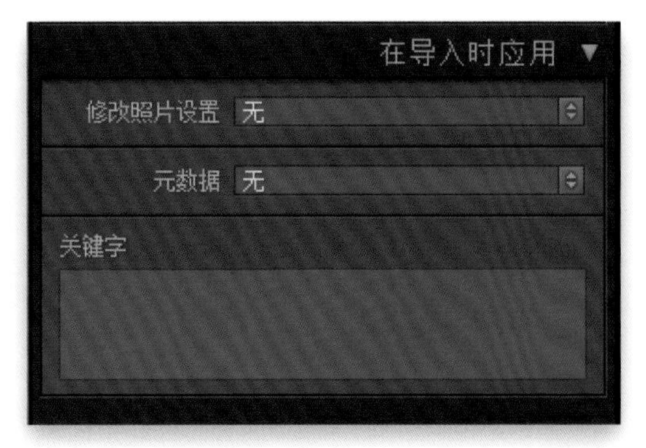

图 1-19

第 8 步

还有一些需要了解的设置——在导入时应用面板。在后文中我会对此进行介绍。现在，你可以单击导入按钮，把这些拍摄于布拉格的照片放到 Lightroom 中操作了。

1.5 把照片从相机导入 Lightroom（适用于老用户）

如果你已经使用过一段时间Lightroom，熟悉了照片的存储位置，在查找照片时毫无压力，那么这一节会非常适合你。我将为你介绍大师级的导入流程，以及在导入窗口需要进行的设置。不过，如果你是Lightroom的新用户，或者硬盘中已经存有照片，那么这套流程不适合你，请转到1.4节吧。

第1步

如果Lightroom 已经打开，则可以把相机或读卡器连接到计算机，这就会看到在Lightroom窗口中弹出导入对话框。导入窗口的顶部非常重要，因为它显示将要执行的操作。**图1-20**中的数字编号从左到右依次代表的含义是：（1）显示照片来自哪里（这个例子中，照片来自相机）；（2）将对这些照片执行哪些操作（这个例子中，将从相机上复制它们）；（3）要把它们放到哪里（在这个例子中，要把它们从外接硬盘中复制到Lightroom的照片文件夹中）。如果不想立即导入相机或存储卡上的照片，只需单击取消按钮，该窗口就会关闭。关闭之后，再次单击导入按钮（位于图库模块左侧面板的底部），即可随时打开导入窗口。

图 1-20

第2步

如果相机或者读卡器仍连接到计算机，Lightroom 则会认为我们想要从这些卡上导入照片，我们会看到导入窗口左上角的从下拉列表（如**图1-21**中圆圈所示）。如果需要从其他存储卡导入（我们可能将两个读卡器连接到计算机），则请单击从按钮，从弹出菜单（如**图1-21**所示）中选择其他读卡器，或者可以选择从其他地方导入，如桌面或者Pictures文件夹，或者最近导入过的其他任何文件夹。

图 1-21

图 1-22

第3步

中间预览区域右下角的下方有一个缩览图大小滑块，它可以控制缩览图预览的尺寸。如果想看到更大的缩览图，则可以向右拖动该滑块。

提示：以更大尺寸查看照片

如果想以全屏大尺寸查看将要导入的照片，只要在照片上双击或者按字母键E即可，再次双击照片或者按字母键G可缩回原来的尺寸。按键盘上的+键可以查看大缩览图，按-键则会使其变小。该功能在导入窗口和图库模块的网格视图时都适用。

图 1-23

第4步

预览即将导入照片的缩览图的一大优点是可以选择实际需要导入哪些照片，毕竟，如果在步行时意外拍摄到地面照片，这样的照片没有任何理由需要导入，而我几乎每次外出拍摄时都会遇到这种情况。默认时，所有照片旁边都有一个选取标记，意味着它们全部被标记为导入。如果看到不想导入的照片，只要不勾选该复选框即可。

第5步

现在，如果存储卡上有300多幅照片，而我们只想导入其中的少数照片该怎么办？只需单击预览区域左下角的取消全选按钮，再按Ctrl（Mac：Command）键并单击我们要导入的照片。之后勾选所有被选中照片缩览图左上方的复选框，让它们处于选取状态。此外，如果从排序依据下拉列表（预览区域下方）内选择选中状态，则所有被选取的图像将依次显示在预览区域的顶部。

提示：选择多幅照片

如果想要选取的照片是连续的，则可以单击第一幅照片，然后按住Shift键并保持，向下滚动到最后一幅照片，单击它，就可以选择二者之间的所有照片。

图1-24

第6步

在导入窗口顶部中央位置，可以选择是原样复制文件（复制），还是复制为DNG，在导入照片时将它们转换为Adobe公司的DNG格式。其实选择哪一种都可以，所以如果此时我们不确定该怎样做，只需选择默认设置复制即可，此设置能够将图像从存储卡中复制到计算机或外接硬盘，并将它们导入到Lightroom。无论是选择复制还是复制为DNG都不会将原始图像从存储卡中移除，因此即使在导入期间不小心发生了严重错误，我们在存储卡上仍然保留有原始照片。

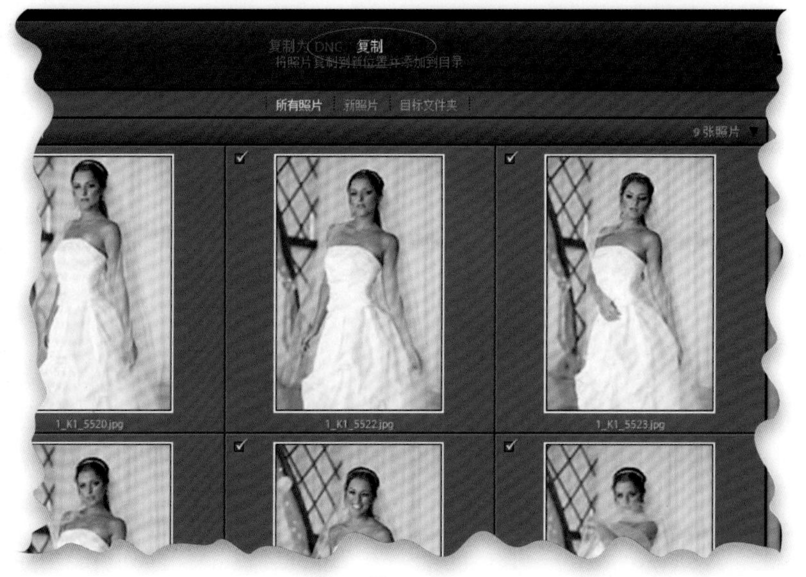

图1-25

图 1-26

图 1-27

图 1-28

第 7 步

在复制为 DNG 和复制按钮下方有三个视图选项。默认时，预览区域显示存储卡上的所有照片，但是，如果下一次导入使用该存储卡新拍摄的照片时，预览区域只显示出存储卡中还未导入的新照片。此外，还有一个目标文件夹视图，在该视图模式下，预览区域将会隐藏与导入到文件夹内的现有照片名称相同的所有照片。后面这两个视图选项只是为了避免混乱，使我们在移动文件位置时更容易观察所执行的操作，因此如果不需要它们的话，则完全可以不用它们。

第 8 步

接下来我们要介绍 Lightroom 把导入的照片存储到了哪里。观察导入窗口的右上角，即可看到到部分，它显示照片将要存储在计算机上的位置（在这个例子中，**图 1-27** 中把照片存储在我硬盘上的 Lightroom Photos 文件夹内）。单击到按钮，从弹出菜单（如**图 1-28** 所示）中可以选择默认图片收藏文件夹，或者可以选择其他位置，也可以选择最近存储图像使用过的文件夹。无论选择哪个选项，只要观察目标位置面板中显示的该文件夹在计算机上的路径，就可以知道照片将来的存储位置。

第9步

现在，如果选择之前创建的Lightroom Photos文件夹作为存储照片的位置，我们可以把照片放置到按日期命名的文件夹内，或者你也可以选择创建新文件夹，并把它命名为你喜欢的名称。请转到该窗口右侧的目标位置面板，勾选至子文件夹复选框，之后在其右边显示出的文本字段框内输入你喜欢的文件夹名称。在我这个例子中，我要把照片导入到Lightroom Photos文件夹下的Weddings 2014子文件夹内。在我看来，用拍摄对象的内容来命名文件夹便于我找到这些照片，但有些人喜欢按年或者按月排序所有图像，这样也很不错。

图 1-29

第10步

如果想让Lightroom按日期组织照片文件夹，首先一定要取消勾选至子文件夹复选框，之后从组织选项下拉菜单中选择按日期，然后单击日期格式下拉列表，从中选择你喜欢的日期格式（如图1-30所示）。所以，真正从这个下拉列表内所选择的是位于年份文件夹内的子文件夹名称。顺便提一下，如果选择日期格式下拉列表中不含斜杠（/）的选项，则该文件夹下方将不会另外创建一个子文件夹。

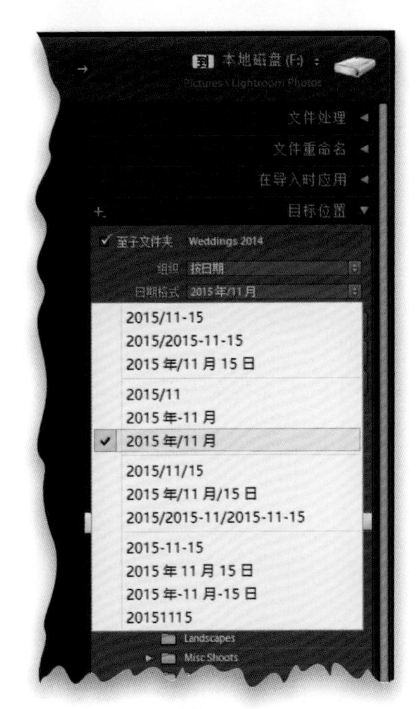

图 1-30

第11步

我们现在知道了文件来自哪里，将保存到哪里。接下来在文件处理面板内选择文件导入过程中的几个重要选项。在构建预览下拉列表内有4个选项，这4个选项可以决定Lightroom中较大尺寸预览的显示速度，下面我们来一一了解它们。

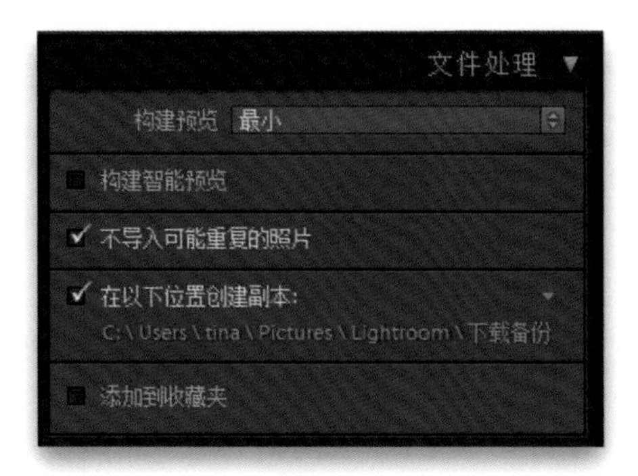

图 1-31

（1）最小

最小选项不关心图像的渲染预览，它只是尽可能快的把照片放到Lightroom中，如果双击照片，放大到按屏幕大小的缩放视图，这时它立即构建预览，这就是为什么这种较大尺寸、较高品质预览显示在屏幕上之前我们必须等待一会儿的原因（在屏幕上会显示“载入”消息）。如果放大到更大尺寸，达到100%视图（也称作1:1视图），则需要等待更长时间（这时会再次显示“载入”消息）。这是因为在我们放大照片之前没有创建较高品质的预览。

图 1-32

（2）嵌入与附属文件

使用嵌入与附属文件这种方法可以读取导入时嵌入在文件中的低分辨率JPEG缩览图（与在相机LCD屏幕上看到的相同），一旦装载之后，再载入较高分辨率的缩览图，它们看起来更像较高品质的放大视图的效果（但预览仍然很小）。

图 1-33

（3）标准

标准预览花费更长时间，因为它在导入低分辨率JPEG 预览之后立即渲染较高分辨率预览，因此我们不必等待它渲染适合窗口大小的预览（如果在网格视图内双击一个预览，它会放大到适合窗口大小，而不必等待渲染）。然而，如果进一步放大到1:1 视图或者更高，也将会得到同样的渲染消息，我们必须等待几秒钟。

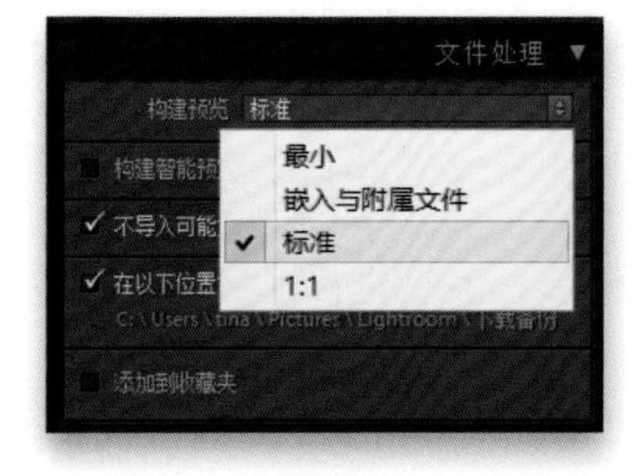

图 1-34

（4）1:1

1:1 预览显示低分辨率缩览图，然后它开始渲染最高品质预览，这样你就可以随心所欲地放大而不用等待。然而，它有两个缺点：①速度太慢。基本上，你需要单击导入按钮，然后去喝杯咖啡（可能是两杯），但你可以放大任意照片，而绝不会看到正在渲染这一消息；②这些高品质的大预览存储在Lightroom数据库中，因此数据库文件会变得非常巨大，使得在一段时间后，Lightroom 会自动删除这些1:1的预览。要在Lightroom中对此进行设置，请在编辑菜单（Mac：Lightroom菜单）下选择目录设置，然后单击文件处理选项卡，并选择何时删除它们（如图1-36所示）。

图 1-35

注意：我使用的是哪个选项？最小。在放大图像时，我不介意等待几秒钟。除此之外，它只绘制我双击的那些缩览图的预览，我只双击那些我认为好的图像（对于那些想立刻获得满意结果的人来说，这是个理想的工作方式）。

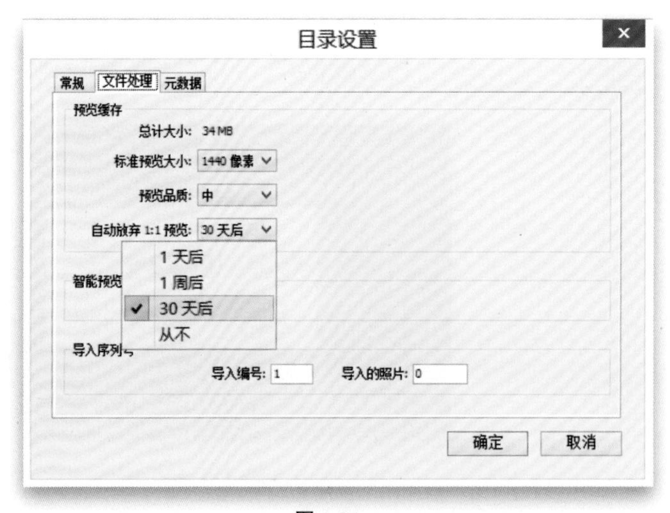

图 1-36

图 1-37

第 12 步

我们应该勾选位于构建预览下拉列表下方的不导入可能重复的照片（在构建智能预览下方；关于此功能，稍后将详细介绍）复选框，这样可以避免意外导入重复的照片（具有相同名称的文件），但我觉得最重要的是位于其下方的：在以下位置创建副本复选框，它可以在单独的硬盘上为所导入的照片创建备份副本。这样一来，在计算机（或外接硬盘）上拥有一套工作照片，可以用它们来进行编辑，同时在独立硬盘上还拥有一套未被改变过的原始照片（数码负片）备份。拥有一套以上的照片副本非常重要。事实上，只有在拥有照片的两套副本之后（一个在我的计算机或外接硬盘上，另一个在我的备份硬盘上），我才会删除我相机存储卡上的照片。打开该复选框之后，在其下方选择备份副本的存储位置（或者单击其右边朝下的箭头，选择最近使用过的位置）。

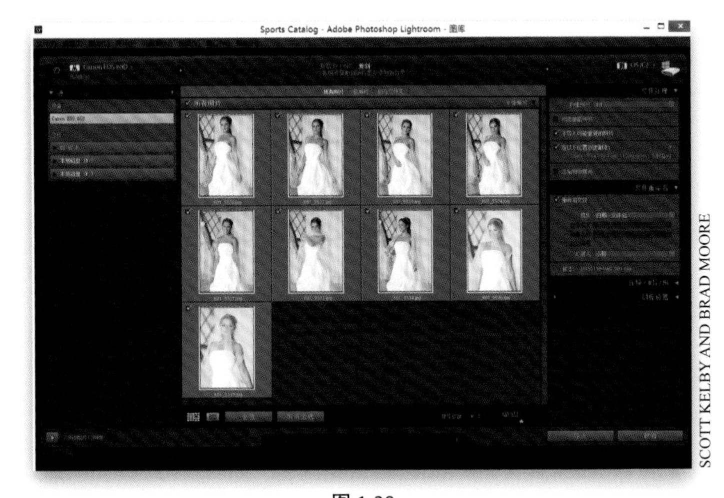

SCOTT KELBY AND BRAD MOORE

图 1-38

第 13 步

在导入时自动重命名照片则需要使用文件重命名面板。我总是会给文件重命名。一个更有意义的名字（在这个例子中，使用 Andrews Wedding 这样的名字总比 _DSC0399.NEF 更有意义，尤其是在搜索它们时）。如果勾选重命名文件复选框，会展开一个有多个不同选项的下拉列表。我喜欢文件名后跟数字序号（如 Andrews Wedding 001、Andrews Wedding 002 等），因此我选择自定名称-序列编号（如图 1-39 中圆圈所示）。这个列表给出了一些重命名文件的基本形式，你可以选择最喜欢的命名方法，或者选择模块下拉列表底部的编辑，创建自己的命名方法。

图 1-39

第14步

接下来的面板是在导入时应用面板，使用它可以在导入时把3种处理内容应用到图像。单击修改照片设置下拉列表可以看到Lightroom的内置预设列表，如果选择其中任意一个，这种预设的效果就会在图像导入时应用到图像（后面将具体介绍怎样创建自定修改照片预设，因此现在仍保持修改照片设置预设为无，但至少你知道了它的作用）。例如，我们可以让出现在Lightroom内的所有照片都转化为黑白，或者把它们调整为更红、更蓝或者其他任何颜色。

图 1-40

第15步

在元数据下拉列表中你可以把自己的个人版权信息、联系信息、使用权限、说明以及其他信息添加到导入的每幅照片内。要做到这一点，首先要把所有信息输入到模板内（叫作元数据模板），在保存模板后，它就会显示在元数据下拉列表中（如图1-41所示）。模板不局限于一个——可以因不同的原因拥有不同的模板（如用一个模板保存版权信息，用另一个模板保存所有联系信息等）。

图 1-41

第16步

图1-42

在在导入时应用面板底部的关键字框内可以输入关键字，关键字就是搜索术语名称（以后搜索时可以使用导入时输入的关键字）。Lightroom 在导入照片时把这些关键字直接添加到照片中，因此以后可以通过利用这些关键字中的任意一个进行搜索和查找照片。到了这个阶段，大家通常希望使用非常通用的关键字——可应用到每幅被导入照片中。例如，对这些婚礼照片，我在关键字框内输入像婚礼、新娘、户外和克利尔沃特（婚礼的举办地）之类的通用关键字。每个搜索词或短语之间用一个顿号分隔，只要确保所选择的词语足够通用，能够覆盖所有照片即可（换句话说，不要使用微笑这类词语，因为不是在每幅照片中她都在微笑）。

第17步

图1-43

我在前面提到过这一点，位于导入窗口右下角的是目标位置面板只是再次准确显示照片从存储卡上导入后的存储位置。该面板左上角有一个+（加号）按钮，单击它将展开一个下拉列表（如**图1-43**所示），从中可以选择新建文件夹选项，这实际上在计算机上我们选择的位置处创建一个新文件夹（可以单击任一个文件夹跳转到那里）。请试试该弹出菜单内的仅受影响的文件夹命令，以简化所选文件夹的路径视图（**图1-43**所示的是我使用的路径视图，因为我总是把照片存储在Lightroom Photos 文件夹内。我不喜欢看到所有其他文件夹，所以在不选时会隐藏它们）。

按日期组织多次拍摄的照片

如果你像我一样，在同一张存储卡可能有多次拍摄的照片（例如，我常常在一次拍摄后，过几天再用相机内的同一张存储卡进行拍摄）。如果是这种情况，使用导入窗口内目标位置面板中的按日期组织功能则有一个优点，那就是存储卡上每次拍摄的照片会按日期显示。文件夹略有不同，这取决于所选择的日期格式，但是，每天拍摄的照片都有一个文件夹。只有那些旁边有选取标记的照片才会被导入到Lightroom，因此，如果只想导入某一天的照片，则可以关闭不想导入的那些照片边上的选取框。

图 1-44

第18步

现在设置好了——选择了图像的源位置和目标位置，以及在Lightroom内显示较大预览时的速度。我们给图像添加了自己的自定名称，嵌入了版权信息，添加了一些搜索关键字。剩下要做的是单击导入窗口右下角的导入按钮（如图1-45所示），将图像导入到Lightroom。

图 1-45

1.6
从DSLR导入视频

当今，很难找到不具备高清视频拍摄功能的DSLR（单反相机）了。幸运的是，Lightroom 具备导入视频的功能。虽然除了添加元数据，在收藏夹中对它们进行排序、添加评级、标签、选取标记等之外，我们实际上不能做任何视频编辑工作，但现在这些视频至少在我们的工作流程中不再是不可见的文件（可以很容易地预览它们）。以下是操作步骤。

图 1-46

第1步

在导入窗口内，我们能知道哪些文件是视频文件，因为它们缩览图的左下角有一个小摄像机图标（如**图1-46**中红色圆圈所示）。单击导入按钮时，这些视频剪辑将导入到Lightroom中，并与静态图像一起显示出来（当然，如果不想看到这些导入的视频，可以取消勾选它们缩览图单元左上角的复选框）。

图 1-47

第2步

视频剪辑导入到Lightroom 之后，在网格视图内将不会再看到摄像机图标，但在其左下角可以看到剪辑的长度。选择视频后按计算机上的**空格**键，或者单击时间戳（视频时间长度的数字）可以看到以较大的视图显示的第一帧画面。

第3步

如果需要预览视频，只需在放大视图下单击视频下方的播放按钮（单击后按钮变成暂停按钮），此时视频就会播放。此外，还可以从Lightroom导出视频剪辑（一定要勾选导出对话框视频部分的包含视频文件复选框）。

图 1-48

提示：DSLR 视频编辑软件

Adobe最新的Premiere Pro版本内置了DSLR视频编辑功能。因此，如果你对这方面感兴趣，则可以从Adobe官网下载试用版本。

第4步

如果想把所有视频剪辑集中组织到一个位置，则请创建智能收藏夹。在创建智能收藏夹面板内，单击该面板标题右侧的+（加号）按钮，从弹出菜单中选择创建智能收藏夹。该对话框打开后，从左侧的第一个下拉列表中的文件名称/文件类型中选择文件类型，从第二个下拉列表中选择是，从第三个下拉列表中选择视频。命名该智能收藏夹，再单击创建按钮，它就会搜集所有视频剪辑，并把它们放在智能收藏夹内。最重要的是，这个收藏夹可以实时更新，任何时候当你导入视频后，也会把它添加到视频剪辑的新智能收藏夹内。

图 1-49

1.7 联机拍摄（直接从相机到Lightroom）

Lightroom中我最喜欢的功能之一是其内置的联机拍摄功能，可以直接从相机拍摄照片到Lightroom，而不需要使用第三方软件，而在此之前必须使用第三方软件。联机拍摄的优点是：（1）现在，在计算机屏幕上看到的图像比在相机后背微小的LCD 上看到的图像更大，因此可以更好地拍摄图像；（2）不必在拍摄后导入图像，因为它们已经位于Lightroom 内了。警告：一旦试过这种方法，你就不会再想用其他任何方式拍摄。

第1步

第1步是使用相机所带的USB 电缆把相机连接到计算机（电缆与相机手册、其他电缆等一起放在数码相机的包装盒内）。现在请连接好相机。在影室内和现场，我使用如**图1-50**所示的联机设置。横杆是Manfrotto 131DDB 三脚架横杆配件，其上连接着TetherTools Aero Traveler系列联机平台。

SCOTT KELBY AND BRAD MOORE

图1-50

第2步

现在转到Lightroom的文件菜单，从联机拍摄子菜单中选择开始联机拍摄。这将打开如**图1-51**所示的联机拍摄设置对话框，在这里输入和导入窗口中几乎相同的那些信息（在顶部的工作阶段名称字段内输入名称，选择是否要自定图像名称，以及这些图像在硬盘上的存储位置，是否添加元数据和关键字等）。然而，这里有一项不同的功能——按拍摄分类照片复选框（**图1-51**中红色圆圈所示），这在联机拍摄时是一项非常有用的功能（稍后就会看到）。

图1-51

第3步

按拍摄分类照片功能使我们能够在联机拍摄时组织照片。例如，假若要拍摄时装表演，你正在使用两套不同的照明设置，一种是让背景呈现灰色，另一种是白色。我们单击拍摄名称就能够把每组不同外观的照片放置到不同的文件夹内（稍后将看到这一点非常有用）。请打开按拍摄分类照片复选框，然后单击确定按钮来试一试这项功能。单击之后，会打开初始拍摄名称对话框（如图1-52所示），从中可以为这一阶段的第一次拍摄输入一个描述性的名字。

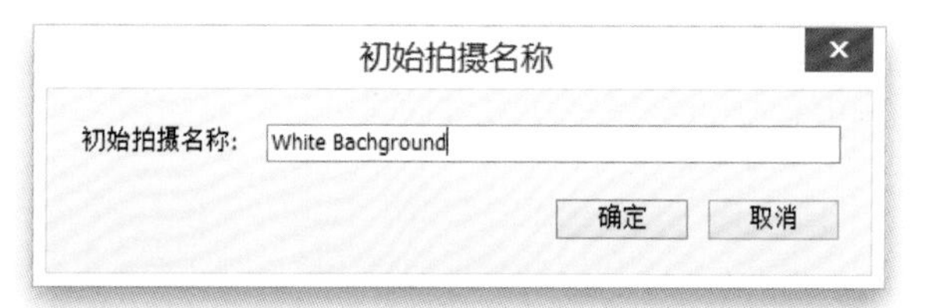

图 1-52

第4步

单击确定按钮之后，联机拍摄窗口随即出现（如图1-53所示），如果Lightroom检测到相机，就会在左侧上方显示出相机型号名称（如果连接了多台相机，则可以单击相机名称，从下拉列表内选择使用哪台相机）。如果Lightroom没有找到相机，它则显示未检测到相机。在这种情况下，要检查USB电缆是否正确连接，以及Lightroom是否支持相机制造商和型号。从相机型号的右侧可以看到相机的当前设置，其中包括快门速度、光圈、ISO和白平衡设置。从该显示窗口的右边可以选择应用修改照片设置预设（如图1-54所示）。

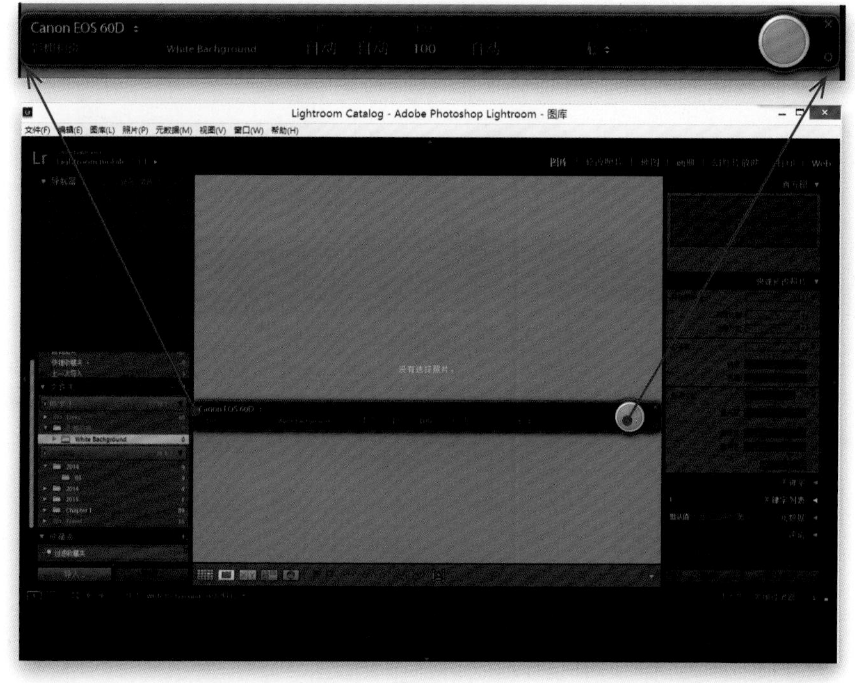

图 1-53

提示：隐藏或缩小联机拍摄条

按Ctrl-T（Mac：Command-T）键可以显示/隐藏联机拍摄窗口。如果想显示拍摄窗口，但是希望稍小一些（这样就可以将其拖到屏幕一侧），请按住Alt（Mac：Option）键，窗口右上角用来关闭视窗的×号变成了-号（减号），单击这个减号，窗口会缩小为快门按钮大小。若想还原窗口尺寸，按住Alt（Mac：Option）键同时再次单击右上角按钮即可。

图 1-54

第5步

单击联机拍摄窗口右侧的圆形按钮（实际上是快门按钮），就会像我们按相机上的快门一样拍摄出一幅照片，非常方便。拍摄照片后稍等片刻，图像就显示在Lightroom内。图像在Lightroom内的显示速度不会像在相机显示屏上显示那么快，这是因为它实际上把图像的整个文件通过USB电缆（或者无线传输，如果相机连接了无线传输装置的话）从相机传输到计算机，因此会花费一两秒钟。此外，如果以JPEG模式拍摄，文件大小会更小，因此在Lightroom内显示该种图像的速度远比RAW图像快。如**图1-55**所示的是一组联机拍摄的图像，但问题是：如果像这样在图库模块的网格视图内观看它们，它们不比在相机后背的LCD上大多少。

注意：佳能和尼康对联机拍摄的响应方式不同。例如，用佳能相机拍摄，联机拍摄时如果相机中有存储卡，则会把图像写入到硬盘和存储卡，但尼康相机只把图像写入到硬盘。

图1-55

第6步

当然，联机拍摄的一大优点是能够以很大的尺寸查看图像（以较大尺寸查看时更容易检查光照、聚焦和总体效果，如果客户在摄影棚内，他们会喜欢联机拍摄，因为这样他们不必越过你的肩膀斜视微小的相机屏幕，就能够看到图像效果）。因此，请双击任一幅图像，跳转到放大视图（如**图1-56**所示），当图像显示在Lightroom内后可以得到更大的视图。

注意：如果确实想在网格视图下拍摄，则只要使缩览图变大一点，之后再转到工具栏，单击排序依据左边的A～Z按钮，这样，最后拍摄的照片会始终显示在网格的顶部。

图1-56

第7步

我们现在来使用按拍摄分类照片这一功能。假若在第一套光照设置（背景是白色的）下的拍摄完成了，现在转到第二套。只要在联机拍摄窗口内的文字白色背景上单击［或者按Ctrl-Shift-T（Mac：Command-Shift-T）］，就会打开拍摄名称对话框。请给这套照片起一个新名称（我将它命名为Gray Bachground，如**图1-58**所示），之后再回去拍摄。这些图像现在显示在它们自己独立的文件夹内，但全部位于我的主文件夹影棚拍摄内。

图1-57

图1-58

第8步

联机拍摄时（我在影棚时总这样拍摄，在现场也常这样做），我不用观察图库模块的放大视图，而是切换到修改照片模块，这样，如果需要快速调整任何图像，就已经身处正确的地方了。此外，在联机拍摄时，我的目标是在屏幕上以尽可能大的尺寸显示图像，因此，我按Shift-Tab键隐藏Lightroom的面板，这会放大图像尺寸，使其几乎占据整个屏幕。最后，我按L键两次，进入关闭背景光模式，这样所看到的只是全屏尺寸的图像位于黑色背景的中央，没有任何其他杂乱内容（如**图1-59**所示）。如果需要进行调整，再按两次L键，之后按Shift-Tab键即可显示出面板。

图1-59

我把导入首选项放到导入这一章快结束的时候来介绍，这是因为我认为你现在已经导入了一些照片，对导入过程有了充分的了解，知道自己希望有什么不同之处。这正是首选项所要扮演的角色（Lightroom 有一些首选项控制，它为我们的操作提供了大量的可操纵空间）。

1.8 为导入照片选择首选项

第 1 步

导入照片首选项位于两个不同的位置。首先，若要打开首选项对话框，请转到编辑菜单选择首选项（如图 1-60 所示）。

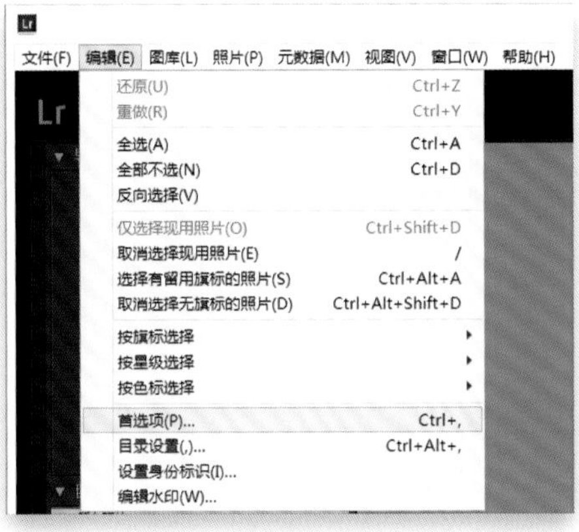

图 1-60

第 2 步

首选项对话框弹出后，首先单击顶部的常规选项卡（如图 1-61 所示）。在中间的导入选项下方，第一个首选项让我们告诉 Lightroom，在相机存储卡连接到计算机时它的响应方式。默认时，它打开导入窗口。然而，如果你想让它不要在每次插入相机或读卡器时自动打开该窗口，只要关闭这个复选框即可（如图 1-61 所示）。第二个首选项是 Lightroom 5 中添加的设置。在所有之前的版本中，如果在另一个模块中使用键盘快捷键开启导入照片，那 Lightroom 会丢下当前工作的照片不管，继而跳转到图库模块中显示当前正在导入的照片（基本来讲，Lightroom 会假设你想要停止当前的工作，开始处理正在导入的这些图像）。现在，你可以通过勾选在导入期间选择“当前/上次导入”收藏夹复选框，以停留在当前所在的文件夹或收藏夹，而使照片在后台导入。

图 1-61

第3步

这里我还想提到另外两个导入首选项设置，它们也位于常规选项卡内。在结束声音部分，不仅可以选择当照片导入完成时Lightroom是否要播放声音，还可以选择哪种声音（从计算机上已有的警告声音列表中选择，如图1-62所示）。

图 1-62

第4步

在此处，紧挨着完成照片导入后播放声音列表的下方还有另外两个下拉列表，用来选择联机传输完成后播放和完成照片导出后播放的声音。我知道第二个首选项不重要，但是既然我们正好到了这里，我想……管它呢。在本书的后面我将讨论其他一些首选项，但是因为本章是关于导入方面的，所以我想在此最好还是先处理完它好了。

图 1-63

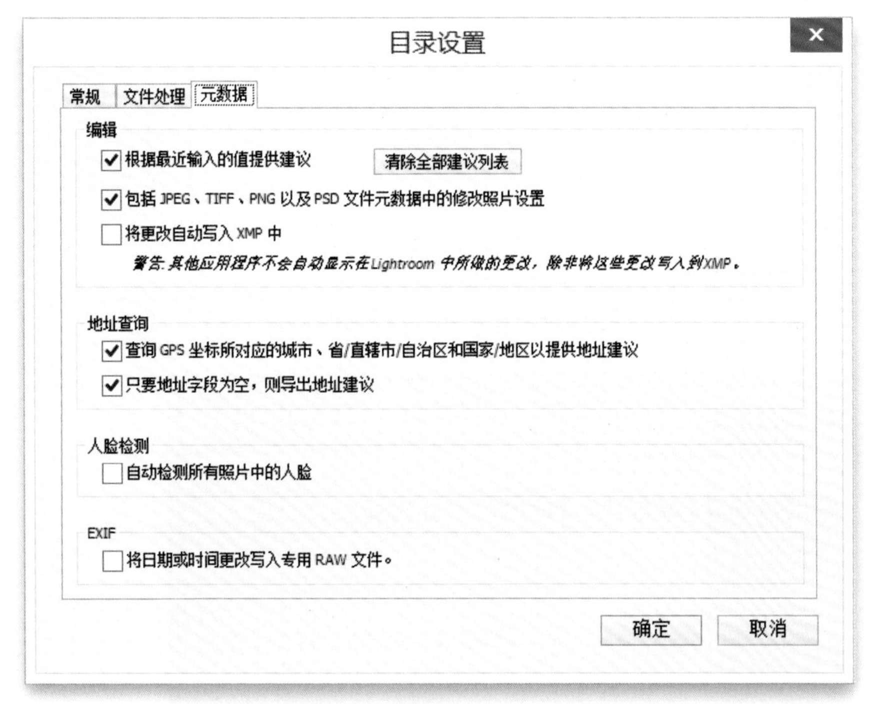

图 1-64

图 1-65

第 5 步

现在，单击常规选项卡底部的转到目录设置按钮（同样也可以在Lightroom编辑菜单下找到它）。在目录设置对话框中，单击元数据选项卡。在此可以决定是否要读取添加到RAW照片中的元数据（版权、关键字等），并将它写入到一个完全独立的文件中，这样每幅照片将有两个文件——一个包含照片本身，另一个独立的文件（称为XMP附属文件）包含照片的元数据。要完成这一操作，请打开将更改自动写入XMP中复选框，但我们为什么要这样做呢？通常，Lightroom把添加的所有元数据记录在其数据库文件内——在照片离开Lightroom之前（向Photoshop导出副本，或把文件导出为JPEG、TIFF或PSD文件——所有这些格式都支持将元数据嵌入到照片本身中），Lightroom实际上不会嵌入信息。然而，一些软件不能读取嵌入的元数据，因此它们需要一个单独的XMP附属文件。

第 6 步

尽管我向你演示了将更改自动写入XMP中复选框，但实际上我并不建议你打开它，因为写入所有这些XMP附属文件要花费一些时间，这会减慢Lightroom的速度。如果要将文件发送给朋友或客户，并且想把元数据写入到一个XMP附属文件，则请首先转到图库模板，并单击图像以选择它，然后按Ctrl-S（Mac：Command-S）键，这是将元数据存储到文件命令的快捷键（该命令位于元数据菜单下）。这会将所有现有的元数据写入到一个单独的XMP文件中（这样就需要把照片和XMP附属文件一起发送）。

1.9 使用Lightroom要了解的4件事

当图像导入后，你还需要了解Lightroom界面使用方面的一些提示，以便更好地使用它。

第1步

Lightroom有7个模块，每个完成不同的任务，如**图1-66**所示。当导入的照片显示在Lightroom内时，它们总是在图库模块的中央，我们在该模块内实现照片排序、搜索、添加关键字等操作。修改照片模块让我们实现照片编辑（如改变曝光、白平衡、调整颜色等），其他5个模块的作用显而易见。单击顶部任务栏中任意一个的模块名称，即可从一个模块切换到另一个模块，或者也可以使用快捷键Ctrl-Alt-1选择图库，Ctrl-Alt-2选择修改照片，等等（在Mac上，这些快捷键应该是Command-Option-1、Command-Option-2，以此类推）。

图1-66

第2步

Lightroom界面内总共有5个区域：顶部的任务栏、左侧和右侧的面板区域，以及底部的胶片显示窗格，照片总是显示在中央预览区域内。单击面板边缘中央的灰色小三角形，可以隐藏任一个面板（使显示照片的预览区域变得更大）。例如，单击界面顶部中央的小灰色三角形，可以看到任务栏隐藏起来，如**图1-67**所示，再次单击，它又显示出来，如**图1-68**所示。

图1-67

图1-68

图 1-69

图 1-70

第3步

Lightroom用户对其面板使用方面抱怨最多的是其自动隐藏和显示功能（该功能默认是打开的）。其背后真实的设计理念听起来很好：如果隐藏了面板，在做调整时需要它再次显示出来时，只需要把光标移动到面板原来所在位置，面板就弹出来。调整完成后，光标移离该位置，面板自动退出视野。这听起来很棒，对吗？但是当光标移动到屏幕最右端、最左端、顶部或底部时，面板随时都会弹出来。我被它们折腾疯了，我在这里演示怎样关闭它。用右键单击任一个面板的灰色三角形，从弹出菜单（如**图1-69**所示）中选择手动，这样就可以关闭该功能。该操作是基于每个面板的，因此你必须对这些面板中的每一个执行该操作。

第4步

我使用手动模式，因此可以在我需要的时候打开和关闭面板。你也可以使用键盘快捷键F5键关闭或打开顶部任务栏、F6键隐藏胶片显示窗格、F7键隐藏左侧面板区域、F8键隐藏右侧面板区域。按Tab键可以隐藏两侧面板区域，但我可能最常用的一个快捷键是Shift-Tab，因为它隐藏所有面板，只留下照片可见（如**图1-70**所示）。此外，这里介绍一下两侧面板的主要用途：左侧面板区域主要用于应用预设和模板，显示照片预览、预设或正在使用的模板；其他所有调整位于右侧面板区域。下一页将介绍怎样查看图像。

1.10 查看导入的照片

在我们开始排序和挑选照片之前，先花一分钟时间学习在Lightroom 怎样查看导入的照片，这一点很重要。现在学习这些查看选项有助于我们正确判断照片的好坏。

第1步

导入的照片显示在Lightroom 中时，它们在中央预览区域内显示为小缩览图（如**图1-71**所示）。使用工具栏（显示在中央预览区域正下方的深灰色水平栏）内的缩览图滑块可以改变这些缩览图的大小。向右拖动滑块，缩览图变大；向左拖动滑块，缩览图变小。

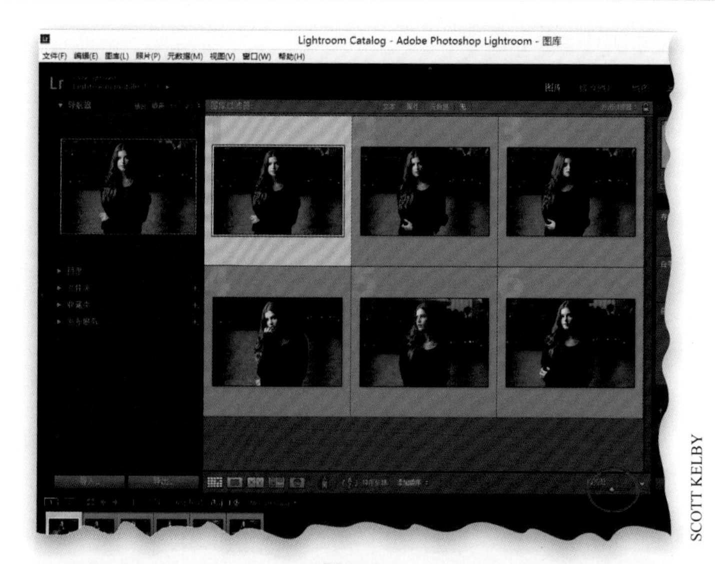

图 1-71

第2步

要以更大尺寸查看任一个缩览图，只需在其上单击，按键盘上的E键，或者按**空格**键。这种较大的尺寸被称作放大视图（好像我们通过放大镜观看照片一样），默认时，照片按照预览区域的大小进行放大，使我们可以看到整幅照片。这被称作适合窗口视图。但是，如果喜欢把照片进一步放大，则可以转到左上角的导航器面板，单击选择不同的尺寸，如填满，然后再双击缩览图时，它就会把照片放大到填满整个预览区域为止；选择1:1后再双击缩览图时，则会把照片放大到100% 实际尺寸视图。但我必须告诉你的是，照片不适合从微小的缩览图放大到巨大的尺寸。

图 1-72

第3步

我让导航器面板设置保持为适合，这样在我双击缩览图时可以在中央预览区域看到整幅照片（如**图1-73**所示）。但是，如果你想仔细观察锐度，则会发现在放大视图下，光标已经变为放大镜。如果在照片上再次单击，单击区域会变为1:2视图。要缩小回来，再次单击即可。要回到缩览图视图（称作网格视图），只需按键盘上的G键。这是最重要的键盘快捷键之一，一定要记住（到目前为止，真正需要了解的快捷键是：Shift-Tab隐藏所有面板、G键回到网格视图），这是一个非常方便的快捷键，因为当处在任何其他模块时，只要按G键就可以回到图库模块和缩览图网格视图。

图 1-73

第4步

缩览图周围的区域称作单元格，每个单元格显示照片的相关信息，如文件名、文件格式、文件大小等。这里介绍另一个需要了解的快捷键——J键。每按一次这个快捷键，它就会在三种不同的单元格视图之间依次切换，每种视图显示不同的信息组，如**图1-74**所示。扩展单元格显示大量的信息，紧凑单元格只显示少量的信息，最后一种视图完全隐藏所有杂乱的信息（适合于向客户展示缩览图）。此外，按T键可以隐藏（或显示）中央预览区域下方的深灰色工具栏。如果按T键并保持，那么它只在按下T键期间隐藏工具栏。

默认单元格视图表均称作扩展单元格，它显示的信息最多

按字母键J切换紧凑视图，可以缩小单元格尺寸；隐藏所有信息，只显示照片

再次按字母键，将添加回部分信息，并对每个单元格进行编号

图 1-74

1.11 使用背景光变暗、关闭背景光和其他视图模式

我最喜欢Lightroom 的地方之一是它可以把照片显示为焦点，这就是我喜欢用Shift-Tab 快捷键隐藏所有面板的原因。但是，如果想更进一步，在隐藏这些面板之后，可以使照片周围的所有内容变暗，或者完全“关闭灯光”，这样照片之外的一切都变为黑色。下面介绍其实现方法。

第1步

按键盘上的L键，进入背景光变暗模式（如**图**1-75所示）。在这种模式下，中央预览区域内照片之外的所有内容全变暗（有点像调暗了灯光）。这种变暗模式最酷的一点就是面板区域、任务栏和胶片显示窗格都能进行正常操作，我们仍可以调整、修改照片等，就像“灯光”全开着一样。

图 1-75

第2步

下一个视图模式是关闭背景光（再次按L键进入关闭背景光模式），这种模式使照片真正成为展示的焦点，因为其他所有内容都完全变为黑色，因此屏幕上除了照片之外没有显示其他任何内容（要回到常规打开背景光模式，再次按L键即可）。要让图像在屏幕上以尽可能大的尺寸显示，在进入关闭背景光模式之前，按Shift-Tab键隐藏两侧、顶部和底部的所有面板，这样就可以看到如**图**1-76所示的大图像视图。不按Shift-Tab键时，看到的图像尺寸将像第1步中那样小，在它周围有大量的黑色空间。

图 1-76

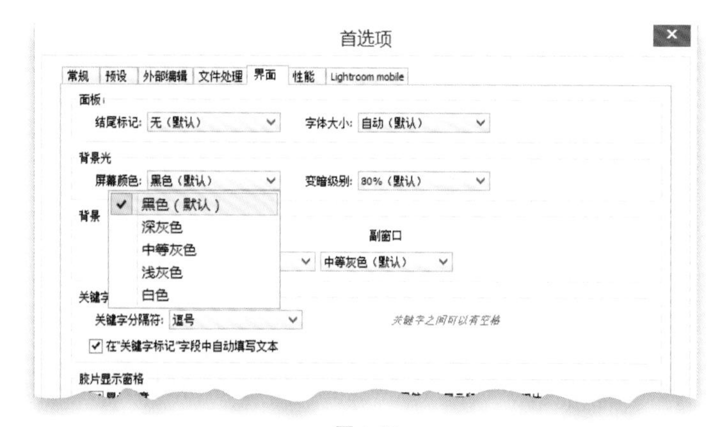

图 1-77

提示：控制关闭背景光模式

对Lightroom 关闭背景光模式的控制方式可能超出我们的想象。请转到Lightroom 菜单，或者PC上的编辑菜单），单击界面选项卡，就可以看到一些下拉列表，它们控制关闭背景光模式下的变暗级别和屏幕颜色。

图 1-78

第3步

如果想在Lightroom 窗口内观察照片网格，而不看到其他杂乱对象，则请按两次键盘上的F键。第一次按F键使Lightroom 窗口填满屏幕，隐藏该窗口的标题栏（位于Lightroom界面内任务栏的正上方）；第二次按F键实际上隐藏屏幕窗口顶部的菜单栏。因此，如果将此与Shift-Tab 键组合，将隐藏面板、任务栏和胶片显示窗格，按T键隐藏工具栏[如果过滤器栏显示，按\（反斜线号）键隐藏]，这样在从上到下灰色背景上只看到照片。我知道你可能在想："我不知道顶部的这两个细条是否真的分散注意力。"因此，不妨尝试隐藏它们一次，看看是什么效果。幸运的是，按Ctrl-Shift-F（Mac：Command-Shift-F）键后再按T键可以简单快捷地跳转到这一"超整洁、无杂乱视图"。要回到常规视图，请使用相同的快捷键。**图1-78**中的上图是灰色版面，而在下图中，我按两次L键，进入关闭背景光模式。

1.12 查看真正的全屏视图

在之前的Lightroom版本中，可以实现所谓的“全屏视图”，但是遗憾的是，图像从来没有真正填充满屏幕——只是填充了大部分，但是图像四个边缘都有黑色的栏。毫无疑问此功能是引人注目的，但是它缺乏真正的全屏视图所带来的那种冲击力（并且需要单击4次才能实现“基本全屏”视图效果，再单击4次复原）。不过，现在我们终于拥有了货真价实的效果，并且只需一步。

第1步

回到之前的Lightroom版本中，达到“基本全屏”视图是一个痛苦过程。你必须先按下Shift-Tab键隐藏所有的面板，然后按F键转到全屏模式，最后按两次L键进入关闭背景光模式。当工作完成后，你还需要一步一步地取消这些操作，所以总的来说需要8步。现在，若想全屏查看当前图像，只需要按下键盘上的F键。

图 1-79

第2步

如果观察上一步中的图像，会看到它从上到下填满了屏幕，但是在图像的左侧和右侧都留有细小的黑边。虽然非常细小，但是确实存在。如果想放大一点，让图像填充那个区域（填满整个屏幕），只需要按下Ctrl-+（Mac：Command-+）键。若想回到常规视图模式，只需再次按下F键（或者Esc键）。也请注意，如果你使用了这项能填充两侧细小边条区域的技巧，Lightroom会在接下来的操作中保存这一全屏设置（直到重新启动Lightroom）。我其实真心希望它能成为首选项设置，因为我总是放大填充以达到全屏效果。

图 1-80

1.13 使用参考线和尺寸可调整的网格叠加

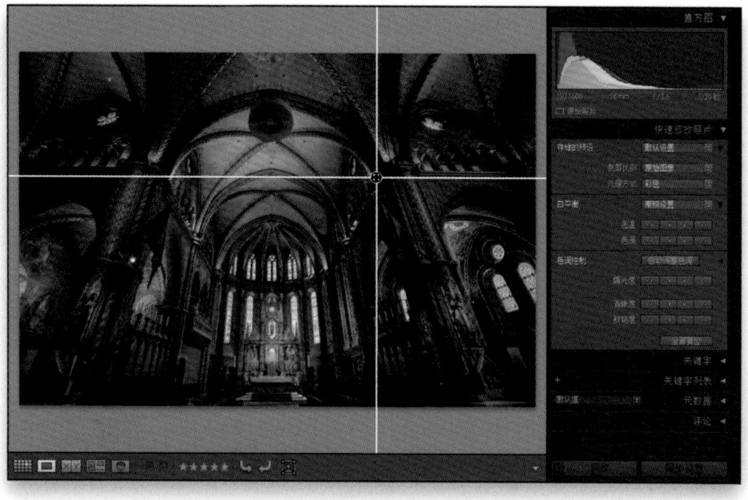

在Lightroom 5中，Adobe加入了可移动并且不会被打印出来的参考线（就像Photoshop的参考线）。并且，他们还增加了在图像上添加尺寸可调整，并且不会被打印出来的网格的功能（有助于对齐，或者调直图像的某一部分），但是它仅仅是静止的网格，也并不只是可调整尺寸。我们从参考线讲起。

图 1-81

SCOTT KELBY

图 1-82

第1步

若想让不会被打印出的参考线可见，请前往视图菜单，在放大叠加下选择参考线。两条白线将会出现在屏幕中央。若想移动水平线或者垂直线，请按住Ctrl（Mac：Command）键，然后将光标移动到任意一条线上，此时光标将会变成双向箭头光标。只需单击并拖动参考线到你期望的位置。若想一起移动两条线（就像它们是一个整体），按住Ctrl（Mac：Command）键，然后直接在两条线交汇处的黑圆圈上单击并拖动。若想清除参考线，请按Ctrl-Alt-O（Mac：Command-Option-O）键。

第2步

网格的操作方法与此相似。进入视图菜单，在放大叠加下选择网格。这将在照片上添加不会被打印出来的网格，可以用来对齐（或者其他你希望做的事）。如果按住Ctrl（Mac：Command）键，屏幕上方会出现一个控制条。在不透明度上单击，修改网格的可见度（在本例中，我将其提升为100%，这样的话线条是完全不透明的）。在大小上单击，修改网格方块的大小，向左拖动使方块变小，向右使其变大。若想清除网格，按Ctrl-Alt-O（Mac：Command-Option-O）键。

注意：可以同时拥有多个叠加，所以可以同时使参考线和网格可见。

Cdr Tom Frosch
Blue Angels

在Lightroom中管理照片

- 我为什么不用文件夹（非常重要）
- 用收藏夹排序照片
- 用收藏夹集组织多次拍摄的照片
- 使用智能收藏夹自动组织照片
- 使用堆叠功能让照片井井有条
- 何时使用快捷收藏夹
- 使用目标收藏夹
- 针对高级搜索添加具体关键字
- 重命名Lightroom中的照片
- 添加版权信息、标题和其他元数据
- 快速查找照片
- 创建和使用多个目录
- 从笔记本到桌面：同步两台计算机上的目录
- 备份目录
- 重新链接丢失的照片

2.1 我为什么不用文件夹（非常重要）

导入照片时，我们必须选择在硬盘中的哪个文件夹下存储它们。我只有在这个时候才考虑文件夹问题，因为我认为它们是存储负片的地方，就像传统胶片负片一样，我要把它们存储到安全的位置，我不想再触摸它们。我在Lightroom 内以同样的逻辑思考这个问题。我实际上不使用文件夹面板（而使用一些更安全的位置——收藏夹，下一节将介绍它）。因此，我只在这里简要介绍一下文件夹，并用一个例子说明怎样使用它们。

第1步

退出Lightroom 后查看一下计算机上图片文件夹中的内容，就会看到包含实际照片文件的所有子文件夹。当然，我们可以在文件夹间移动照片（如**图2-1**所示）、添加照片或者删除照片等，对吗？是的，但执行这些操作实际上不必离开Lightroom，可以在Lightroom的文件夹面板内完成。我们可以像在计算机上那样看到所有这些同样的文件夹，移动或删除实际文件。

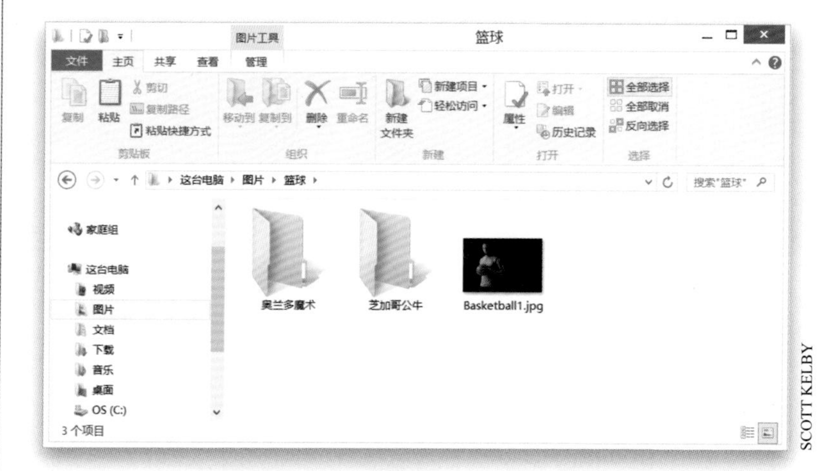

SCOTT KELBY

图 2-1

第2步

请转到图库模块，文件夹面板位于左侧面板区域（如**图2-2**所示）。我们从这里所看到的是导入到Lightroom 内所有照片的文件夹（顺便提一下，它们实际上不位于Lightroom自身内，Lightroom 只是管理这些照片，这些照片仍位于从存储卡把它们导入到的文件夹内）。

图 2-2

图 2-3

第3步

每个文件夹名称左边有个小三角形，如果该三角形是纯灰色，意味着该文件夹内有子文件夹，在该三角形上单击即可看到它们。如果它不是纯灰色，则意味着该文件夹下没有子文件夹。

注意：这些小三角形的官方名称为“提示三角形（disclosure triangles）”，但很少有人使用这个术语，也有可能压根没有。

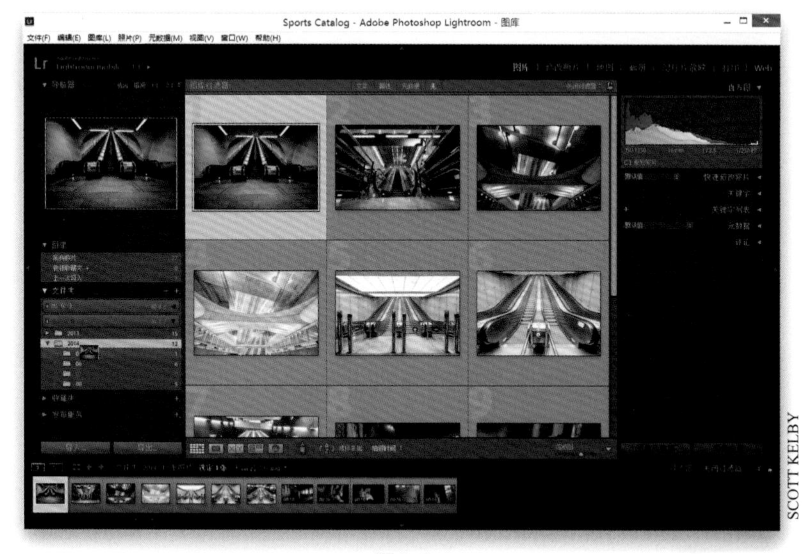

图 2-4

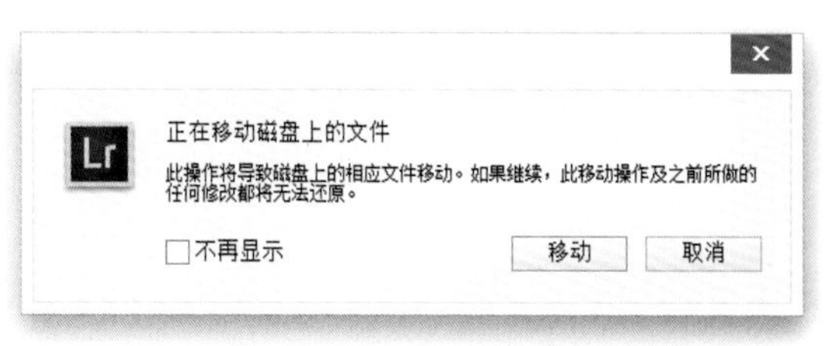

图 2-5

第4步

单击文件夹时，显示出已经导入到Lightroom的该文件夹内的照片。如果单击缩览图，并把它拖放到另一个文件夹（如**图2-4**所示），这会把计算机上的该照片从一个文件夹移动到另一个文件夹，就像在Lightroom外移动计算机上的照片一样。因为这里实际上移动的是真正的文件，所以会在Lightroom内弹出移动文件警告对话框（如**图2-5**所示）。警告有点恐怖，尤其是“无法还原此操作”部分。这意思是说，如果你改变主意，按Ctrl-Z（Mac：Command-Z）键无法立即撤销移动操作。然而，你可以单击照片移动到的文件夹（这个例子中的Prague Book文件夹）找到刚移动的照片，把它拖回到原来的文件夹（这里，也就是Metro Shots文件夹），因此，该警告有点言过其实。

第5步

如果文件夹面板内的文件夹图标变成灰色，是Lightroom 在告诉我们它无法找到该文件夹（可能是把它们移动到了计算机上的其他某个位置，或者把它们存储到外置硬盘上，而该硬盘现在没有连接到计算机上）。因此，如果是外置硬盘问题，只要重新连接外置硬盘，就会找到该文件夹。如果是“移动到其他某个地方”的问题，则请在变为灰色的该文件夹上用右键单击，从弹出菜单中选择**查找丢失的文件夹**（如图2-6所示）。这将开启标准的打开对话框，在该对话框内指出让Lightroom到哪里查找移动的文件夹。单击被移动的文件夹后，它将重新连接其中的所有照片。

提示：移动多个文件夹

在Lightroom早期版本中，我们只能一次移动一个文件夹，但是如今在Lightroom CC 中，我们可以按住Ctrl（Mac：Command）键并单击选中多个文件夹，一次性进行拖动。这项改进为我们节省了时间。

图 2-6

第6步

文件夹面板内还有一项特殊的功能我经常用到，这就是在我导入照片后向计算机上的文件夹添加图像时。例如，假若我导入一些到布达佩斯旅游的照片，之后，我哥哥向我发送了一些他拍摄的照片。如果我把他的照片拖放到计算机上我的05文件夹内，Lightroom 不会自动吸纳它们。此时，我转到**文件夹**面板，鼠标右键单击05文件夹，选择**同步文件夹**，Lightroom会更新文件夹内容（如图2-7所示）。

图 2-7

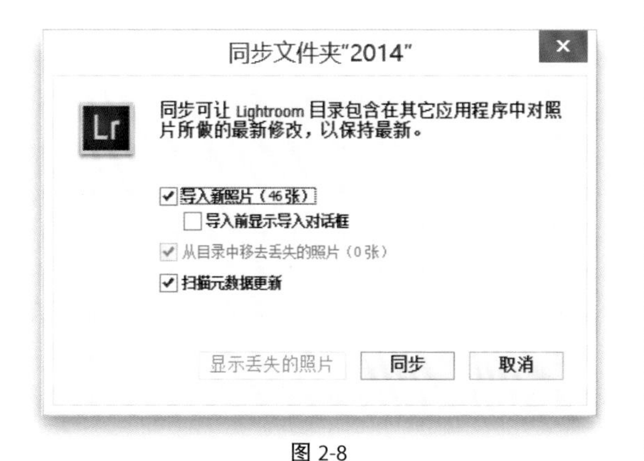

图 2-8

第7步

单击同步文件夹选项后将会打开同步文件夹对话框（如图2-8所示）。我已经把我哥哥发送给我的46幅新照片拖放到2014文件夹，这时可以看到它准备导入这46幅新照片。有一个复选框可以让Lightroom 在导入这些照片之前打开标准导入窗口（这样可以添加版权信息和元数据之类的内容），或者也可以单击同步按钮，只把这些照片导入到Lightroom，在它们导入后再添加版权信息和元数据之类的信息（如果你愿意的话。因为我哥哥拍摄了这些照片，所以我不想向它们添加我的版权信息）。我主要是在拖动照片到已经存在的文件夹时使用文件夹功能。除此之外，我一直关闭该面板，只使用收藏夹面板。

图 2-9

提示：其他文件夹选项

鼠标右键单击文件夹，弹出菜单列表后，可以选择执行其他操作，如重命名文件夹、创建子文件夹等。列表中还有一个移去选项，但在Lightroom 内选择移去只是把该照片文件夹从Lightroom 移去。然而，该文件夹（及其内的照片）仍然位于计算机上的图片文件夹内。

2.2 用收藏夹排序照片

给照片排序可能是图像编辑过程中最有趣的事情之一，也可能是最让人产生挫折感的事情之一，这取决于你是怎样着手进行这项工作的。对我来说，这是我最享受的部分之一，但是我必须承认我现在要比过去更享受它，这主要是因为我现在使用一种快速而高效的工作流程，帮助我达成排序的真正目标。从拍摄中找出最好的照片——“留用照片”，我们将向客户展示这些照片，或者把它们添加到作品集中、打印。以下是操作步骤。

第1步

虽然我们的目的是从拍摄中找出最好的照片，但是我们也同样想找出最差的照片（这些照片不是主体完全虚焦，就是意外地按动了快门，或者是闪光灯没有闪光，等等），因为让这些永远也不会用到的照片占据硬盘空间毫无意义，对吗？Lightroom提供了三种方法来给照片评级（或者说排序），最常用的一种是从1到5星评级系统。要用星级来标记一幅照片，只需在其上单击并输入键盘上的数字即可。因此，要把照片标记为3星，请按下数字键3，在照片的下面将出现3颗星（如**图2-10**所示）。要改变一个星级，键入一个新的数字即可。要完全移除它，请按数字键0。这样做的意义在于，标记5星级照片以后，就可以打开过滤器只显示5星级照片了。同样的，也可以使用过滤器只查看4星、3星等照片。除了星级之外，还可以用颜色标签，因此可以用红色标签标记最差的照片，用黄色标签标记稍好些的照片，等等。或者，可以组合使用星级和颜色标签，如用绿色标签标记最好的5星级照片（如**图2-11**所示）。

图2-10

图2-11

图 2-12

第 2 步

虽然我已经提到了星级分级和标签，但我想劝你不要使用它们。因为这些方法太慢了。请想一想，5 星级照片是最好的照片，对吗？只有它们才会展示给其他人看。因此虽然 4 星级照片还不错，但是还不够好，3 星级马马虎虎（没有人会看到它们），2 星级照片虽然差但没差到要删除的地步，1 星级照片虚焦、模糊不清，这些是打算要删掉的照片。这样一来，你打算怎样处理你的 2 星和 3 星级的照片？什么也不做。4 星级照片怎么办呢？什么也不做。5 星级照片将留用，1 星级照片要删除，其余的基本上不会做处理，对吗？因此，我们真正关心的是最好的和最坏的照片，其余照片将被我们忽略掉。

图 2-13

第 3 步

因此，我希望你尝试一下旗标。将最好的照片标记为留用，非常差的照片标记为排除。将照片标记好以后，Lightroom 将删除排除照片，只留下最好的照片和那些我们不关心的照片，而不用浪费时间来确定我们不关心的照片是 3 星级还是 2 星级。我数不清有多少次看到人们坐在那儿大声地叫道："这幅照片划分为 2 星级还是 3 星级？"谁在乎呢？它又不是 5 星级。继续往前吧！要将一幅照片标记为留用，只需按下 P 键即可。要标记照片为排除，请按 X 键。屏幕上将显示出一小条消息，告诉我们为照片指派了哪一种旗标，并且在照片的单元格中将出现一个小旗标图标。白色标记表明它被标记为留用。黑色标记则表明它被标记为排除。

第4步

因此，我的操作过程如下。照片导入到Lightroom中以后，就会显示在图库模块的网格视图中，我双击第一张照片以跳转到放大视图，这样可以看得更清楚。我观察照片，如果认为它是拍摄的较好的照片之一，则按P键把它标记为留用。如果照片太差，我想要删除它，那么就按字母键X。如果照片只是一般，那就什么也不做。然后按键盘上的右箭头键移动到下一幅照片。如果我标记错了一幅照片（例如，我不小心将一幅照片错标记为排除），那么只需按U键来取消标记。整个过程就这么简单，很快就能浏览数百幅照片，并标记出留用的照片和排除的照片。如果想更快一些，可以按快捷键Shift-P来将照片标记为留用，并打开下一幅照片。但在完成这一基本处理之后，仍然还有一些事情要做。

图 2-14

第5步

当标记好留用和排除照片的旗标之后，就可以清除那些要排除的照片，将它们从硬盘中删除。请转到**照片**菜单，从中选择**删除排除的照片**。这将只显示出已标记为排除的照片，并弹出一个对话框询问是想要从磁盘中删除它们，还是只从Lightroom中移去它们。我通常选择从磁盘删除，因为如果这些照片已经差到让我将它们标记为排除，为什么我还要保留它们呢？用它们能做什么呢？因此，如果你有同样的感觉，则请单击从磁盘删除按钮，它将返回到网格视图，显示出其余照片。

注意：因为我们只是把照片导入到Lightroom，它们还没位于收藏夹内，因此会显示从磁盘删除图像这个选项。一旦照片位于收藏夹内，这样做只是从收藏夹删除照片，而不是从硬盘删除。

图 2-15

图 2-16

第6步

现在要想只查看留用的照片，请单击中央预览区域顶部图库过滤器栏内的属性[如果未看到它，则请按键盘上的反斜杠（\）键]，这将在下面弹出属性栏。单击白色留用旗标（如图2-16中红色圆圈所示），现在就只有留用照片是可见的了。

提示：使用其他图库过滤器

从胶片显示窗格右上方还可以选择只查看有留用旗标的照片、排除旗标的照片或者没有旗标的照片。这里也有一个图库过滤器，但它只有旗标、星级的属性和一部分元数据。

图 2-17

第7步

接下来我要将这些留用照片放置到收藏夹中。收藏夹是我们所使用的关键的组织工具，它不仅仅用于分类阶段，而且贯穿于整个Lightroom的工作流程中。可以把收藏夹看成拍摄出的最喜爱照片所组成的相册，当把留用照片放入到它们自己的收藏夹中以后，任何时候只需单击一次就可以进入到这次拍摄的留用照片中。要把留用照片放入到收藏夹，请先按Ctrl-A（Mac：Command-A）键选择所有当前可见的照片（留用照片），之后转到收藏夹面板（位于左侧面板区域），单击该面板名称右侧的小+（加号）按钮。这将弹出一个下拉列表，从这个列表中选择创建收藏夹（如图2-17所示）。

第8步

这将打开创建收藏夹对话框，在其中为这个收藏夹输入一个名称，在名称的下面可以将它指派给一个收藏夹集（我们还没有讨论过收藏夹集，也没有创建任何收藏夹集，甚至没有介绍过它们的存在。因此，目前请勿勾选该复选框，但是别担心，很快会提到它了）。在收藏夹选项部分，要让此收藏夹包含上一步骤中所选择的（留用）照片，因为先做出了选择，所以这个复选框已经打开了。现在，保留新建虚拟副本复选框为未勾选状态，然后单击创建按钮（如**图2-18**所示）。

图 2-18

第9步

现在所得到的收藏夹中只包含这次拍摄的保留照片，任何时候只要想看这些保留照片，只需转到收藏夹面板，单击名为Kristina Wedding Picks的收藏夹即可（如**图2-19**所示）。你可能想知道收藏夹会不会影响计算机上的实际照片，这些只是为了方便起见而建立的“工作收藏夹”，因此我们可以从收藏夹中删除照片，它不会影响到实际照片（它们仍位于计算机上的文件夹中，除了在创建这个收藏夹之前，我们在前面所删除的排除照片以外）。

图 2-19

注意：如果你是Apple iPod、iPad或iPhone用户，那应该熟悉Apple的iTunes软件，以及怎样为自己喜欢的歌曲创建播放列表。当从播放列表中移去一首歌曲时，它并不会把该歌曲从硬盘（或iTunes Music Library）中删除，只是把它从那个播放列表中删除，对吗？可以把Lightroom中的收藏夹看成是同样的事物，但它们是照片而不是歌曲。

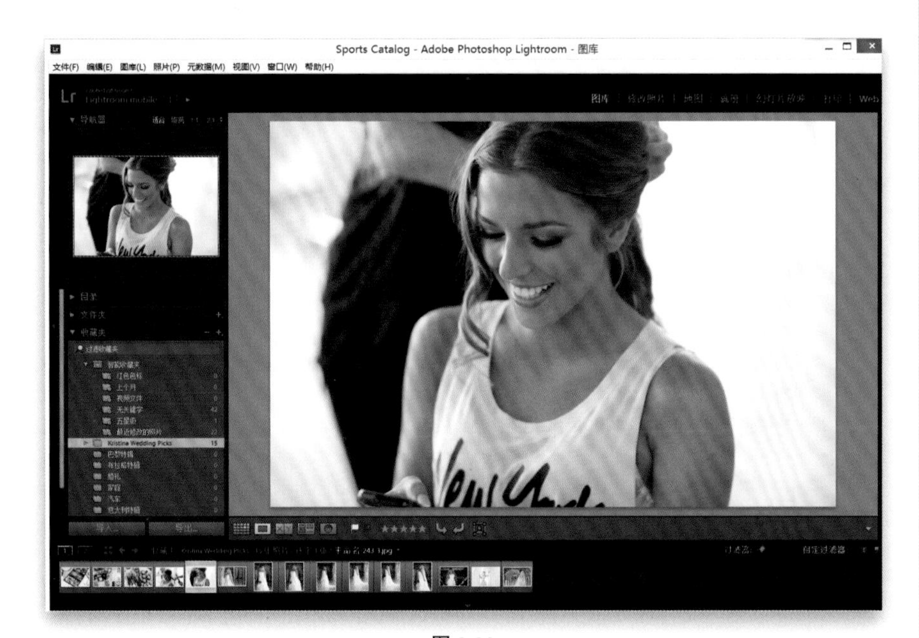

图 2-20

第10步

现在，从这一刻起，我们将只用收藏夹中的照片进行工作。我之前拍摄的298幅新娘照片中，只有15幅照片被标志为好照片，这就是我的Picks收藏夹中最终的照片数量。但是还有一些问题：要把所有这15幅保留照片全部打印出来吗？所有15幅照片要全部放置到作品集中，打算把它们全都通过电子邮件发送给新娘？也许不这样做，对吗？因此，在我们的保留照片收藏夹内，有一些照片非常突出——优中之优，想把它们发送给客户、打印或添加到作品集中。因此，我们需要进一步做排序处理，从这组保留照片中选出最好的照片——我们的“选择”。

图 2-21

第11步

在这一阶段，有三种方法缩小查看照片范围。我们已经知道第一种方法，即标记留用旗标，现在可以在你的收藏夹中重复上一步中讲到的操作流程，但是首先你要移去已经存在的留用旗标（在Lightroom早期版本中，当你在收藏夹中添加新照片时，软件会自动移去旗标，但是在Lightroom CC中，已经标记的旗标会被保留）。要想移去旗标，请按Ctrl-A（Mac：Command-A）键以选中收藏夹中的全部照片，然后按键盘上的U键来移去所有旗标，这样我们就能添加新旗标了。第二种有用的视图被称作筛选视图，在有大量非常相似的照片（比如大量同一姿势照片）时，我常使用这种视图来找出最佳照片。要进入这种视图，请先选择相似的照片[单击一幅照片，然后按住Ctrl（Mac：Command）键并保持，再单击其他照片]。

第12步

现在按N键跳转到筛选视图。它把所有选中的照片并排放置在屏幕上，因此可以很轻松地比较它们（如**图2-22**所示）。同样，每当进入这种视图时，我都会立即按Shift-Tab键隐藏所有面板，这会在屏幕上以尽可能大的尺寸显示照片。

提示：尝试关闭背景光模式

筛选视图适合使用关闭背景光，这种模式使照片之外的所有内容全变为黑色。只需按两次键盘上的L键即可进入关闭背景光模式，这时你就理解我的意思。要退出关闭背景光模式，返回到正常视图时，请再次按L键。

图 2-22

第13步

现在我的照片已显示在筛选视图中，我开始进行移去处理，先查找这批照片中最差的照片并将它第一个删除，然后是下一幅最差的，再下一幅，直到只留下这个姿势照片中最好的两三幅照片为止。要移去照片，只需将光标移动到想要移去的照片（这批照片中最差的那幅）上，单击照片右下角的小×（如**图2-23**所示），此照片就会从视图中隐藏掉。它不会将照片从收藏夹中移去，只是隐藏照片，帮助我们做移去处理。当我移去一幅照片时，其他照片会自动重新调整大小以充满空出来的空间。当继续移去图像时，剩余图像会扩展以占据空余空间，它们变得越来越大。

提示：改变筛选顺序

位于筛选视图中时，只要将图像拖放到我们想要的顺序，就可以改变它们在屏幕上的显示顺序。

图 2-23

图 2-24

第14步

一旦挑选出这个姿势中想要保留的那些照片，请按G键回到缩览图网格视图，这时它会自动只选中留在屏幕上的这些照片（请查看我最终在屏幕上留下的两幅照片，只有它们被选中）。现在，按P键把这些照片标记为留用照片，然后按Ctrl-D（Mac：Command-D）键取消选择这些照片，之后继续选择另一组类似的照片，按N键转到筛选视图，开始对这组照片做排除处理。我们可以根据需要多次执行该操作，直到从每组类似照片中获得最佳照片，并将它们标记为留用照片为止。

注意：请记住，在第一次为具有留用旗标的照片创建收藏夹时，我们应选中所有照片，然后按U键移去旗标。这就是这里能够再次使用它们的原因。

图 2-25

提示：从筛选视图删除照片

很少有人知道在筛选视图下删除选中的照片的快捷键：只需按下键盘上的/（斜杠）键即可。

第15步

现在我们已经遍历并标记出留用照片收藏夹中的最佳照片，让我们将这些“优中选优”的照片放入到它们自己单独的收藏夹中（稍后就会看到这样做更有意义）。单击中央预览区域顶部图库过滤器栏中的属性，当属性栏弹出时，单击白色留用旗标，以便只显示Picks收藏夹中的留用照片（如图2-25所示）。

第16步

现在按Ctrl-A（Mac：Command-A）键选择屏幕上显示的所有留用照片，然后按Ctrl-N（Mac：Command-N）键，打开创建收藏夹对话框。这里要提示的是，在命名这个收藏夹时，请先使用留用照片收藏夹的名称，然后再添加文字Selects（因此在这个例子中，我将新收藏夹命名为Kristina Wedding Selects，如图2-26所示）。收藏夹按照字母顺序列出，因此如果用相同的名称作开头，这两个收藏夹最终会排列在一起，这样会使下一步操作更为轻松（此外，如果需要，可以随时在收藏夹面板下用右键单击该收藏夹，在弹出菜单中选择改变名称）。

图2-26

第17步

让我们来总结一下。现在有两个收藏夹，一个包含这次拍摄的保留照片（Picks），Selects收藏夹则只包含这次拍摄中的最佳图像。观察收藏夹面板就会发现保留照片（Picks）收藏夹的正下方就是Selects收藏夹（如图2-27所示）。

图2-27

注意：关于缩小照片范围，还有一种方法需要介绍，但在此之后将介绍怎样使用收藏夹集，收藏夹集方便管理从同一次拍摄所产生的多个收藏夹，就像我们这里所创建的Picks收藏夹和Selects收藏夹。

图 2-28

第18步

当需要从一次拍摄中找出单幅最佳照片时（例如，如果想从一次婚礼拍摄中找出单幅照片张贴在影室的博客上，则需要找出一幅完美的照片），我们可以使用比较视图——其设计就是让我们遍历照片，以便找出单幅最佳照片。其实现方法是：首先选择Selects 收藏夹内的前两幅照片[单击第一幅照片，之后按Ctrl（Mac：Command）键并单击第二幅图像，这样两幅图像都被选中]。按C键进入比较视图，它把两幅照片并排显示（如**图2-28**所示），再按**Shift-Tab**键隐藏面板，使照片显示变得尽可能大。此外，如果喜欢，现在可以进入关闭背景光模式（按两次L键）。

图 2-29

第19步

下面介绍其实现方法。这是一场只有一幅照片能赢的战争：左边的照片是当前的冠军（称作“选择”），右边的是其竞争者（称作“候选”）。我们要做的只是观察这两幅照片，然后决定右边的照片是否比左边的更好（也就是说，右边的照片是否“击败了当前的冠军”）。如果没有，那么请按键盘上的右箭头键，收藏夹中的下一幅照片（新的竞争者）将显示在右边，来挑战左边的当前冠军（如**图2-29**所示，新照片已经显示在右边）。

第 20 步

按右箭头键打开新的候选时，如果右边的新照片确实看起来比左边的选择照片更好，那么请单击选择按钮（包含单个箭头的 X|Y 按钮，它位于中央预览区域下方工具栏的右边，如**图 2-30** 中的红色圆圈所示）。这使得候选图像变为选择图像（它移动到左边），战争再次开始。简要总结一下该过程：选中两幅照片，按 C 键进入比较视图，然后问自己一个问题："右边的照片比左边的更好吗？"如果不是更好，则按键盘上的右箭头键；如果更好，则单击选择按钮，并继续此过程。在浏览了 Selects 收藏夹中的所有照片后，无论是哪一幅照片（作为"选择"照片）保持在左边，它就是这次拍摄中的最佳照片。完成以后，单击工具栏右边的完成按钮。

图 2-30

第 21 步

虽然在比较视图中我总是使用键盘上的箭头键"进行战斗"，但同样也可以使用工具栏内的选择上一张照片和选择下一张照片按钮。位于选择按钮左边的是互换按钮，它只是互换两幅照片（使候选照片变成选择照片，反之亦然），但是我还没有找到一个好的理由来使用互换按钮，只好坚持使用选择按钮。那么，这三种视图模式在什么时候选用呢？我的做法是：（1）在挑选留用照片时，主要使用放大视图；（2）只有在比较大量类似姿势或场景的照片时才使用筛选视图；（3）当试图找出单幅"最佳"图像时，才使用比较视图。

如果不想使用键盘上的左、右箭头键，则可以使用工具栏中的选择上一张照片和选择下一张照片按钮来转到下一张候选照片或回到上一张候选照片

图 2-31

互换按钮交换候选和选择图像。坦白地说，我没有发现这个按钮有多少用处

图 2-32

除了按字母键 C 进入到比较视图以外，也可以单击比较视图按钮。该按钮右边的按钮用来进入筛选视图

图 2-33

当用比较视图完成操作以后，既可以单击完成按钮转到放大视图，也可以单击比较视图按钮返回到常用的网格视图

图 2-34

图 2-35

第22步

关于比较视图，要介绍的最后一点是：当确定了哪幅照片是这次拍摄中唯一的最佳照片（它应该是遍历过Selects收藏夹内的所有图像后位于左边的图像——即我口中的“坚持到最后的照片”）以后，我不会只为这一幅照片创建一个全新的Selects收藏夹。相反，我会按键盘上的数字键6，把左边的这幅照片标记为获胜者。这会为这幅照片分配红色标签（如图2-35所示）。

图 2-36

第23步

现在每当想从这次拍摄中找出单幅最佳照片时，我就会转到图库模块的网格视图（G），在图库过滤器栏中单击属性，然后在它下面的属性栏中，单击红色标签（如图2-36中红色圆圈所示），这样将显示这幅唯一的最佳照片。这一节介绍了组织处理的关键部分——创建收藏夹，以及用收藏夹保存每次拍摄中的“留用”照片和最佳照片。接下来，我们将介绍怎样组织有多个收藏夹的相关拍摄（如婚礼或度假）。

2.3 用收藏夹集组织多次拍摄的照片

如果你在纽约住了一周并且每天都外出拍摄，那么当把拍摄的所有照片导入到Lightroom以后，可能会有一些收藏夹，它们的名称如Time Square、Central Park、5th Avenue、The Village等。因为Lightroom自动按字母顺序排列收藏夹，所有这些相关的拍摄（它们都是在同一次纽约之行中拍摄的）将会分散到收藏夹列表中的各个位置。此时收藏夹集就正好派得上用场了，它可以将所有拍摄的照片集中放入一个收藏夹——New York。

第1步

要创建收藏夹集（它就好像文件夹一样，把相关的收藏夹组织到一起），请单击收藏夹面板（在左侧面板区域内）标题右边的+（加号）按钮，在弹出的下拉列表中选择创建收藏夹集（如图2-37所示）。接着将打开创建收藏夹集对话框，在此可以命名这个新的收藏夹集。在这个例子中，我们打算用它来整理婚礼中所有不同拍摄产生的照片，因此将它命名为Jones Wedding，然后单击创建按钮（如图2-38所示）。

图2-37

图2-38

第2步

现在这个空收藏夹集显示在收藏夹面板中。要为这些婚礼照片创建新的收藏夹时，请按住Ctrl（Mac：Command）键并单击选中希望添加到收藏夹中的照片，然后从+（加号）按钮的下拉列表中选择创建收藏夹。在弹出的创建收藏夹对话框中命名这个新收藏夹，然后勾选在收藏夹集内部复选框，从弹出的菜单中选择Jones Wedding，并单击创建按钮（如图2-39所示）。

图2-39

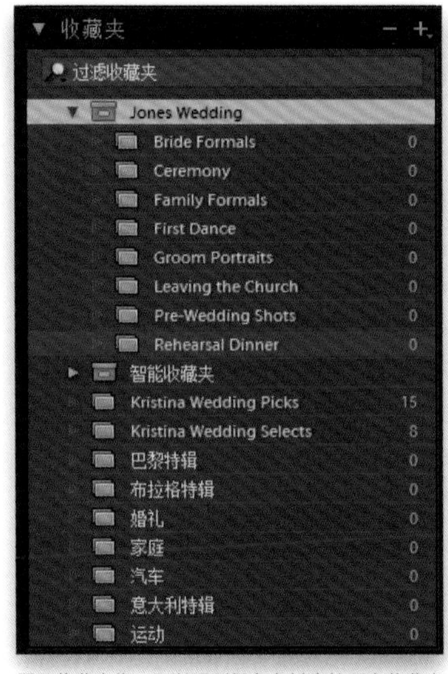

展开收藏夹集，可以看到保存在其中的所有收藏夹

图 2-40

收藏夹集在这里被折叠了起来，可以看到这使得收藏夹列表缩短了许多

图 2-41

第3步

仔细观察收藏夹面板就会发现，添加到Jones Wedding 收藏夹集中的收藏夹直接显示在它的下方。对于像婚礼这类大型的拍摄，最终可能要为婚礼的不同环节创建大量独立的收藏夹，因此像这样把所有照片组织在一个标题下是很有意义的。在此我们同样首先新建了一个收藏夹集，但不是一定非要这样做，也可以在任何有这个需要的时候新建收藏夹集，然后只需将现有的收藏夹拖放进收藏夹面板中的那个收藏夹集即可。

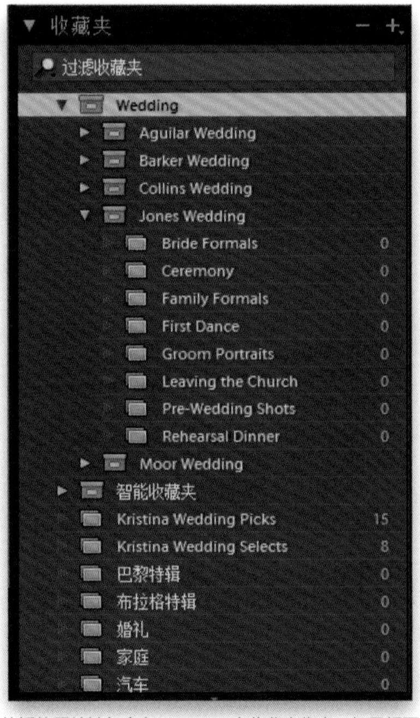

这里所有的婚礼照片被包含在 Weddings 主收藏夹集内。如果想要查看某个婚礼之内的各个收藏夹，那么请在它的名称之前的三角形上单击，以显示出所有内容

图 2-42

第4步

如果想要更进一步，那么还可以在一个收藏夹集内部新建另一个收藏夹集（这就是为什么在第1步中创建第一个收藏夹集时，在弹出的创建收藏夹集对话框中出现在收藏夹集内部复选框的原因—— 这样就可以将新建的收藏夹集放入到现有收藏夹集中），这样就能够把所有婚礼照片都放到一起。因此，现在已经有一个名为Wedding的收藏夹集（如**图 2-42**所示），然后在此收藏夹集的内部，各个婚礼也有其独立的收藏夹集，这样的话，每当想要查看或搜索所有婚礼的全部照片时，单击收藏夹面板下的 Wedding 收藏夹集即可。

2.4 使用智能收藏夹自动组织照片

假设想创建一个收藏夹把过去三年拍摄到的5星级新娘照片放到一起。我们可以搜索所有收藏夹，或者用智能收藏夹找出这些照片，并自动把它们放到一个收藏夹内。我们只需选择好条件，Lightroom会执行这项搜集工作，并且数秒钟之后就可以完成。最重要的是，智能收藏夹还可以实时更新。因此，如果我们已经创建了一个只有红色标签图像的智能收藏夹，那么不论我在什么时候将照片标记为红色标签，它都会自动被添加到该智能收藏夹中。我们可以创建多个智能收藏夹。

第1步

要理解智能收藏夹强大的功能，让我们先创建一个智能收藏夹，收集自己拍摄教堂的照片。在收藏夹面板内，单击该面板标题右边的+（加号）按钮，从弹出菜单中选择创建智能收藏夹，这将打开创建智能收藏夹对话框。在顶部的名称字段内命名该智能收藏夹，从匹配下拉列表内选择全部。然后，在下列规则下方的第一个下拉列表中选择关键字，在包含选项右边的文本框中输入Cathedral。现在，如果你只想在该收藏夹中包含最近拍摄的作品，请单击文本框右端的+（加号）按钮，创建另一组条件。从第一个下拉菜单中选择拍摄日期，从左边数第二个下拉菜单选择最近，下一个文本框中输入12，然后从最后一个下拉菜单中选择月（如图2-43所示）。

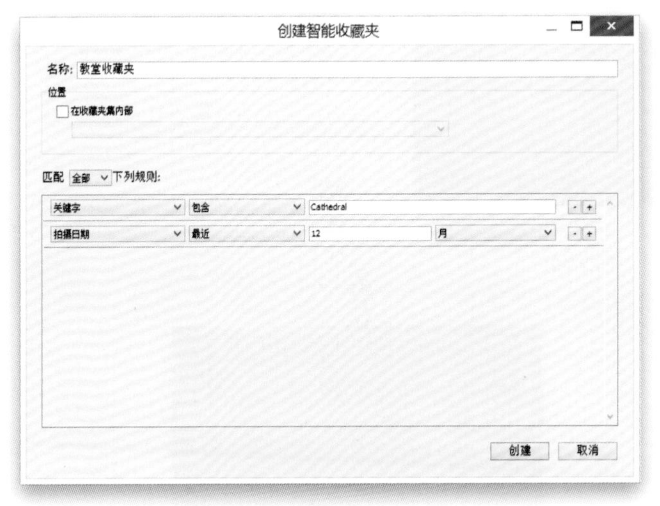

图 2-43

第2步

现在，让我们先缩小范围。按住Alt（Mac：Option）键，此时+按钮变成#（数字符号）。单击最后一行条件尾部的#按钮，会看到另一组筛选条件选项。将第一个下拉菜单选为下列任一项符合，下方第一个下拉菜单中选择收藏夹，右边第二个下拉菜单选择包含，右边的文本框中输入Selects（如图2-44所示）。因此现在创建的这个智能收藏夹收集了Lightroom中Selects收藏夹的所有照片。

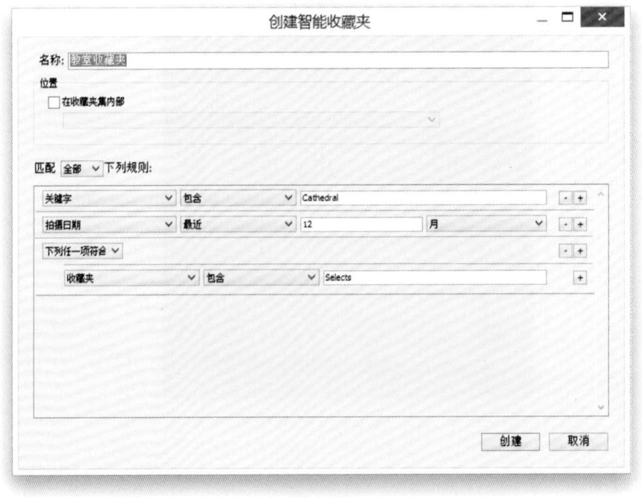

图 2-44

创建智能收藏夹

名称：教堂收藏夹

位置

在收藏夹集内部

匹配 全部 下列规则：

关键字 包含 Cathedral

拍摄日期 最近 12 月

下列任一项符合

收藏夹 包含 Selects

标签颜色 是 红色

留用旗标 是 留用

星级 大于等于 ★★★★★

创建 取消

图 2-45

图 2-46

第3步

现在让我们添加另一个条件，来将Selects收藏夹中的一幅照片标记为红色标签，而不仅仅只是将它放置到收藏夹内。添加一组筛选条件选项（见第2步），从第一个下拉列表中选择标签颜色，从第二个下拉列表内选择是，从第三个中选择红色。如果现在单击创建按钮，会创建一个智能收藏夹，这个收藏夹中包含了关键字为Cathedral，拍摄于最近12个月，且位于Selects 收藏夹中或标记为红色标签的所有照片。如果你使用的是留用旗标或者1～5星评级体系，同样也可以为它们创建筛选条件行，来选择标记为留用或者5星的照片。（提示：现在，你也可以创建基于图像尺寸、颜色配置文件、特定位深、通道位数、文件类型是否是PNG，以及图像智能预览状态等条件的智能收藏夹。）

第4步

当所有筛选条件都设置好之后，现在可以单击创建按钮了，被创建的智能收藏夹将汇编所有这些条件，最重要的是它会不断更新。任一Selects 收藏夹中具有Cathedral关键字，或者标签颜色是红色或评级为5 星级或者旗标为留用标记的新照片都会被自动添加到该收藏夹，超过12个月的旧图像会自动被移去。此外，假若将最近拍摄的一张不在Selects收藏夹中，或者没有留用旗标或星级评级的旅行照片上的红色标签移除，它会自动从该智能收藏夹中移去，我们不必进行任何操作，因为它不再与所有的筛选条件相匹配。随时在收藏夹内的现有智能收藏夹上双击，就可以编辑筛选条件。这将打开编辑智能收藏夹对话框，其中列出了当前收藏夹中的照片满足的所有条件，在该对话框内可以添加条件（单击+按钮）、删除条件[单击-（减号）按钮]，或者修改下拉列表内的条件。

2.5 使用堆叠功能让照片井井有条

堆叠照片的功能（曾经是文件夹选项下的功能）最终进入收藏夹领域了。如今，我们可以使用堆叠功能将收藏夹中外观类似的照片放在一起，这样就减少了滚动鼠标搜寻照片的时间。它的工作原理类似于：假设我们有22张某位新娘同一个姿势的照片。你需要每时每刻都看到所有照片吗？或许不需要。利用堆叠功能，我们可以将这22张缩览图堆叠到一个缩览图下，而这个缩览图可以代表其他所有照片。这样，我们就不用浏览过这22张外观类似的缩览图之后才能看到其他照片。

第1步

现在，我们已经导入一组模特照片，你会发现有不少照片中的人物都是保持同一个姿势的。所有这些照片全部呈现在一起会增加页面的无序感，使得寻找"保留照片"的过程更加困难。所以，我们打算将人物姿势相似的照片放到一个堆叠组内，并用其中一个缩览图来表示。剩下的照片都堆叠在这个缩览图后面。首先请选中姿势相同的一组照片中的第一张（**图2-47**中选中的高亮照片），然后按住Shift键并单击本组照片的最后一张（如**图2-47**所示），选中本组中的所有照片（如果你愿意，也可以在胶片显示窗格内进行照片选择）。

图2-47

第2步

现在，请按住Ctrl-G（Mac：Command-G）键，将所有选中的照片放入到一个堆叠中（这个键盘快捷键很容易记，字母键G代表单词Group）。如果现在去看网格视图，就会发现只有一个此种姿势的缩览图。这样操作不会删除或者移走同组中的其他照片——它们只是被堆叠在这个缩览图之外（在计算机系统中，我们要做的只是信任这种机制）。当我们将这7张照片堆叠到一个组之后，页面看起来简洁多了，操作起来也非常方便。

图2-48

图 2-49

第 3 步

在放大视图中，你会在缩览图左上角的矩形方块中看到数字7。它提供了两个信息：（1）这不是一张照片，而是一组堆叠照片；（2）堆叠组中照片的数量为7。现在你看到的是堆叠视图（6张相似的照片堆叠在一张缩览图之后）。若想展开堆叠，查看堆叠组中的所有照片，只需要直接单击缩览图左上角的数字7（下一步中将提到如何展开视图），或按键盘上的字母键S，或单击缩览图两侧的细长条标志（若想折叠堆叠，只需要重复以上任意一种操作，如**图2-49**中红圈所示）。顺便提一下，如果想将某张照片添加到已经存在的堆叠组中，只需要将目标照片拖动到对应的堆叠组中。

图 2-50

第 4 步

以下讲到的几点将会帮助你管理堆叠组。创建堆叠时，选中的第一张照片将会成为堆叠后显示的缩览图。如果你不想让它呈现在堆叠组上，你可以选择组中其他任何照片。首先展开堆叠，然后用右键单击含有照片序号的小方框标志，在弹出的下拉菜单中选择移到堆叠顶部（如**图2-50**所示）。

第5步

若想将某张照片从堆叠中移去，首先展开堆叠，然后用右键单击照片的序号，从弹出的下拉菜单中选择**从堆叠中移去**（如**图2-51**所示）。此操作并不会删除照片，也不会将其从收藏夹中移除，只是将它从堆叠组中移去。所以，举个例子，如果你只移去一张照片，那当你再次折叠堆叠时，将会在网格视图中看到两个缩览图——一个代表仍堆叠在一起的三张照片，另一个则代表刚刚从堆叠组中移出的单独照片。

注意：如果你想从堆叠组中一次性移出多张照片，则需按住Ctrl（Mac：Command）键并单击选中你想移去的照片，用鼠标右键单击其中一张照片的照片序号，然后在弹出的下拉菜单中选择从堆叠中移去。

图 2-51

第6步

在我们继续介绍之前，还有一件事情与从堆叠中移去照片有关。如果你想删除堆叠组中的某张照片（而不是只把它从堆叠组中移出），只需要展开堆叠，然后单击照片，按下键盘上的Backspace（Mac：Delete）键。还有一点建议：如果想一次性展开所有堆叠（让所有照片的缩览图全部可见），只需要用鼠标右键单击任意一个缩览图（不只是堆叠组，任何缩览图都可以），在弹出的下拉菜单中选择**堆叠**，然后选择**展开全部堆叠**（或者用鼠标右键单击任何堆叠的照片序号方框，在弹出的下拉菜单中选择**展开全部堆叠**）。如果你想折叠所有堆叠，同理，选择**折叠所有堆叠**即可，这样，每一组相同姿势照片中只有一张可见。

SCOTT KELBY

图 2-52

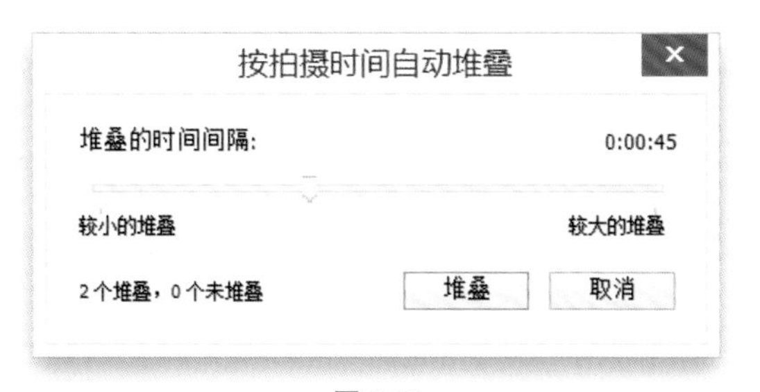

图 2-53

第7步

Lightroom可以根据照片拍摄的时间间隔来自动堆叠相似照片。例如，当你在工作室中拍照时，通常会按部就班地拍，但是当模特需要更换服装（或者拍摄者需要改变灯光条件）时，这一过程可能会花费至少5分钟时间。此时将自动堆叠功能设置为5分钟，这样的话，当5分钟或更长时间没有拍照时，计算机会自动将之前拍摄的照片堆叠（这项功能相当出色）。若想开启自动堆叠功能，只需用鼠标右键单击任意一个缩览图，从弹出菜单的堆叠选项下选择按拍摄时间自动堆叠。如**图2-53**所示的对话框就会出现，当向左或向右拖动滑块时，你会发现照片开始进行实时堆叠。这项功能的效果相当出色。

图 2-54

第8步

顺便提一下，如果开启了自动堆叠功能，Lightroom可能会将并不相似的照片堆叠在一起。但即使是这样，你也可以很轻松地拆分堆叠，将这些照片移动到它们本来的位置。若想拆分堆叠，先要展开堆叠，然后选择希望从堆叠组中移去的照片，用鼠标右键单击其中任何一张照片的序号方框，选择拆分堆叠（如**图2-54**所示）。关于堆叠的最后一件事情：一旦照片进行了堆叠操作，当堆叠折叠时，任何对堆叠实施的操作只作用于堆叠顶部的照片，对其他照片没有效用。在更改设置或者增加关键字之前，如果你展开堆叠，并选中所有照片，此时，快速修改照片设置、关键字和其他任何编辑都会应用于整个堆叠组。

2.6 何时使用快捷收藏夹

创建收藏夹是一种把照片组织到独立相册的更长久的方法（这里所说的长久的意思是指当数月后重新启动Lightroom 时，收藏夹仍然存在。当然，我们也可以选择删除收藏夹，使它们不再永久存在）。然而，我们有时只想临时对照片分组，而不想长期保存这些分组。这时快捷收藏夹就派上用场了。

第1步

有许多理由可能会让你想要使用临时收藏夹，但我使用快捷收藏夹大多数是在需要快速组成一组幻灯片情况下，特别是在需要使用来自许多不同收藏夹中的图像时。例如，假设我接到一个潜在客户的电话，他们想看看我拍摄的橄榄球赛照片。我找出最近拍摄的橄榄球比赛照片，单击打开Selects 收藏夹，然后双击图像在放大视图中查看它们。当看到一幅想放到幻灯片中的照片时，按字母键B将它添加到快捷收藏夹（屏幕上会显示出一条消息，提示照片已被添加到快捷收藏夹）。

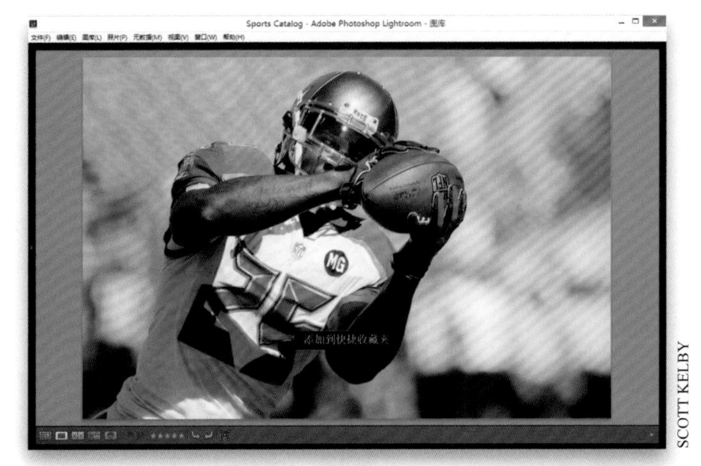

图 2-55

第2步

现在，我转到另一个包含橄榄球赛照片的收藏夹，并进行同样的操作，每当看到想要放到幻灯片放映中的图像，就按字母键B将它添加到快捷键收藏夹，因此很快就可以浏览完10个或15个较好的收藏夹，并同时标记出那些我想用于幻灯片放映中的照片[在网格视图中，当把光标移动到缩览图上时，每个缩览图的右上角会显示出一个小圆圈，单击它时变为灰色，也可以把照片添加到快捷收藏夹。要隐藏该灰点，请按Ctrl-J（Mac：Command-J）键，单击顶部的网格视图选项卡，之后取消勾选快捷收藏夹标记复选框，如图2-56所示]。

图 2-56

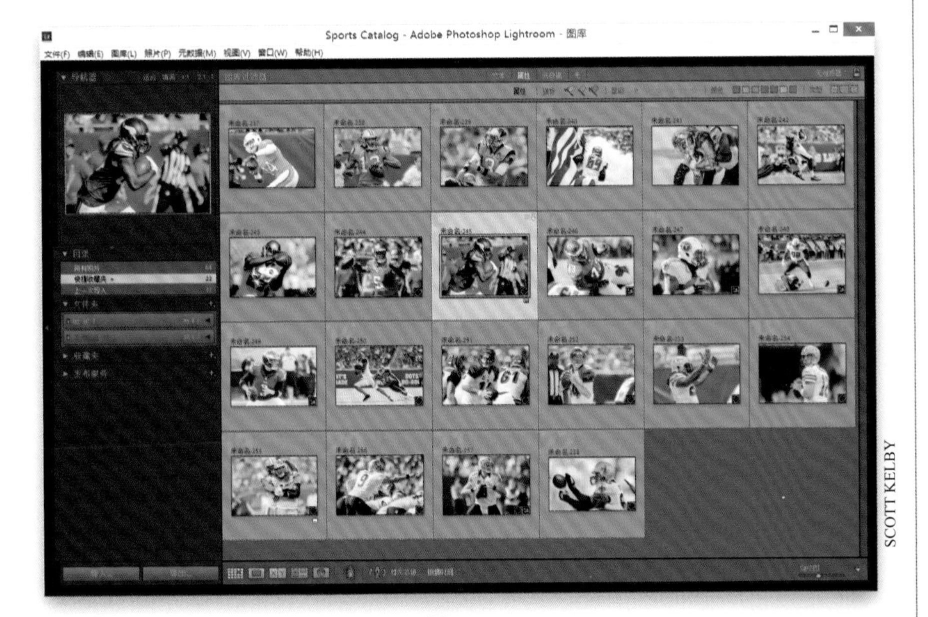

SCOTT KELBY

图 2-57

第3步

要查看放到快捷收藏夹内的照片，请转到目录面板（位于左侧面板区域内），单击快捷收藏夹（如**图2-57**所示）。现在只有这些照片可见。要把照片从快捷收藏夹中删除，只要单击照片，再按键盘上的Backspace（Mac：Delete）键即可（不会删除原始照片，只是把它从这个临时快捷收藏夹中移去）。

SCOTT KELBY AND ©DOLLARPHOTOCLUB/DMITRY LOBANOV

图 2-58

第4步

现在来自于所有不同收藏夹的照片已被放入快捷收藏夹中，这时可以按Ctrl-Enter（Mac：Command-Return）键启动Lightroom的即兴幻灯片放映功能，它使用Lightroom 幻灯片放映模块中的当前设置，全屏放映快捷收藏夹中的照片。要停止幻灯片放映，只需按Esc键即可。

提示：保存快捷收藏夹

如果想要把快捷收藏夹保存为常规收藏夹，请转到目录面板，用鼠标右键单击快捷收藏夹，从弹出菜单中选择存储快捷收藏夹，这时将弹出一个对话框，在此可以给新收藏夹命名。

2.7 使用目标收藏夹

我们刚才讨论了如何建立快捷收藏夹将图像临时组织在一起，以制作即兴幻灯片放映，或者考虑要不要将它们创建为实际的收藏夹，但是可能会发现更有用的一项功能，就是用一个目标收藏夹来替代快捷收藏夹。我们使用相同的键盘快捷键，但是并不将图像发送到快捷收藏夹，而是进入到一个已经存在的收藏夹。但是，为什么我们要这样做？读完本节，你会发现为什么它如此便捷（马上就能解决它）。

第1步

比方说我们今年拍摄了许多汽车照片。如果将所有喜欢的汽车照片放入一个收藏夹中岂不是很好，这样就能非常便捷地查看照片了。只需创建一个全新的收藏夹，将其命名为汽车。待汽车收藏夹出现在面板中后，用鼠标右键单击它，从弹出菜单中选择设为目标收藏夹（如**图2-59**所示）。这将在收藏夹名称末端添加一个+（加号）标志，所以看一眼就知道它是你的目标收藏夹（如**图2-59**所示）。

图 2-59

第2步

创建目标收藏夹后，添加图像就很简单了，只需要在任意图像上单击，然后按键盘上的字母键B（与快捷收藏夹的快捷键相同），照片就会被添加入汽车目标收藏夹。例如，在Thunderbird Finals常规收藏夹中，有一系列在福特雷鸟影棚拍摄的最终照片，我希望添加一些最终照片到我的汽车目标收藏夹中，所以我将它们全部选中，然后按键盘上的字母键B就可以了，屏幕上会出现添加到目标收藏夹“汽车”的确认信息，此时已经添加完毕。但这并没有将照片从Thunderbird Finals收藏夹中移去，只是将它们同时添加到汽车目标收藏夹中。

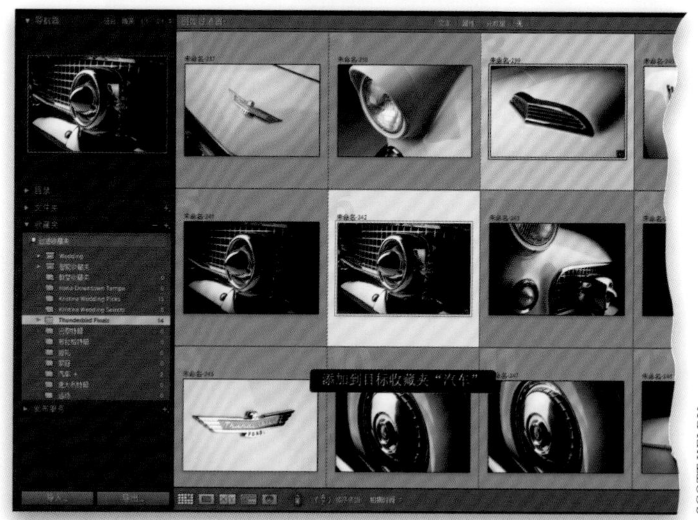

图 2-60

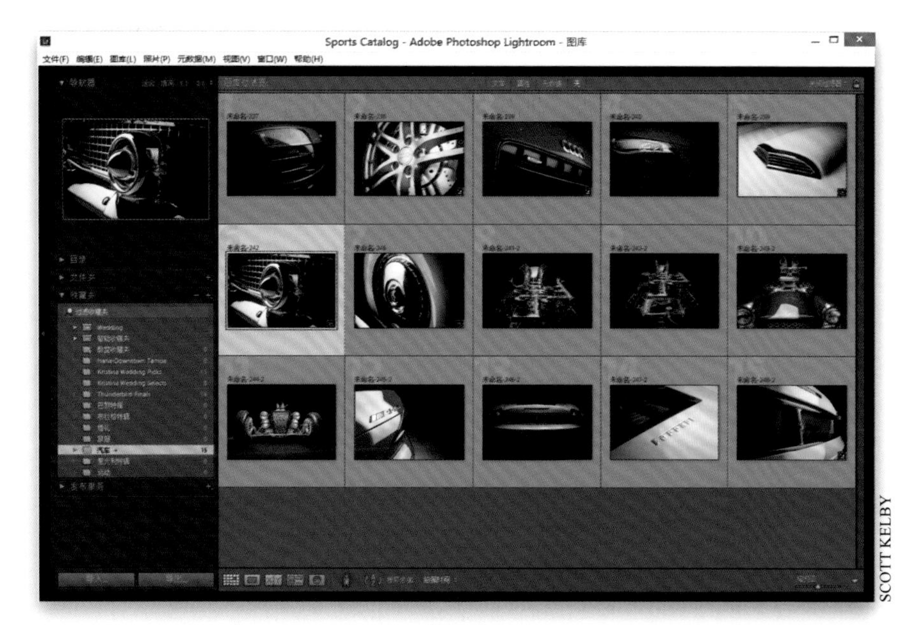

图 2-61

第3步

现在，如果单击汽车目标收藏夹，就能看到这些雷鸟和其他汽车的照片，这是因为我将所有汽车的最终照片都放到了同一个地方。

图 2-62

第4步

在Lightroom 5中，Adobe使创建目标收藏夹的过程方便了一些，因为现在，当你要创建收藏夹时，在创建收藏夹对话框中勾选设为目标收藏夹复选框，这个新收藏夹就创建成了新的目标收藏夹。顺便提一下，一次只能拥有一个目标收藏夹，所以当你选择将不同的收藏夹创建为目标收藏夹后，上次选择的收藏夹将不再是目标收藏夹（该收藏夹依然存在，但是，按键盘上的字母键B，照片将不会被发送到该收藏夹，而是被发送到最新被指定的目标收藏夹）。如果想回头创建一个快捷收藏夹（使用快捷键B），你需要使用鼠标右键单击，并在弹出菜单中选择设为目标收藏夹选项来关闭目标收藏夹。

2.8 针对高级搜索添加具体关键字

大多时候，在Lightroom中查找图像会很简单。想要查看在纽约度假的照片吗？只需单击New York收藏夹即可。如果要查看纽约旅行中的所有照片，则需按关键字New York进行搜索。但是，如果只想要帝国大厦的夜景照片该怎么办？如果你对此感到不知所措，那么这一节就是为你而写的。

第1步

在介绍这一节内容之前，我想要说的是，大多数人不需要添加关键字。但是，如果你是商业摄影师或者图库照片代理者，给所有的图像添加关键字则是你必须要做的工作。幸运的是，在Lightroom内实现该操作非常容易。添加关键字有多种方法，我们从右侧面板区域中的关键字面板开始。单击照片后，会在关键字面板顶部附近列出已经指定给该照片的关键字（如**图2-63**所示）。顺便提一下，我们实际上不应该使用“指定”一词，而应该说用关键字“标记”照片，如“用关键字NFL标记它”。

SCOTT KELBY

图 2-63

第2步

我在导入所有照片时用8个关键字标记它，如UF、UT、Vols和Gators等。若想添加其他关键字，在该关键字字段下方有一个文本框，框中写着单击此处添加关键字。因此只需在此框中单击，并输入想要添加的关键字即可（如果需要添加多个关键字，请用逗号分隔它们），之后按键盘上的Enter（Mac：Return）键。如**图2-64**所示，对于第1步中选中的照片，我添加的关键字是Jonathon Johnson，非常简单。

图 2-64

第3步

如果打算一次性为一组照片添加相同的关键字，那么比较理想的方法是使用关键字面板。例如，比赛第一节中共拍了71幅照片，我们要首先选择这71幅照片（单击第一幅照片，按住Shift键并保持，然后单击最后一幅照片，这样就会选中所有照片），之后在关键字面板的关键字标记文本字段内添加关键字。例如，我在这里输入First Quarter，它就会把关键字First Quarter添加到选中的71幅照片。因此，当需要用同样的关键字标记大量照片时，关键字面板是我的首选。

提示：选择关键字

接下来介绍如何选择我的关键字。我问自己——如果几个月之后，我要找出这些照片，最可能在搜索栏内输入什么词语呢？然后我就使用了上面提到的这些词，它的效果比想象得要好。

图 2-65

第4步

假若我们只想向某些照片添加一些关键字，如某个队员的照片，如果这些照片是相邻的，则可以使用我刚才介绍的关键字面板的操作方法。但是，如果这些照片是一次拍摄中分散的20幅或30幅照片，则可以使用喷涂工具（它位于下方的工具栏内，图标看起来像一个喷漆罐）在浏览图像时“喷涂”关键字。首先，单击喷涂工具[或按Ctrl-Alt-K（Mac：Command-Option-K）]键，然后，确保喷涂标志右侧显示的是关键字，再在其右侧的字段内输入Justin Worley或者与这些照片相关的其他关键字。

SCOTT KELBY

图 2-66

第5步

浏览这些照片，任何时候当你看到Justin Worley的照片时，只要在缩览图上单击一次，就会把这些关键字“喷涂”到照片上（可以添加任意多的关键字，只需在它们之间添加逗号）。单击喷涂工具时，标记过的照片周围会用白色边框突出显示，并在照片右下角用深色矩形框显示刚指定的关键字（如图2-67所示）。如果想标记在一行中看到的多幅照片，只需按住鼠标左键并保持，依次在它们之间喷涂，就可以全部标记它们。喷涂工具使用完毕之后，在工具栏内它原来的位置单击即可。

提示：创建关键字集

如果常常使用相同的关键字，则可以把它们保存为关键字集，方便以后使用。要创建关键字集，需要在关键字标记文本字段内输入关键字，之后单击该面板底部的关键字集下拉列表，选择“将当前设置存储为新预设”，它们就会像内置关键字集（如婚礼摄影、人像摄影等）一样被添加到该列表内。

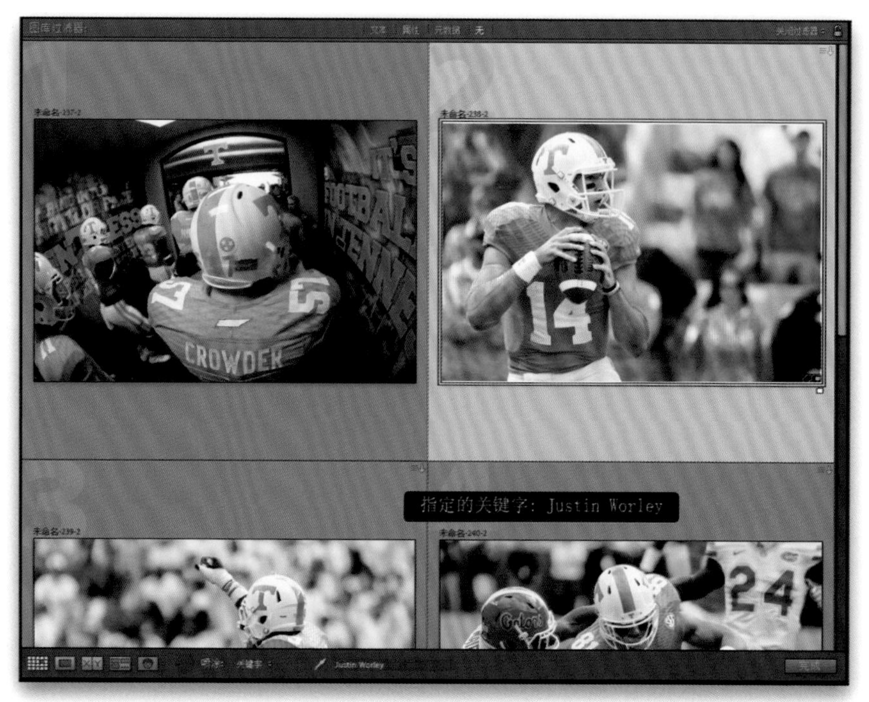

图 2-67

第6步

展开关键字列表面板，它列出了我们已经创建或嵌入在所导入照片中的所有关键字。每个关键字右边的数字代表用该关键字标记了多少幅照片。如果把鼠标悬停在该列表中的关键字上，在其最右端会显示出一个白色的小箭头。单击这个箭头将只显示出具有该关键字的照片（在图2-68所示的例子中，我单击了Matt Jones关键字的箭头，它只显示出整个目录库中用该关键字标记过的两幅照片）。这也是具体关键字功能强大的地方。

图 2-68

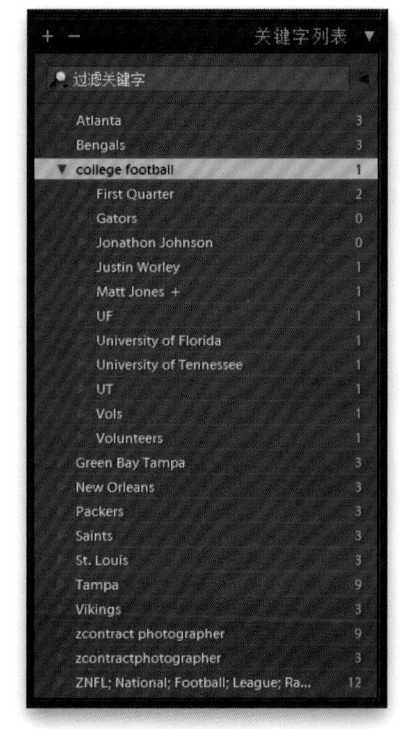

图 2-69

第7步

这样，不久关键字列表就会变得非常长。因此，要保持该列表组织有序，可以创建具有子关键字的关键字（如College Football作为主关键字，UF、UT、Vols等位于其内）。除了可以缩短关键字列表的长度之外，还可以更好地排序。例如，如果单击关键字列表面板内的college football（顶级关键字），则会显示出目录后用UF、UT等标记过的每个文件。但是，如果单击UF，则只会显示出用UF标记的照片。这可以节省大量的时间，下一步将介绍怎样配置这一点。

提示：拖放和删除关键字

把关键字列表面板内的关键字放到照片上可以标记它们，反之，也可以把照片拖放到关键字上。要删除照片内的关键字，只要在关键字面板，把它们从关键字标记字段内删除即可。要彻底删除关键字（从所有照片和关键字列表面板自身内删除），找到下方的关键字列表面板，单击关键字，之后单击该面板标题左侧的 -（减号）按钮。

图 2-70

第8步

这样，不久关键字列表就会变得非要将一个关键字设为顶级关键字，只要把其他关键字直接拖到其中即可。如果还没有添加想要成为它子关键字的关键字，则可以这样做：右键单击想要成为它顶级关键字的关键字，之后从弹出菜单中选择在“college football”中创建关键字标记…，在打开的对话框内创建新的子关键字（如图2-70所示）。单击创建按钮，这个新的关键字就会显示在主关键字下方。要隐藏子关键字，请单击主关键字左侧的三角形。

2.9 重命名 Lightroom 中的照片

在第 1 章中，我们已经学习了在从相机存储卡上导入照片时怎样重命名它们，但是，如果导入计算机上现有的照片，它们将保留现有名称（因为只是把它们添加到 Lightroom）。因此，如果这些照片仍然是数码相机指定的名称，如“_DSC0035.jpg”，下面介绍的重命名方法就很有意义。

第 1 步

单击想要重命名的照片收藏夹，按 Ctrl-A（Mac：Command-A）键选择该收藏夹内的所有照片。转到图库菜单，选择重命名照片，或者按键盘上的 F2 键，打开重命名照片对话框（如**图 2-71** 所示）。该对话框提供与导入窗口相同的文件命名预设，请选择你想要使用的文件名预设。在这个例子中，我选择自定名称 – 序列编号预设，可以输入自定义名称，之后它将自动从 1 开始编号。

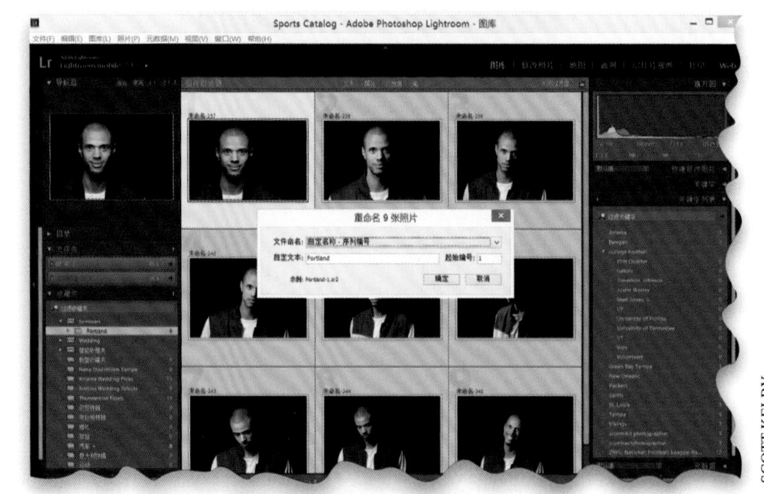

SCOTT KELBY

图 2-71

第 2 步

单击确定按钮，所有照片立即被重新命名。整个过程虽然只需要几秒钟时间，但对照片搜索操作所产生的影响却是巨大的，不仅是在 Lightroom 内搜索，在 Lightroom 之外，在文件夹、电子邮件等之中的搜索更是这样。此外，当把照片发送给客户审核时，这样也更方便他们查找照片。

图 2-72

2.10 添加版权信息、标题和其他元数据

数码相机自动在照片内嵌入各种信息，包括拍摄所用相机的制造商和型号、使用的镜头类型，以及是否触发闪光灯等。在Lightroom中可以基于这些嵌入的信息（被称作EXIF 数据）搜索照片。除此之外，我们可以把自己的信息嵌入到文件中，如版权信息或照片标题，以便上传给通讯社。

第1步

要查看照片中嵌入的信息（称作元数据），请转到图库模块右侧面板区域内的元数据面板。在默认情况下，它会显示嵌入在照片内的各种信息，因此可以看到嵌入的相机信息（称作EXIF 数据，如拍摄照片所使用的相机制造商和型号，以及镜头种类等），以及照片尺寸、在Lightroom 内添加的所有评级和标签等，但这只是其中的一部分信息。要查看相机嵌入在照片内的所有信息，请从该面板标题左侧的下拉列表内选择EXIF（如图2-73所示）。如果需要查看所有元数据字段（包括添加标题和版权信息的字段），则请选择EXIF 和IPTC。

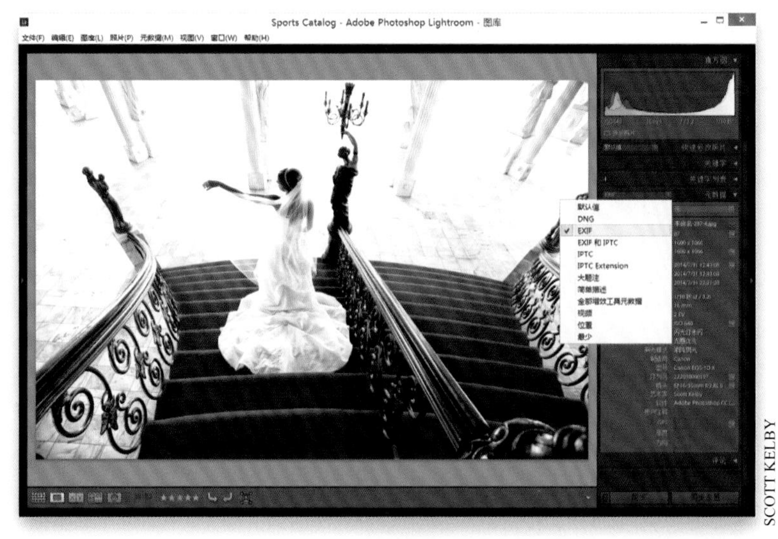

SCOTT KELBY

图 2-73

图 2-74

提示：获取更多信息或搜索

在网格视图内，如果元数据字段右边出现箭头，这是转到更多的照片信息或者快速搜索的链接。例如，向下滚动EXIF 元数据（相机嵌入的信息），把光标悬停在ISO 感光度右侧的箭头上方几秒钟，就会显示出一条消息说明该箭头的作用（在这个例子中，单击该箭头将显示出目录内以ISO 640拍摄的所有照片）。

第2步

虽然我们不能修改相机嵌入的EXIF数据，但可以在一些字段内添加自己的信息。例如，如果需要添加标题（可能需要把照片上传到通讯社），只需转到IPTC元数据中的标题字段，在该字段内单击，再开始输入（如图2-75所示）。输入完成后，只需要按Enter（Mac：Return）键即可完成标题添加。也可以在元数据面板内添加星级评级或者标签（但我通常不在这里添加）。

图 2-75

第3步

如果已经创建了版权元数据预设，而在导入这些照片时没有应用它，现在则可以在元数据面板顶部的预设下拉列表中应用它。如果还没有创建版权模板，则可以在元数据面板底部的版权部分，添加版权信息（一定要从版权状态下拉列表内选择有版权）。并且一次还可以为多张照片添加版权信息。按住Ctrl（Mac：Command）键并单击选择需要添加该版权信息的所有照片，之后，在元数据面板内添加信息时，就会立即添加给被选中的所有照片。

图 2-76

注意：这里所添加的元数据存储在Lightroom的数据库内，在Lightroom内把照片导出为JPEG、PSD或TIFF格式时，该元数据（以及所有颜色校正和图像编辑）才被嵌入到文件中。然而，在处理RAW格式的照片时则不同（下一步操作中将会介绍）。

图 2-77

第4步

如果打算把原始RAW文件传给他人，或者想在能够处理RAW图像的其他应用程序中使用原始RAW文件，在Lightroom内添加的元数据（包括版权信息、关键字，甚至对照片所做的颜色校正编辑）则看不到，因为不能直接在RAW照片内嵌入信息。要解决这个问题，所有这些信息要被写入一个单独的文件内，这个文件被称作XMP附属文件。这些XMP附属文件不是自动创建的，要在向他人发送RAW文件之前按Ctrl-S（Mac：Command-S）键进行创建。创建完成之后，就会发现RAW文件旁边出现了一个具有相同名称的XMP附属文件，但该文件的扩展名是.xmp（这两个文件如图2-77中的红色圆圈所示）。这两个文件要保存在一起，如果要移动或者把RAW文件发送给同事或客户，则一定要同时对这两个文件进行操作。

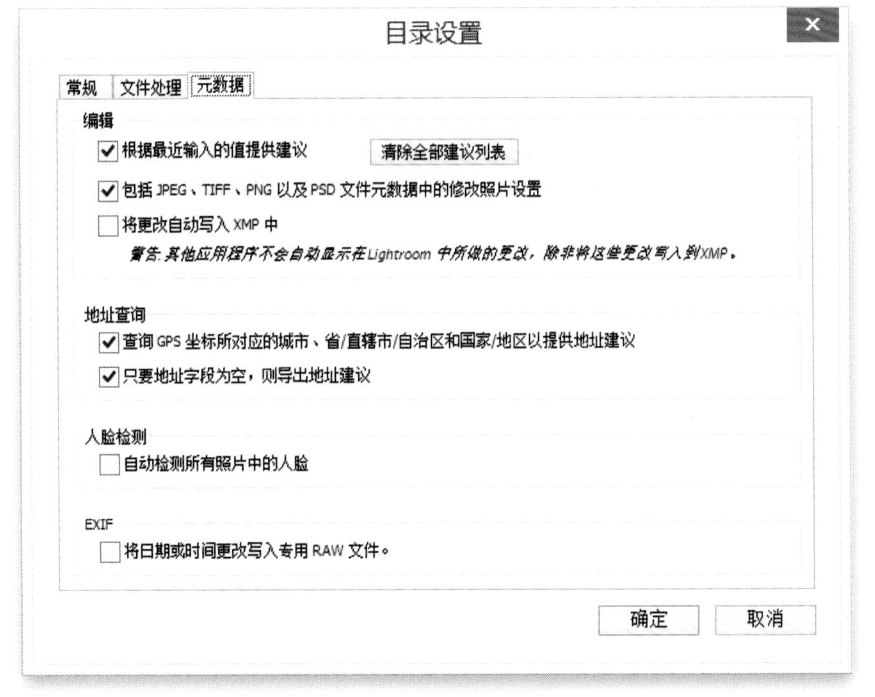

图 2-78

第5步

现在，如果在导入时把RAW文件转换为DNG文件，那么按Ctrl-S（Mac：Command-S）键，即可把信息嵌入到单个DNG文件内，因此不会产生单独的XMP文件。实际上有一个Lightroom目录首选项（如果使用的是Mac，从Light-room菜单之后单击元数据选项卡；如果使用的是PC，从Lightroon的编辑菜单中选择目录设置，再单击元数据选项卡，如图2-78所示），它自动把对RAW文件所做的所有修改写入到XMP附属文件。但其缺点是速度问题，每次修改RAW文件时，Lightroom就必须把修改写入XMP，这会降低速度，因此我总是不勾选将更改自动写入XMP中复选框。

2.11 快速查找照片

为了更容易查找照片，我们在导入照片时应用了一些关键字把它们命名为更有意义的名字，现在我们可以在很短的时间内找出我们所需的照片。这样对于整个照片收藏夹，我们就拥有了一个快速、有组织、合理的目录，使我们的工作更加轻松自如。

第 1 步

在查找照片之前，首先需要明确我们想要在哪里搜索。如果只在某个收藏夹内搜索，请转到收藏夹面板，单击该收藏夹。如果想要搜索整个照片目录，则从胶片显示窗格左上方可以看到目前所观察照片的路径。单击该路径，从弹出的下拉菜单中选择所有照片（这里的其他选项是搜索快捷收藏夹，上一次导入或者最近使用过的文件夹或收藏夹）。

图 2-79

第 2 步

现在已经选择搜索位置，使用键盘上的Ctrl-F（Mac：Command-F）键。打开图库网格视图顶部的图库过滤器。如果需要按文本搜索，请在搜索字段内输入需要搜索的文字，默认时它将搜索所有能够搜索的字段—文件名、所有关键字、标题、内嵌的EXIF 数据。来找到匹配的照片（在本例中搜索文字 Blue Angels）。使用搜索字段左侧的两个下拉列表还可以缩小搜索范围。例如，要把搜索范围限制为标题或关键字，则从第一个下拉列表内选择它们即可。

图 2-80

第3步

另一种搜索方法是按属性搜索，因此请单击图库过滤器中的属性，显示出如**图 2-81**所示的界面。我们在本章前面使用过属性选项缩小所显示的照片范围，只显示留用照片（单击白色留用旗标），所以你可能已经熟悉它们，但是这里要注意几点：至于星级，如果单击4星，它会过滤掉4星以下的照片，只显示出评为4星及其以上星级的照片。如果想只查看4星级的图像，则请单击星级右侧的≥（大于等于）符号并保持，从弹出的下拉列表中选择星级等于，如**图 2-81**所示。

图 2-81

第4步

除了按文本和属性搜索之外，还可以按照片中嵌入的元数据进行查找，因此可以基于所用镜头类型、设置的ISO、所用光圈或者其他设置搜索照片。单击图库过滤器内的元数据，就会显示出一系列内容，从中可以按日期、相机制造商和型号、镜头或者标签进行搜索（如**图 2-82**所示）。

图 2-82

第5步

使用元数据选项查找照片有4种默认的搜索方法。

日期

如果记得所查找的照片是哪一年拍摄的，则在日期栏内单击这一年，就会看到这些照片显示出来。如果想进一步缩小查找范围，单击年份左边朝右的箭头，可以将查找范围精确到哪个月的哪天（如图2-83所示）。

相机

如果不记得照片的拍摄日期，但知道拍摄时所使用的机身，则请转到相机栏，直接在该相机上单击（相机右边的数字代表有多少幅照片是用该相机拍摄的）。单击所有机型，就会显示出这些照片。

镜头

如果照片是用广角拍摄的，则请直接转到镜头栏，单击照片拍摄所用镜头，就会显示出这些图像。这在搜索用特殊镜头拍摄的照片时非常有用，如在鱼眼镜头上单击（如图2-84所示），则在短时间内就能够找到所要的照片。查找照片时不必先从日期栏开始，之后相机栏，再到镜头栏，可以以任意顺序单击你喜欢的任意一栏，因为所有这些栏都是“实时”变化的。

标签

最后一栏标签栏与属性搜索选项中的相同，似乎有点多余，但它实际上是有用的。例如，要查找用鱼眼镜头拍摄的47幅照片，如果将最好的照片用标签标记过，将进一步缩小查找范围。

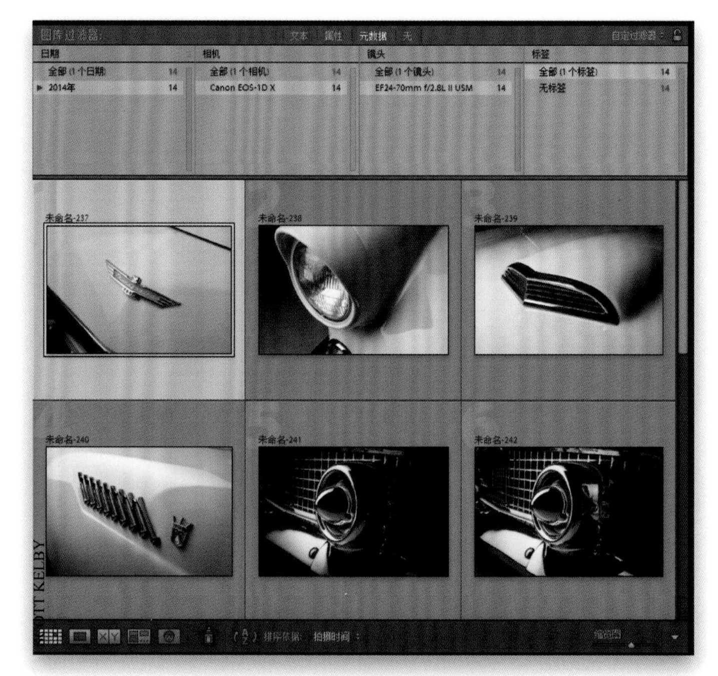

图 2-83

图 2-84

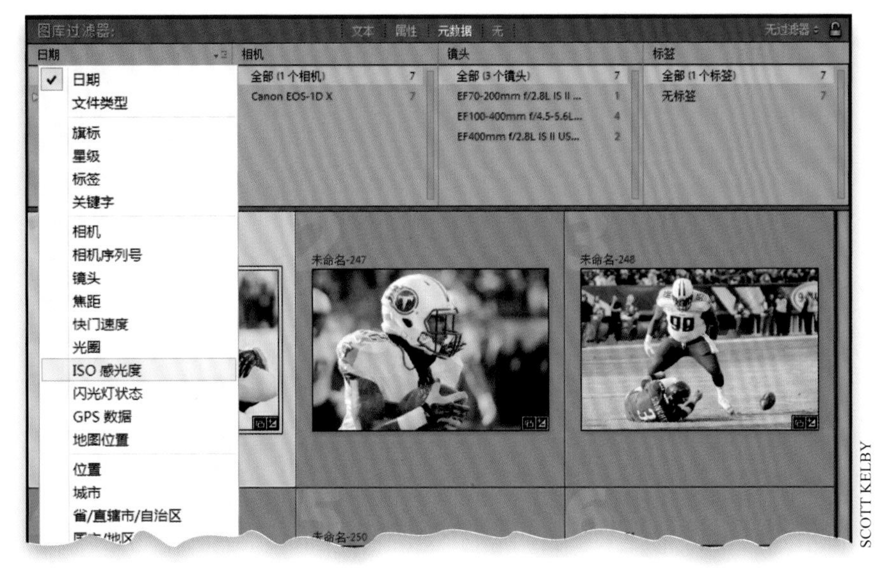

图 2-85

第6步

假如我们确实不需要按日期搜索，而在低光照条件下拍摄了大量的照片，那么按ISO搜索可能很有用。幸运的是，每栏都可以自定义，因此，在栏标题上单击，从弹出菜单中选择新的选项，它就可以搜索我们想要的元数据类型（我在图中为第一栏选择ISO感光度）。现在，所有的ISO都列出在第一栏内，因此我知道单击ISO 800、ISO 1600或更高的感光度，以查找低光照照片。另一种有用的选择是把栏设置为拍摄者或版权信息，这样只要单击一次，就可以在目录中快速查找其他人拍摄的照片。

图 2-86

第7步

如果想进一步限制搜索条件，请按Ctrl（Mac：Command）键并单击图库过滤器内三个搜索选项中的多个选项，则它们是累加的，并将依次列出。现在可以搜索具有指定关键字（本例中用Vols）、标记为留用、带有红色标签、用Canon EOS 1-DX和16–35mm镜头以ISO 400拍摄的横向照片（搜索结果如图2-86所示），而且还可以把这些条件存储为预设，虽然实际中可能不会使用这种元数据搜索，但其强大的功能确实令人感到惊讶。

2.12 创建和使用多个目录

Lightroom 可以管理由数万幅图像组成的图库，然而目录很大时，Lightroom 的性能会打折扣，因此，我们可能需要创建多个目录，并随时在它们之间切换，这样能够保证目录大小的可管理性，并让 Lightroom 全速运行。

第 1 步

迄今为止，我们一直使用的照片目录是在 Lightroom 第一次启动时创建的。然而，如果你想为所有的旅游照片、家庭照片或运动照片创建单独的目录，那么请转到 Lightroom 的文件菜单下，选择新建目录（如图 2-87 所示），这将打开创建包含新目录的文件夹对话框。为该目录起一个简单的名字，如 Wedding Catalog，婚礼目录，并为它选择一个存储位置（为了简单起见，我把所有目录存储在 Lightroom 文件夹内，这样我始终知道它们的位置）。

图 2-87

第 2 步

单击保存按钮以后，Lightroom 将关闭数据库，然后 Lightroom 自动并退出重新启动，以载入这个全新的空目录，该目录下没有任何照片（如图 2-88 所示）。因此，请单击导入按钮（靠近左下角），导入一些婚礼照片，让此目录利用起来。

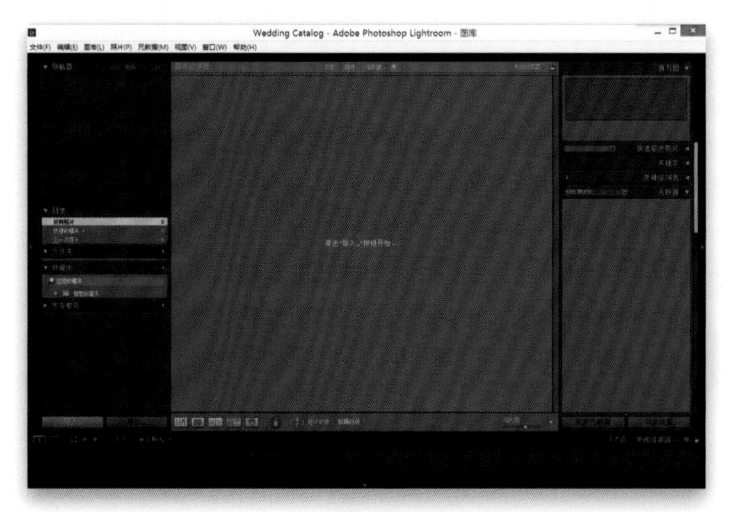

图 2-88

图 2-89

第3步

当处理过这个新的Wedding Catalog目录后，如果想要返回到原来的主目录，只需转到文件菜单，从打开最近使用的目录子菜单中选择原目录即可（如**图2-89**所示）。Lightroom将保存婚礼照片目录，然后再次退出，并用主目录重新启动。

图 2-90

第4步

我们在启动Lightroom时实际上可以选择想要使用哪个目录。只要在启动Lightroom时按下Alt（Mac：Option）键并保持，在启动它时就会打开选择目录对话框（如**图2-90**所示），从中可以选择想要打开哪个目录。如果想要打开已经创建的Lightroom目录，但是它又没有显示在选择打开最近使用的目录中时（可能在创建它时没有将它保存到Lightroom文件夹中，或者最近没有打开过它），则可以单击该对话框左下角的选择其他目录按钮，用标准Open对话框指定目录位置。此外，如果想要创建一个崭新的空目录，则请单击新建目录按钮。

提示：总是启动同一个目录

如果想在启动Lightroom时始终使用某个目录，则请单击选择目录对话框中的目录，然后勾选目录列表下方的启动时总是载入此目录复选框。

2.13 从笔记本到桌面：同步两台计算机上的目录

如果在现场拍摄期间在笔记本计算机上运行Lightroom，那么可能要将照片本身及其全部的编辑、关键字、元数据添加到工作室计算机上的Lightroom 目录中。该操作并不难，基本上来说就是先选择笔记本计算机要导出的目录，然后把它创建的这个文件夹传送到工作室计算机上并导入它，所有辛苦的工作由Lightroom完成，我们只需要对Lightroom 怎样处理做出选择即可。

第1步

使用上面所描述的方案，我们将从笔记本计算机上开始。第1步决定是导出文件夹（这次拍摄的所有导入照片）还是收藏夹（只是这次拍摄的留用照片）。在本例中，我们将使用收藏夹，因此转到收藏夹面板，单击想要与工作室中的主目录合并的收藏夹（如果选择了文件夹，其唯一的差别是转到文件夹面板，并单击这次拍摄的文件夹。对这两种方法来说，添加的所有元数据和在Lightroom 中所做的所有编辑都将被传送到另一台机器上）。

图 2-91

第2步

现在转到Lightroom的文件菜单，选择导出为目录（如图2-92所示）。

图 2-92

图 2-93

图 2-94

第 3 步

选择导出为目录时，它会打开导出为目录对话框（如图 2-93 所示），在顶部文件名字段内为要导出目录输入名称，但该对话框底部还有一些很重要的选项需要选择。默认时，它认为需要包括在 Lightroom 导入照片时所创建的预览，我总是保留这个选项为打开状态（在把它们导入到工作室的计算机时，我不想等它们重新渲染一遍）。你也可以选择构建/包括智能预览。如果勾选顶部的仅导出选定照片复选框，那么它将只导出我们在选择导出为目录之前选定的文件夹中的照片。但是，也许最重要的选项是中间的复选框：导出负片文件。当不勾选这个选项时，它只导出预览和元数据，而不会真正导出照片本身，因此，如果确实想要导出真正的照片，那么请勾选中间的这个复选框。

第 4 步

单击保存按钮时，它导出目录（这通常不会花很长的时间，但是，如果收藏夹或文件夹中的照片越多，它花的时间当然就越长）。完成导出以后，在计算机上就可以看到导出的文件夹（如图 2-94 所示）。我通常将这个文件夹保存到桌面上，因为下一步就是将它复制到外接硬盘上，这样可以将这个存有图像的文件夹传送到工作室的计算机上。

第5步

将硬盘连接到工作室的计算机上，把Ybor Selects文件夹复制到存储所有照片的位置（在第1章中创建的Lightroom Photos文件夹）。现在，在工作室的计算机上，转到Lightroom的文件菜单，并选择从另一个目录导入，这会打开图2-95所示的对话框。导航到刚复制到工作室计算机上的那个文件夹，然后在文件夹内，单击文件扩展名为lrcat的文件（如图2-95所示），单击选择按钮。顺便说一下，从截图中可以看出Lightroom在此文件夹内创建了4个项目：（1）包含预览的文件；（2）包含自能预览的文件；（3）目录文件本身；（4）包含实际照片的文件夹。

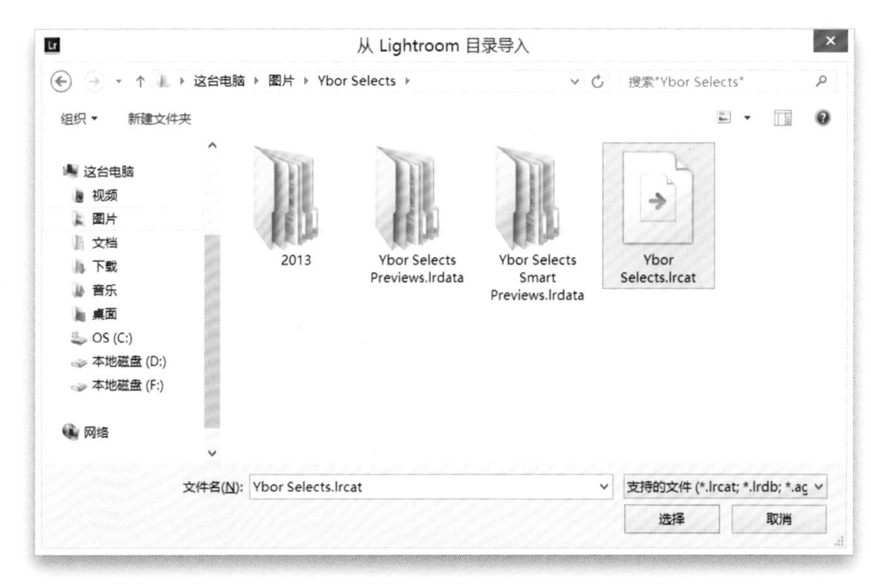

图 2-95

第6步

单击选择按钮时，会弹出从目录导入对话框（如图2-96所示）。在右边预览区域中，一旁的复选框被选中的照片均将被导入（我总是将保持所有这些复选框为选中状态）。位于左边新照片部分的是一个文件处理下拉列表。因为我们已经把照片复制到工作室计算机上，所以我就使用默认设置——将新照片添加到目录而不移动（如图2-96所示），但是，如果想把它们从硬盘直接复制到计算机上的文件夹中，则应该选择复制选项。这里还有第三个选项，但是我不明白为什么这时会选择不导入照片。只要单击导入按钮，这些照片将作为一个收藏夹出现，它们包含了在笔记本计算机上所应用的所有编辑、关键字等。

图 2-96

2.14 备份目录

在Lightroom中向照片添加的所有更改、编辑、关键字等内容均存储在Lightroom的目录文件中，因此，正如我们所想象的，这是一个至关重要的文件。这也是我们需要定期备份这个目录的原因，如果由于这样或那样的原因导致目录数据库崩溃，那么之前对照片的修改就全完了，当然，如果备份了目录，那就安全无恙。本节就将介绍备份目录的操作步骤。

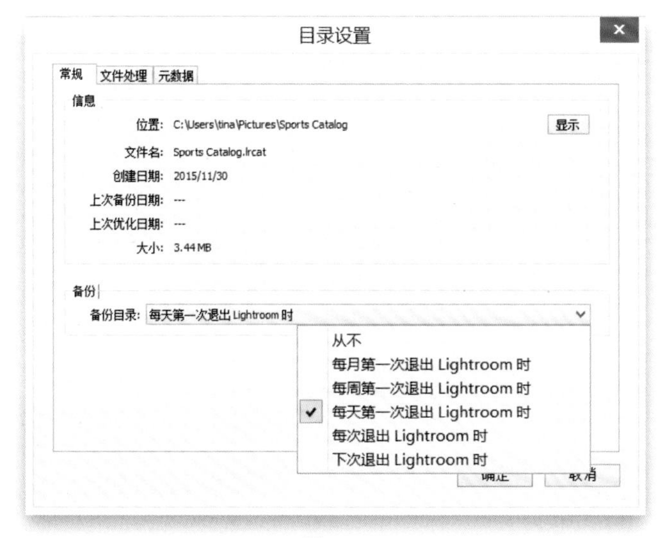

图 2-97

第1步

首先请转到编辑菜单，选择目录设置。当目录设置对话框弹出后，单击顶部的常规选项卡，备份目录位于这个对话框的底部，备份目录下拉列表列出的选项使Lightroom自动备份当前目录（如**图2-97**所示）。在此选择备份的频率，但我建议选择每天第一次退出Lightroom时。在每次使用过Lightroom时它都进行备份，这样，即使由于某种原因导致目录数据库崩溃，也最多损失这一天内所做的编辑。

图 2-98

第2步

下次退出Lightroom时会弹出一个对话框，提醒我们备份目录数据库。单击备份按钮（如**图2-98**所示），它就开始进行备份。备份所花的时间不长，因此不要单击略过今天或本次略过。默认时，这些目录备份存储在Backup文件夹内单独的子文件夹中，Backup文件夹位于Lightroom文件夹内。为了安全起见，以防止计算机崩溃，应该把备份存储到外接硬盘上，因此请单击选择按钮，导航到外接硬盘，之后单击备份按钮。

第3步

现在已经备份了目录，当目录损坏或计算机崩溃时，会发生什么呢？我们应该怎样恢复目录？首先，启动Lightroom，然后转到文件菜单，选择打开目录。在打开目录对话框中，定位到Backups 文件夹（第2步中选择的存储位置），将看到该文件夹内按日期和时间顺序列出的所有备份。针对想要的日期，单击该文件夹，然后在其内部单击扩展名为lract文件（这就是备份文件），单击打开按钮，就可以重新打开了。

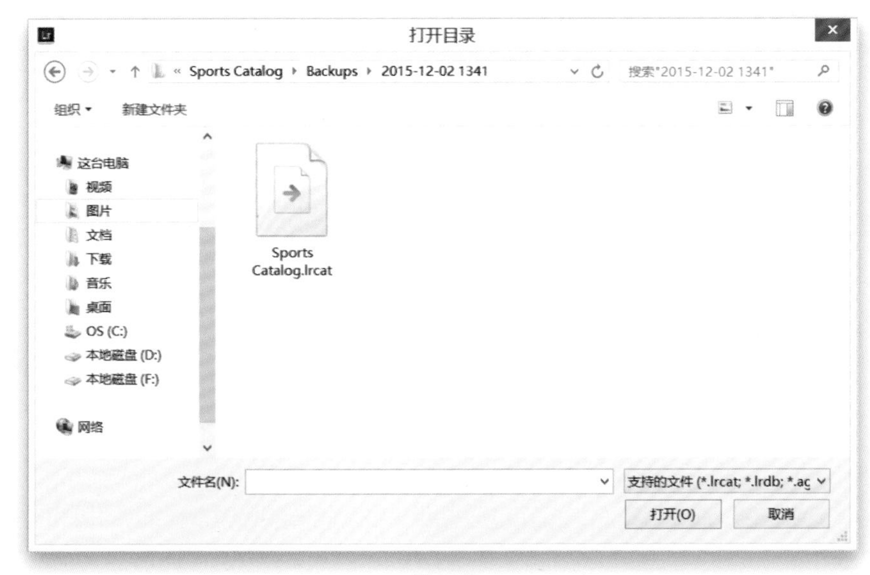

图 2-99

提示：系统变慢时优化目录

Lightroom 内累积了大量的图像（我指的是数万幅照片）之后，会导致它运行速度变慢。如果出现这种情况，则请转到文件菜单，选择优化目录。这将优化当前打开目录的性能，虽然优化过程可能要花几分钟，但性能的提高很快就能把这点时间弥补回来。即使Lightroom内没有数万幅图像，过几个月优化一次目录也能使运行速度保持在最佳状态。另外，也可以在备份目录时打开备份后优化目录复选框进行优化。

图 2-100

2.15 重新链接丢失的照片

多次使用Lightroom 后，有时会在缩览图的右上角出现小感叹号图标，这意味着Lightroom 无法找到原来的照片。这时我们仍能看到照片缩览图，甚至可以在放大视图内放大它，但不能做任何重要编辑（如颜色校正、修改白平衡等），因为Lightroom 执行这些操作需要原来的照片文件，因此我们需要了解怎样把照片重新链接到原来的照片。

图 2-101

第 1 步

在图 2-101 中所示的缩览图内，可以看到一幅缩览图的右上角出现了小感叹号图标，这告诉我们它失去了与原来照片的链接。出现这种情况的主要原因可能有两种：一种是原来照片存储在外接硬盘上，而该硬盘现在没有连接到计算机，所以Lightroom 找不到它。因此只要重新连接硬盘，就可以立即重新链接照片，一切就恢复正常了；但是，如果没有把照片存储到外接硬盘上，这就是另外一种情况了，你可能移动或删除了原来的照片，而现在你必须查找到它。

图 2-102

第 2 步

要找出最后一次查看该照片的位置，请单击小感叹号图标，弹出对话框（如图 2-102 所示）告诉我们找不到原始文件，但更重要的是，在警告的下面它还显示出了照片以前的位置，可以立即了解它是否真的位于移动硬盘、闪存盘上，等等。因此，如果移动了文件或整个文件夹，则必须把照片的移动位置“告诉”Lightroom，这将在下一步中介绍。

第3步

单击查找按钮，当查找对话框弹出后（如**图2-103**所示），导航到那幅照片现在所处的位置。找到它以后，单击该照片，再单击选择按钮，它就会重新链接这幅照片。如果移动了整个文件夹，则一定要勾选查找邻近的丢失照片复选框。这样一来，当找到一幅丢失的照片之后，它将立即自动重新链接那个文件夹中所有丢失的照片。

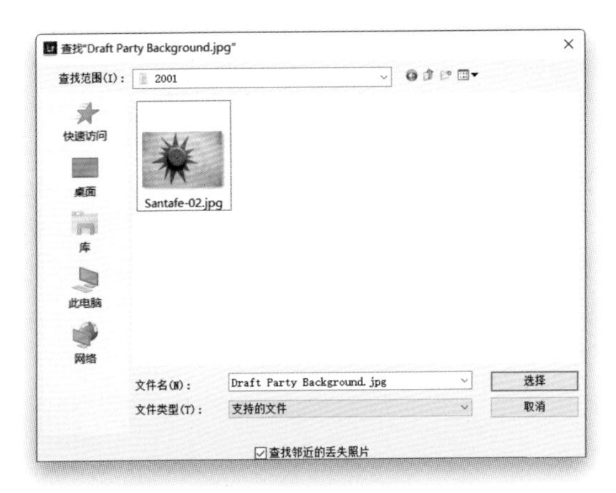

图 2-103

图 2-104

第4步

如果整个文件夹丢失（文件夹将显示为灰色并有问号图标），只需用右键单击文件夹面板，选择查找缺失的文件夹（如**图2-104**所示）。然后如同第3步中寻找单张照片的步骤一样，系统将导航到文件夹现在所处的位置，选择它即可。

提示：保持所有照片正常链接

如果要确保所有照片都链接到实际文件，不会看到小感叹号图标，则请转到图库模块，在图库菜单下，选择查找所有缺失的照片（如**图2-105**所示），在网格视图内将打开断开链接的所有照片，这时就可以使用我们刚学到的方法重新链接它们。

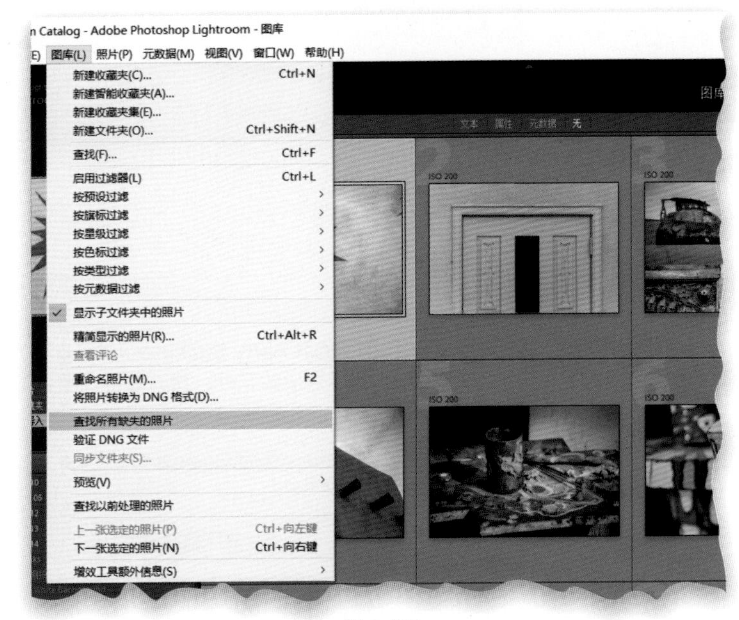

图 2-105

自定设置

- 选择放大视图内所看到的内容
- 选择网格视图内所显示的内容
- 使面板操作变得更简单、更快捷
- 在Lightroom中使用双显示器
- 选择胶片显示窗格的显示内容
- 添加影室名称或徽标，创建自定效果

3.1 选择放大视图内所看到的内容

在照片的放大视图下，除了放大显示了照片之外，还能够以文本叠加方式在预览区域的左上角显示照片的相关信息，且显示的信息量由你决定。我们大部分时间都会在放大视图内工作，因此，让我们来配置适合自己的定制放大视图。

第1步

在图库模块的网格视图内，单击某张照片的缩览图，然后按键盘上的字母键E进入放大视图。在**图3-1**中所示的例子中，我隐藏了除右侧面板区域外的所有区域，因此照片能以更大的尺寸显示在放大视图内。

SCOTT KELBY

图 3-1

第2步

按Ctrl-J（Mac：Command-J）键打开图库视图选项对话框，之后单击放大视图选项卡。在该对话框的顶部，勾选显示叠加信息复选框，在其右侧的下拉列表让你选择两种不同的叠加信息：信息1 在预览区域左上角叠加照片的文件名（以大号字体显示，如**图3-2**所示），在文件名下方，以较小的字号显示照片的拍摄日期和时间，及其裁剪后尺寸；信息2也显示文件名，但在其下方显示曝光度、ISO和镜头设置。

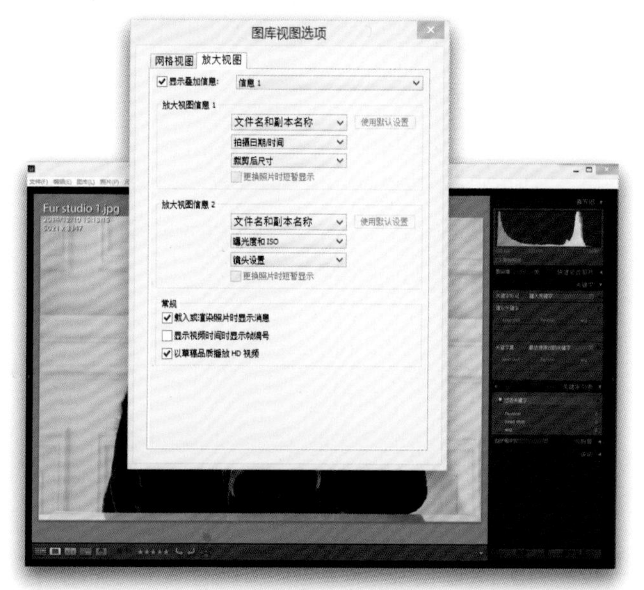

图 3-2

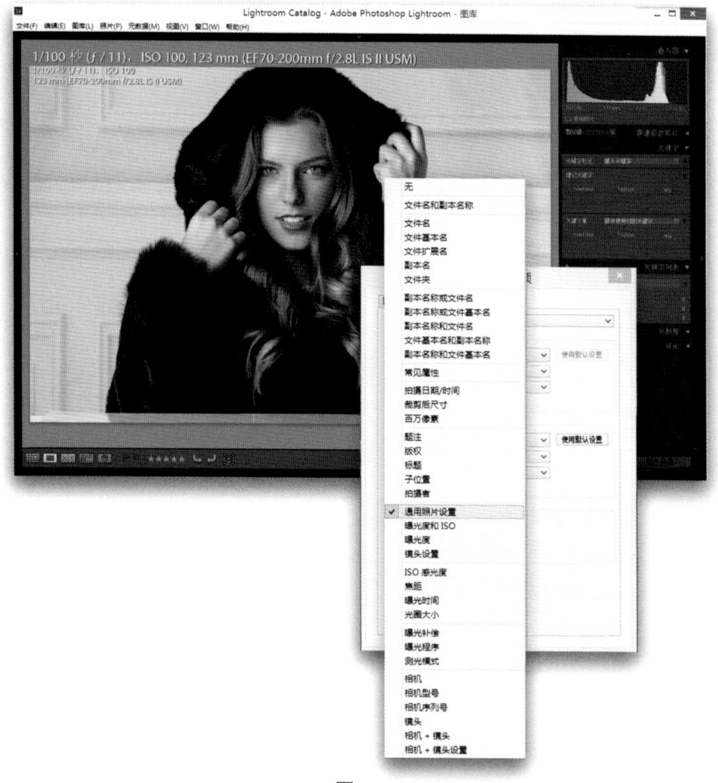

图 3-3

图 3-4

第3步

在该对话框内的下拉列表中可以选择这两种信息叠加显示哪些信息。例如，如果不想以大号字体显示文件名，这里对放大视图信息2，则可以从下拉列表内选择通用照片设置选项（如**图3-3**所示）。选择该选项后，将不会以大号字体显示文件名，而显示与直方图下方相同的信息（如右侧面板区域顶部面板内的快门速度、光圈、ISO和镜头设置）。从这些下拉列表中可以独立选择定制两种信息叠加（每个部分顶部的下拉列表项将以大号字体显示）。

第4步

需要重新开始设置时，只要单击右侧的使用默认设置按钮，就会显示出默认的放大视图信息设置。我个人觉得文本显示在照片上大多数时间非常分散注意力。这里的关键部分是“大多数时间”。其他时间则很方便。因此，如果你也认为这很方便，我建议：（1）取消勾选显示叠加信息复选框，打开放大视图信息下拉列表下方的更换照片时短暂显示复选框，这将暂时叠加信息——当第一次打开照片时，它显示4秒左右，之后隐藏；或者（2）保留该选项关闭状态，当你想看到叠加信息时，按字母键I在信息1、信息2和显示叠加信息关闭之间切换。在该对话框的底部还有一个复选框，它可以关闭显示在屏幕上的简短提示，如“正在载入”或者“指定关键字”等，另外还有一些视频选项复选框。

3.2 选择网格视图内所显示的内容

网格视图内缩览图周围的小单元格有一些很有用的信息，当然，在第1章我们学习过按键盘上的字母键J可以切换单元格信息显示的开/关状态，而在本节中将介绍如何选择在网格视图内显示的信息，我们不仅可以完全自定信息的显示量，而且在某些情况下还可以准确定制显示哪些类型的信息。

第1步

请按字母键G跳转到图库模块的网格视图，之后按Ctrl-J（Mac：Command-J）键打开图库视图选项对话框（如**图3-5**所示），单击顶部的网格视图选项卡（如**图3-5**中突出显示部分所示）。在该对话框顶部下拉列表中的选项可以选择在扩展单元格视图或紧凑单元格视图下显示哪些内容。二者的区别是，在扩展单元格视图下可以看到更多信息。

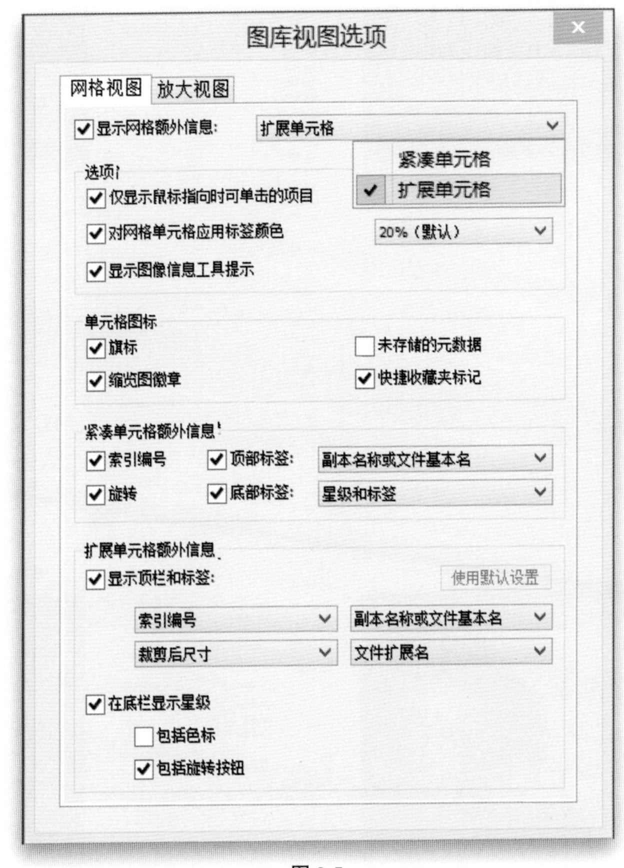

图3-5

第2步

我们先从顶部的选项部分开始。我们可以向单元格添加留用标记以及左/右旋转箭头，如果勾选仅显示鼠标指向时可单击的项目复选框，这意味着它们将一直隐藏，直到把鼠标移动到单元格上方时才显示出来，这样就能够单击它们。如果不选取该复选框，将会一直看到它们。只有在向照片应用了颜色标签后才会显示出对网格单元格应用标签颜色复选框。如果你应用了颜色标签，打开该复选框将把照片缩览图周围的灰色区域着色为与标签相同的颜色，并且可以在下拉列表中选择着色的深度。如果勾选显示图像信息工具提示复选框，当你将鼠标悬停在单元格内某个图标上时（如留用旗标或徽章），该图标的描述将会出现。当将鼠标悬停在某个照片的缩览图上时，该照片的EXIF数据将会快速出现。

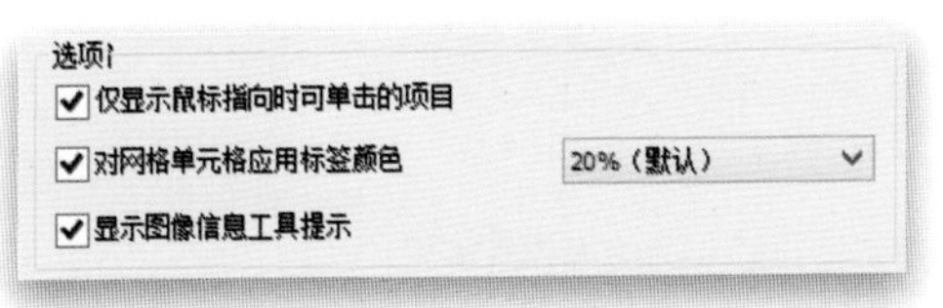

图3-6

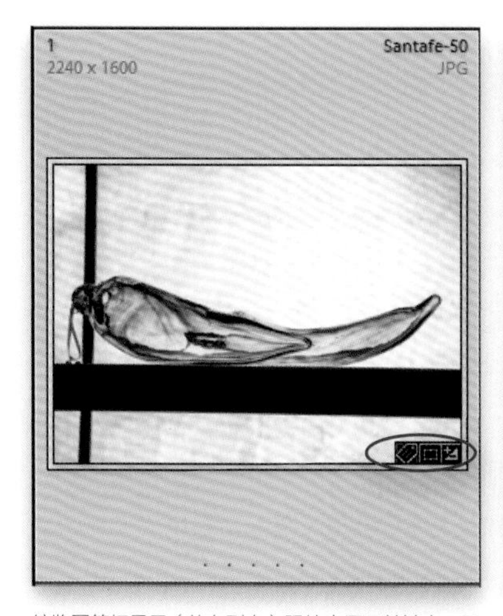

缩览图箭标显示（从左到右）照片应用了关键字，已经具有 GPS 信息，已经被添加到某个收藏夹，照片被裁剪过，被编辑过

图 3-7

右上角的黑色圆圈实际上是一个按钮，单击它可以把这幅照片添加到快捷键收藏夹

图 3-8

单击旗标图标，将图像标记为留用

图 3-9

单击未存储的元数据图标保存修改

图 3-10

图 3-11

第3步

下一部分的单元格图标有两个选项控制着照片缩览图图像上显示的内容，还有两个选项控制在单元格内显示的内容。缩览图徽章显示在缩览图自身的右下角，它包含的信息有：（1）照片是否嵌有GPS 信息；（2）照片是否添加了关键字；（3）照片是否被裁剪过；（4）照片是否被添加到收藏夹；（5）照片是否在Lightroom内被编辑过（包括色彩校正、锐化等）。这些小徽标实际上是可单击的快捷方式。例如，如果想添加关键字，则可以单击关键字徽标（这个图标看起来像个标签）打开关键字面板，并突出显示关键字字段，因此可以输入新的关键字。缩览图上的另一个选项是快捷收藏夹标记，当把鼠标移动到单元格上时，它在照片的右上角会显示出一个黑色圆圈按钮，单击这个按钮将把照片添加到快捷收藏夹或者从收藏夹中删除。

第4步

另外两个选项不会在缩览图上添加任何内容—它们在单元格自身区域上添加图标。单击旗标图标将向单元格的左上侧添加留用标记（如**图3-9**所示）。这部分中的最后一个复选框是未存储的元数据，它在单元格的右上角添加小图标（如**图3-10**所示），但只有当照片的元数据在Lightroom内被更新之后（从照片上次保存时间开始），并且这些修改还没有保存到文件自身中时才会显示这个图标（如果导入的照片，如JPEG图片，已经应用了关键字、分级等，之后你在Lightroom内添加关键字或者修改分级时，有时会显示这个图标）。如果看到这个图标，则可以单击它，打开一个对话框，询问是否保存图像的修改（如**图3-11**所示）。

第5步

接下来我们将介绍该对话框底部的扩展单元格额外信息部分，从中选择在扩展单元格视图内每个单元格顶部的区域显示哪些信息。默认情况下，该区域将显示4 种不同的信息（如**图3-12**所示）：它将在左上角显示索引编号（单元格的编号。因此，如果导入了63 幅照片，第一幅照片的索引号是1，之后依次是2、3、4……一直到63），然后，在其下方将显示照片的像素尺寸（如果照片被裁剪过，它将显示裁剪后的最终尺寸）。在右上角显示文件名，在其下方显示文件类型（如JPEG、RAW、TIFF 等）。要修改其中任何一个信息标签，只需在要修改的标签下拉列表上单击，这会显示出一个长长的信息列表，从中可以选择（下一步中可以看到）。如果不必显示全部4种信息标签，只要从其下拉列表内选择无即可。

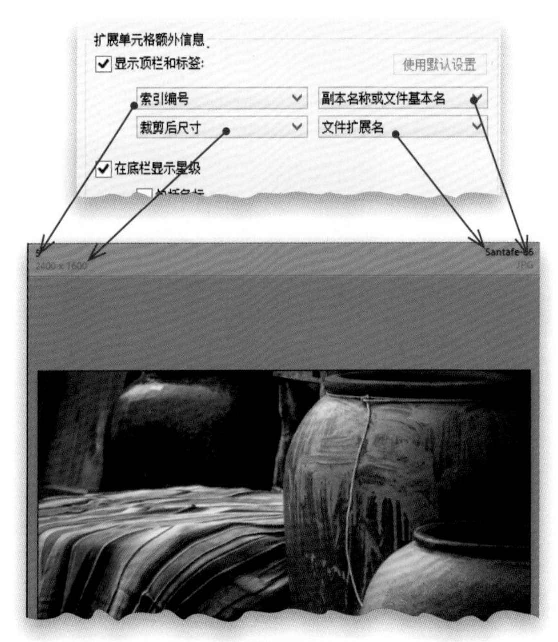

图3-12

第6步

虽然可以使用图库视图选项对话框内的这些下拉列表选择显示哪种类型的信息，但请注意这一点：实际上在单元格内可以完成同样的操作。只要单击单元格内任一个现有的信息标签，就会显示出与该对话框内完全相同的下拉列表。只要从该列表中选择想要的标签（这里选择ISO 感光度），之后它就会显示在这个位置上（如**图3-13**所示，从中可以看到该照片是以ISO 400 拍摄的）。

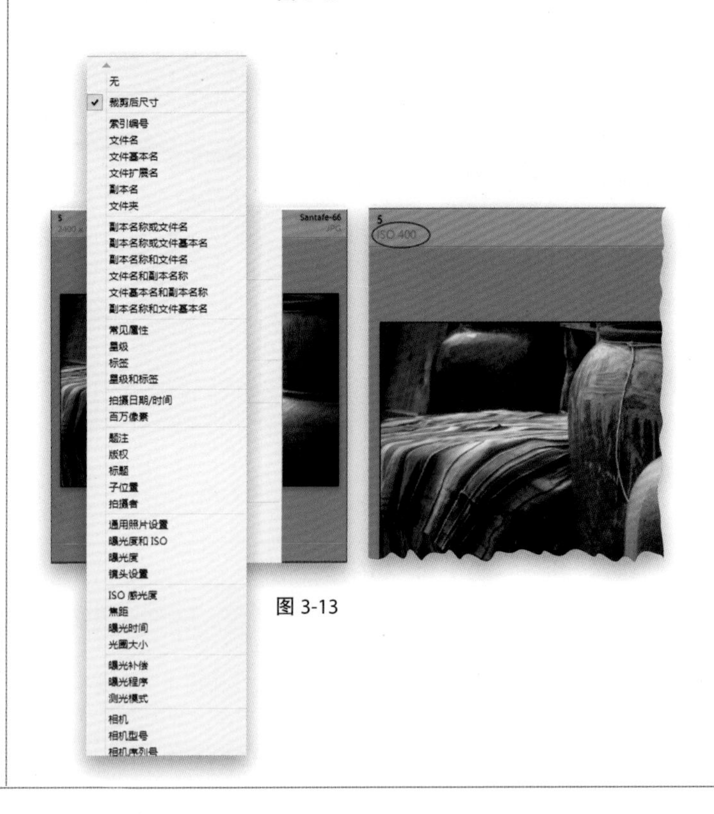

图3-13

第 7 步

扩展单元格额外信息部分底部的复选框默认时是勾选的。这个选项在单元格底部添加一个区域，这个区域称作底栏星级区域，它显示照片的星级，如果在在底栏显示星级下方的两个复选框全保持选取状态，它还会显示颜色标签和旋转按钮（它们是可以单击的）。

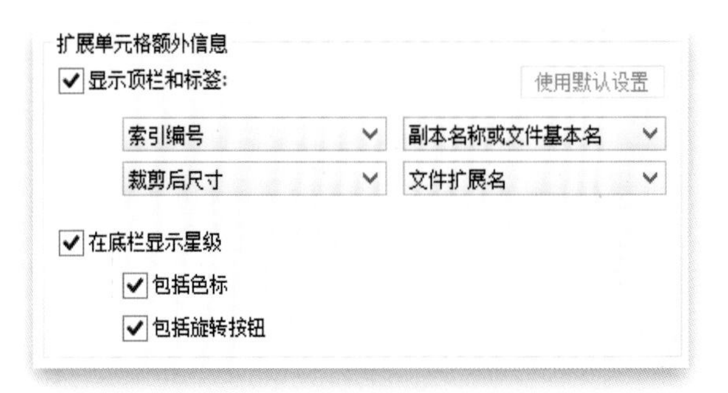

图 3-14

第 8 步

紧凑单元格额外信息部分中一些选项的作用和扩展单元格额外信息极其相似，但在紧凑单元格额外信息部分只有两个字段可以自定（而不像在扩展单元格额外信息部分中那样有 4 个），即文件名（显示在缩览图的左上角）和评级（显示在缩览图的左下角）。要更改那里显示的信息，请单击相应标签的下拉列表进行选择。左边的其他两个复选框隐藏 / 显示索引号（在本例中，它是显示在单元格左上侧的那个巨大的灰色数字）和单元格底部的旋转箭头（把光标移动到单元格上方时就会看到它）。最后一点要介绍的是：取消勾选该对话框顶部的显示网格额外信息复选框，我们可以永久关闭所有这些额外信息的显示。

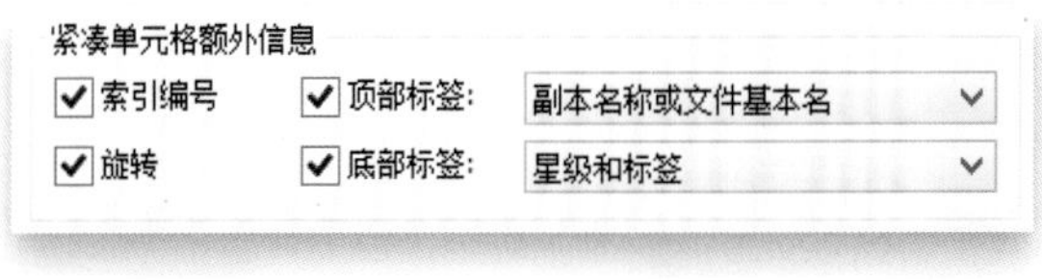

图 3-15

3.3 使面板操作变得更简单、更快捷

Lightroom 具有大量的面板，要找到相关操作所需的面板，需要在这些面板内来回查找，这样会浪费很多时间，尤其是当你在之前从未用过的面板中浏览时。在Lightroom 研讨班上我曾做出如下建议：(a) 隐藏不使用的面板；(b) 打开单独模式，这样在单击面板时，它只显示一个面板，而折叠其余面板。接下来将介绍如何使用这些隐藏功能。

第1步

首先转到任一侧面板，之后用鼠标右键单击面板标题，打开的弹出菜单中将列出这一侧的所有面板。每个旁边有选取标记的面板是可见的，因此，如果想在视图中隐藏面板，只需要从该列表中选择它，它就会取消选择。例如，修改照片模块的右侧面板区域（如**图3-16**所示），我隐藏了相机校准面板。接下来，如在本节介绍中所提到的，我建议激活单独模式（从同一个弹出菜单中选择它，如**图3-16**所示）。

图3-16

第2步

请观察**图3-17**、**图3-18**所示的两个面板。**图3-17**中所示的是修改照片模块中面板通常显示的效果。我想在分离色调面板内进行调整，但由于其他所有面板都展开了，所以必须向下拖动滑动条才能找到我想要的面板。然后，请观察**图3-18**，这是激活单独模式后同一套面板的显示效果：所有其他面板都折叠起来，因此我可以将注意力集中到分离色调面板。如果要在不同的面板内对照片进行处理，只要在分离色调面板其名称上单击，面板就会自动折叠起来。

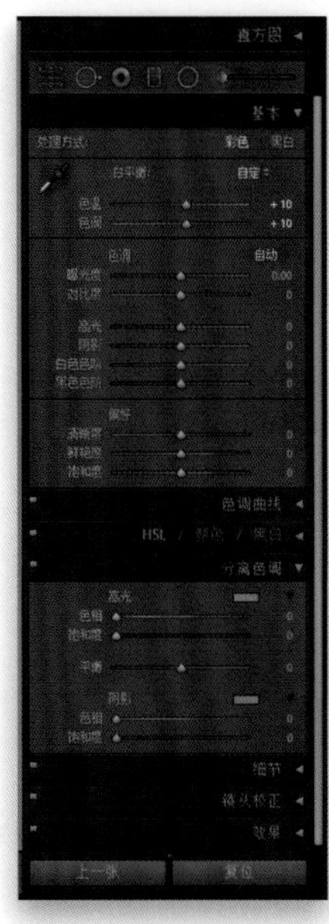

图3-17

修改照片模块的右侧面板区域，单独模式被关闭

图3-18

修改照片模块的右侧面板区域，单独模式被打开

3.4 在Lightroom中使用双显示器

Lightroom支持使用双显示器，因此可以在一个显示器上处理照片，在另一个显示器上观察该照片的全屏版本。但Adobe的双显示器功能远不只这些，一旦配置完成后，它还有一些很酷的功能（下面介绍怎样配置它）。

第1步

双显示器控件位于胶片显示窗格的左上角（如**图3-19**中红色圆圈所示），从中可以看到两个按钮：一个标记为1，代表主窗口，一个标记为2，代表副窗口。如果你没有连接副显示器，单击副窗口按钮会将本该在副显示器内显示的内容显示在一个独立的浮动窗口内（如**图3-19**所示）。

SCOTT KELBY

图 3-19

第2步

如果计算机连接了另一个显示器，则当单击副窗口按钮时，独立的浮动窗口会以全屏模式（当设置为放大视图显示时）显示在副显示器内（如**图3-21**所示）。这是默认设置，该设置便于我们在一台显示器上看到Lightroom 的界面和控件，在副显示器上看到照片的放大视图。

图 3-20

图 3-21

第3步

使用副窗口弹出菜单可以控制副显示器的显示内容（只要单击副窗口按钮并保持，就会打开它），如**图3-22**所示。例如，可以让筛选视图显示在副显示器上，然后放大，并在主显示器上用放大视图观察这些筛选图像中的一幅（如**图3-23**、**图3-24**所示）。顺便提一下，副显示器上筛选视图、比较视图、网格视图和放大视图的快捷键是在这些视图模式快捷键上加Shift键（因此，按Shift-N键可以使副显示器进入筛选视图，其他的以此类推）。

图 3-22

第4步

除了放大视图能以较大的尺寸观察之外，还有一些更酷的副窗口选项。例如，单击副窗口按钮，从副窗口下拉列表内选择放大 - 互动，然后把光标悬停在主显示器网格视图（或者胶片显示窗格）内的缩览图上，请观察副显示器对光标移过照片时的即时放大视图（如**图3-25**、**图3-26**所示，可以看到在主显示器上选择了第3幅照片，而在副显示器上看到的却是光标当前悬停的第5幅照片）。

图 3-23

图 3-24

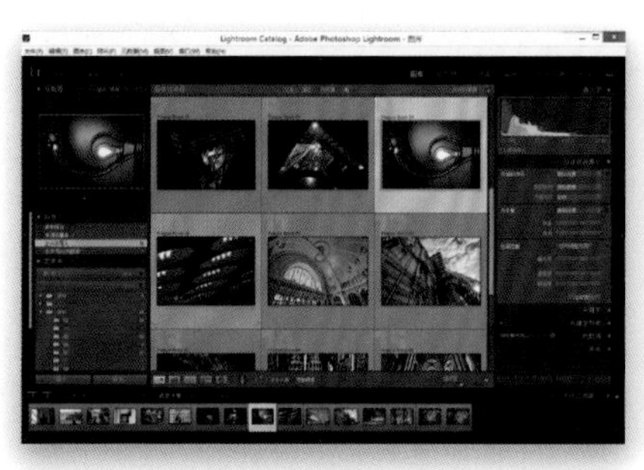

图 3-25

图 3-26

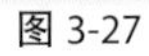

图 3-27

图 3-28

第 5 步

另一个副窗口放大视图选项是放大-锁定，从副窗口下拉列表内选择该选项后，它将锁定副显示器上放大视图内当前显示的图像，因此可以在主显示器内观察并编辑其他图像（当想返回之前的编辑状态，只需关闭放大-锁定选项）。

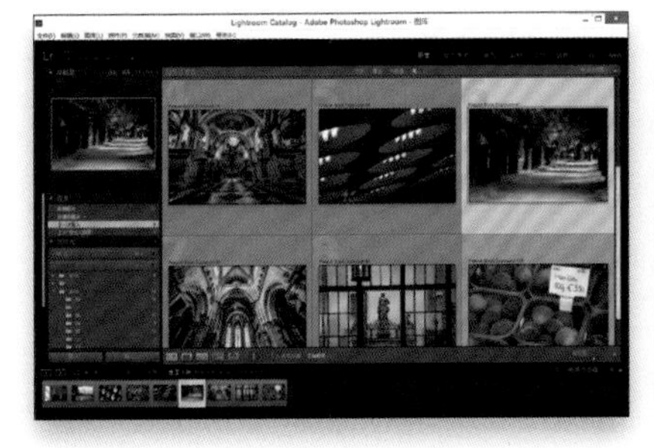

图 3-29

这是副显示器的默认视图，它显示出顶部和底部的导航栏

图 3-30

第 6 步

副显示器上图像区域顶部和底部将显示导航栏。如果想隐藏它们，请单击屏幕顶部和底部的灰色小箭头隐藏它们，使屏幕上只显示图像。

图 3-31

副显示器的导航栏隐藏之后，为视图腾出更大的空间

图 3-32

提示：显示副显示器预览

副窗口下拉菜单中还有一项称作“显示副显示器预览”的功能，它会在主显示器上显示一个小的副显示器浮动窗口，显示我们在副显示器上所看到的内容。这非常适合于演示，这时副显示器实际上是一台投影仪，我们可以面对观众，则作品被投影到身后或远处的屏幕上，或者即时在副显示器上向客户展示作品，而该屏幕又朝向远离我们的位置（这样，他们将不会看到所有控件、面板，以及其他可能分散他们注意力的东西）。

图 3-33

3.5 选择胶片显示窗格的显示内容

就像在网格和放大视图内可以选择显示哪些照片信息一样，我们也可以在胶片显示窗格内选择显示哪些信息。因为胶片显示窗格空间很小，所以我认为控制里面所显示的内容显得尤为重要，否则它看起来会很混乱。尽管接下来我将演示怎样打开/关闭每个信息行，但我建议将胶片显示窗格内的所有信息保持关闭状态，以免“信息过载”，使本已拥挤的界面显得更加混乱。但是以防万一，接下来还是演示一下如何选择要显示的内容。

图 3-34

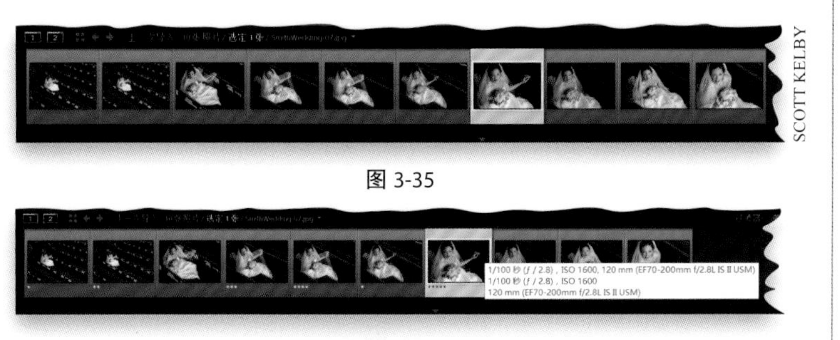

图 3-35

图 3-36

第1步

鼠标右键单击胶片显示窗格内的任一个缩览图将弹出一个菜单（如图 3-34 所示）。位于弹出菜单底部的是胶片显示窗格的视图选项。其中有4个选项：（1）显示星级和旗标状态选项，会向胶片显示窗格的单元格添加小的旗标和评级；（2）显示徽章选项，将添加我们在网格视图中所看到的缩小版徽章（显示照片是否已经被添加到收藏夹，是否应用了关键字，照片是否被裁剪，或者是否在 Lightroom 内被调整过等）；（3）显示堆叠数选项将添加堆叠图标，显示堆叠内图像的数量；（4）最后一个选项是显示图像信息工具提示，它将在我们把光标悬停在胶片显示窗格内的图像上方时弹出一个小窗口，显示我们在视图选项对话框的叠加信息 1 中选择的信息内容。如果你厌烦了在胶片显示窗格中因不小心点到徽章而触发某功能的话，可以保持徽章可见，关闭它的“触发功能”，只需选择忽略徽章单击即可。

第2步

当这些选项全部关闭（如图 3-35 所示）和全部打开（如图 3-36 所示）时胶片显示窗格的显示效果如图所示。从中可以看到留用标记、星级和缩览图徽章（以及元数据未保存警告）。将光标悬停在一个缩览图上，便可以看到弹出显示照片信息的小窗口。

3.6 添加影室名称或徽标，创建自定效果

我第一次看到Lightroom 时，其中震撼我的功能之一便是可以用自己工作室的名称或者徽标替换Lightroom 徽标（显示在Lightroom 的左上角）。我必须说的是，在向客户演示时，它确实为程序增加了很好的自定显示效果（就像Adobe 专为你设计了Lightroom 一样），除此之外，还能够创建身份识别，这项功能比为Lightroom 添加自定显示效果更强大（但我们将从自定显示效果开始介绍）。

第1步

首先，为了能够有一个参考画面，这里给出Lightroom 操作界面左上角的放大视图，以便能够清晰地看到我们在第2步中将要开始替换的徽标（如**图3-37**所示）。现在可以用文字替换Lightroom 的徽标（甚至可以使文字与右上方任务栏中的模块名相匹配），也可以用徽标图形替换该徽标（我们将分别介绍二者的实现方法）。

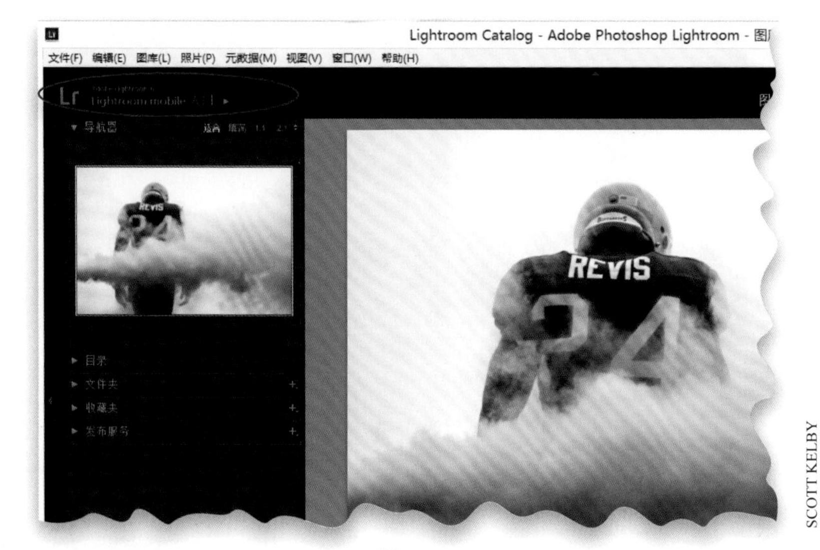

SCOTT KELBY

图 3-37

第2步

请转到Lightroom 中的编辑菜单，选择设置身份标识，打开身份标识编辑器对话框（如**图3-38**所示）。默认情况下，身份标识弹出菜单的设置为Lightroom Mobile，此处需要更改为自定。要用你的名字替换上面的Lightroom徽标，就在对话框中部的黑色文本字段内进行输入。如果不想用名字作为身份识别，则请输入任何你喜欢的内容（如公司、摄影工作室等的名称），然后在该文字仍然突出显示时，从下拉列表（位于该文本字段的正下方）中选择字体、字体样式（粗体、斜体、粗斜体等）以及字号。

图 3-38

第3步

如果你只想改变部分文字的字体、字号或颜色等，只要在修改之前突出显示你要修改的文字。要改变颜色，请在字号下拉列表右侧的小正方形色板（如**图3-39**中圆圈所示）上单击，打开颜色面板（**图3-40**所示的是Windows的颜色面板；Macintosh的颜色面板稍有不同，但也不难调整）。为指定文本选好颜色后，单击确定按钮，然后关闭颜色面板。

图 3-39

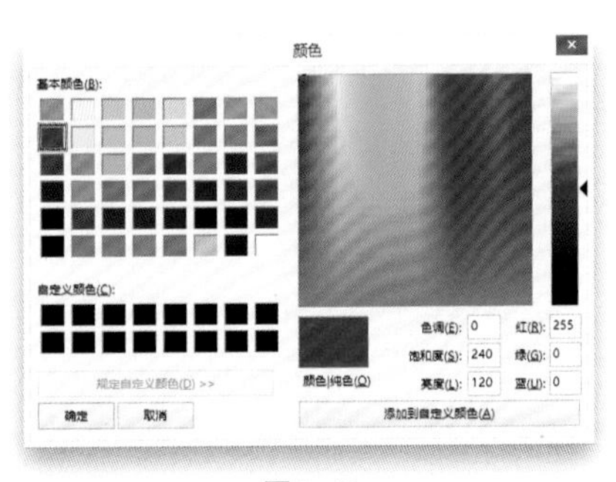

图 3-40

第4步

如果对自定身份识别的显示效果感到满意，则应该保存它，因为创建身份识别不只是替换当前的Lightroom徽标——通过在幻灯片放映、Web 画廊或者最后打印模块的身份识别下拉列表中选择，可以向这三个模块添加新定制的身份识别文本或徽标（瞧，刚才还以为它是任务栏呢，这是项不错的功能）。要保存自定身份识别，请从身份标识下拉列表中选择储存为（如**图3-41**所示）。为我们的身份识别赋予一个描述性的名称，单击存储为，就可以保存它。从现在开始，它就会显示在身份识别下拉列表内，只需一次单击，就可以从中选择同样的自定文字、字体和颜色。

图 3-41

第5步

单击确定按钮后，新的身份识别文字就会替换原来显示在左上角的Lightroom徽标（如图3-42所示）。

图 3-42

第6步

如果想使用图形标识（类似公司徽标），则请再次转到身份标识编辑器对话框，选择使用图形身份标识单选框（如图3-43所示），而不是使用样式文本身份标识。接下来，单击查找文件按钮（位于左下角隐藏/显示细节按钮上方），查找徽标文件。可以将徽标放在黑色背景上，使其与Lightroom背景协调一致，也可以在Photoshop中制作透明背景，并以PNG格式保存文件（以保持透明度）。现在单击确定按钮，使该图形成为身份标识。

注意：为了避免图形的顶部或底部被裁切，一定要将图形高度限制在57像素以内。

图 3-43

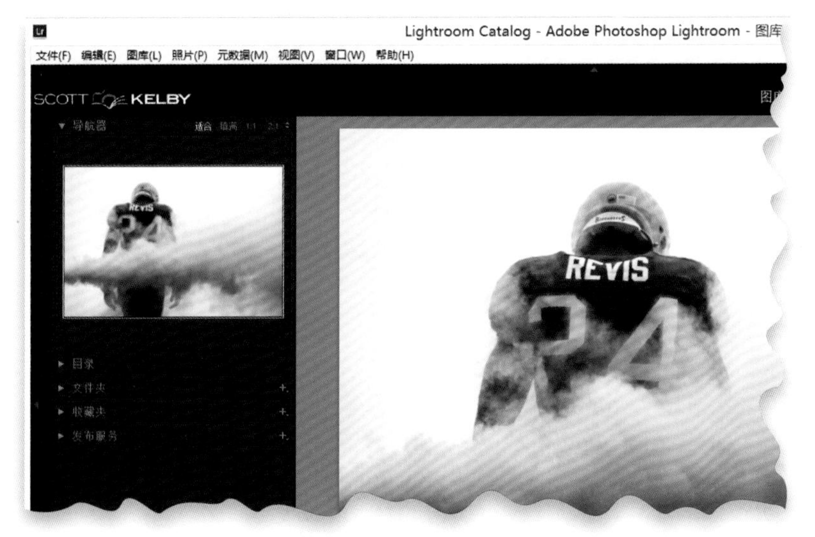

图 3-44

第7步

单击确定按钮后，Lightroom徽标（或者自定文字—就是最后显示在上面的那个）被新的徽标图形文件所代替（如图3-44所示）。如果你喜欢Lightroom内这个新的图形徽标文件，别忘了从该对话框顶部的身份识别下拉列表中选择存储为，保存这个自定身份标识。

图 3-45

第8步

如果将来某个时刻你又喜欢原来的Lightroom徽标，只要回到身份标识编辑器，在身份识别下拉菜单中取消选择已个性化即可（如图3-45所示）。请记住：本书稍后介绍相关模块时，会进一步处理其中一个新的身份识别。

在Lightroom中对照片进行简单处理

- 设置白平衡
- 联机拍摄时实时设置白平衡
- 用曝光度滑块控制整体亮度
- 自动统一曝光度
- 60秒讲解直方图（哪个滑块控制哪个部分）
- 自动调整色调（让Lightroom替你工作）
- 解决高光（剪切）问题
- 使用阴影滑块（相当于补光）
- 设置白点和黑点
- 调整清晰度使图像更具“冲击力”
- 使颜色变得更明快
- 增强对比度（以及如何使用色调曲线）——这很重要！
- 把对一幅照片所做的修改应用到其他照片
- 自动同步功能：一次性编辑一批照片
- 使用图库模块的快速修改照片面板
- “上一张”按钮（和它的威力）
- 对照片进行全面调整

4.1 设置白平衡

编辑照片时我总是首先设置白平衡，因为如果白平衡设置正确，颜色就正确，颜色校正问题就会大大减少。在基本面板内调整白平衡，这是Lightroom内取名最不恰当的一个面板。它应该叫作“必需”面板，因为它包含了整个修改照片模块内最重要、最常用的控件。

第1步

在图库模块中，单击你想要编辑的照片，然后按下键盘上的字母键D，跳到修改照片模块。顺便说一句，你可能正在想，既然按字母键D可以跳到修改照片模块，那按字母键S肯定转能转到幻灯片放映（Slideshow）模块，转字母键P转到打印（Print）模块，转字母键W转到Web模块，以此类推，对吧？遗憾的是，答案是否定的——这样会让工作变得很简单啊。不，只有跳转到修改照片模块的快捷键用的是首字母。先不管那些，当你进入修改照片模块后，所有的编辑控件都在右侧面板区域中，照片按照拍摄时数码相机中设定的白平衡值显示在软件中（这也是称白平衡为“原照设置”的原因。它能还原拍摄时的场景，本例的问题是画面太蓝了）。

图 4-1

第2步

设置白平衡的方法有三种，先从不同的内置白平衡预设开始说起（如果是RAW照片，Lightroom为其提供与相机相同的白平衡设置；但在JPEG格式只能使用自动预设，因为白平衡设置已经嵌入文件中。不过我们依旧能改变JPEG照片的白平衡，但是除了自动预设外，其他预设都无法通过该下拉菜单更改）。单击原照设置，就会出现如图4-2所示的白平衡预设下拉菜单。

图 4-2

图 4-3

第 3 步

第 1 步中出现的照片整体色调偏蓝色（让人不太满意），所以这张照片肯定需要进行白平衡调整。我们希望让照片的色调更暖一些，所以从白平衡下拉菜单中选择自动模式，看看效果如何（如**图 4-3** 所示，整体有了改进，但不意味着它是最合适的，因此需要尝试其他几个，找到最贴近现实生活的预设）。日光、阴天、阴影这三个白平衡预设值色调更暖一些（更偏黄），且阴天和阴影模式比日光模式要暖很多。现在请直接选择阴天模式，可以看到整幅照片的色调变暖很多。

图 4-4

第 4 步

钨丝灯和荧光灯这两个预设值都是非常极端的蓝色调，所以你应该不会选择任何一个。在本例中，我使用闪光灯照明，使用闪光灯预设（如**图 4-4** 所示）的效果非常好。它比自动模式更温暖，而人像通常会因温暖的肤色调显得更好看一些，因此我坚持选择它。顺便提一句，最后一种预设模式——自定模式其实根本不是真正的预设，它仅仅表示你可以通过调整下拉菜单下面的两个滑块来手动创建白平衡值。现在我建议你这样处理自己的照片：快速使用所有预设模式，看是否有一种模式正合你的心意，并把它作为起点进入第二种方法（见下一页）。

第5步

重复一下，第二种方法是从一个相对合适的预设模式开始的，然后使用白平衡预设下方的色温和色调滑块进行调整。在这里我放大了基本面版的图片，这样你就能近距离地观察这些滑块的效果，因为Adobe 在这里进行了巧妙的设计——给滑块条着色，这样我们可以知道滑块朝哪个方向拖动时，照片会出现哪种效果。你注意到色温滑块的左侧是蓝色，向右逐渐变为黄色了吗？这准确地说明滑块的调色效果。因此，不用进一步的解释，你就能知道朝哪个方向拖动色温滑块能使照片变得更蓝——当然是向左。那么朝哪个方向拖动色调滑块才能使照片呈洋红色呢？看，这只是个小细节，但对我们很有帮助。

注意：如果想把色温或色调滑块重置为原始设置，只需双击白平衡三个字即可。

这是闪光灯预设下的白平衡色温设置

图 4-5

图 4-6

第6步

现在开始应用它。我使用的依旧是闪光灯模式，但它看起来有点太温暖了（淡黄色），因此把色温滑块轻轻地往左端拖动，让皮肤色调显得不太黄。在本例中，我将色温设置为5150（闪光灯预设下的色温设置为5500。数值越高，颜色越黄），仅此而已——把白平衡预设当做起点，然后用色温或色调滑块将照片调整至满意的效果（**图 4-6**显示的是修改前和修改后照片的对比图）。以上就是第一、二种方法，但我最喜欢第三种方法，这种方法通常会得到最佳、最精确的效果，这就是使用白平衡选择器工具（白平衡部分左上方那个大吸管，或者按W键）。

图 4-7

第7步

首先，在白平衡下拉列表中选择原照设置，让我们从零开始调整。现在单击切换到白平衡选择器工具，之后用它在照片内的浅灰色位置单击（是的，不要在白色对象上单击，找出浅灰色对象。数码摄像机的白平衡是对准纯白色，而静态数码相机的白平衡调整需要对准浅灰色）。针对这张照片我们要做的就是用白平衡选择器在他的夹克上单击（我在他的夹克衣领的右侧单击），这样白平衡就设置好了（如**图4-8**所示）。

提示：关闭白平衡选择器工具

在工具栏内，有一个“自动关闭”复选框，如果勾选它，意味着用“白平衡选择器”工具单击照片一次后，它会自动回到其在基本面板中的位置。

图 4-8

图 4-9

第8步

与其说是操作步骤，不如说是提示，但它相当有效。在使用白平衡选择器工具时，请转到左侧面板区域顶部的导航器面板。当把白平衡选择器工具悬停在照片的不同部分时，可以在导航器中实时预览（如**图4-10**所示）用该工具单击这个区域时的白平衡效果。这很有用，免得我们在寻找白平衡点时到处单击，为我们节约了大量时间。接下来，在使用白平衡选择器工具时，你很可能已经注意到了一个像素化网格。它能放大光标悬停的区域，有助于我们找出中性灰色，但如果它很碍事，你可以通过取消勾选下方工具栏内的显示放大视图复选框来消除它（如**图4-10**中红色圆圈所示）。

图 4-10

4.2 联机拍摄时实时设置白平衡

使用相机联机拍摄可以将照片直接拍摄到Lightroom，这是Lightroom中我最喜欢的功能之一，但当我学会在图像首次进入Lightroom时自动应用正确的白平衡这一技巧后，我真是高兴极了。

第1步

我们先使用USB电缆将相机连接到计算机（或笔记本计算机），然后转到Lightroom的文件菜单，在联机拍摄下选择开始联机拍摄（如**图4-11**所示）。这将打开联机拍摄设置对话框，在该对话框中可以为图像导入Lightroom时的处理方式选择首选项（关于该对话框更详细介绍，以及对话框中需提交的内容请查看第1章）。

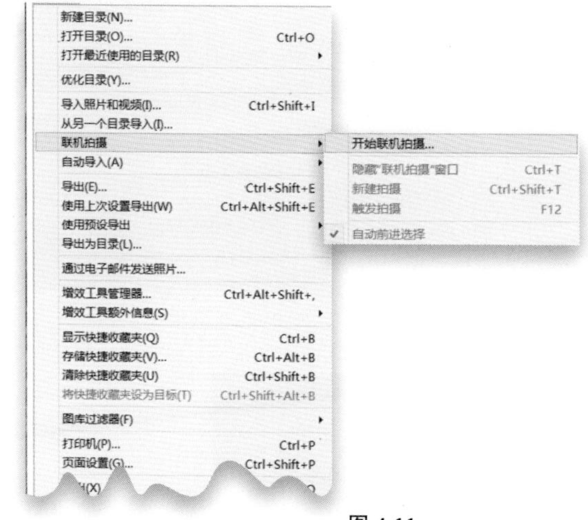

图 4-11

第2步

一旦按自己的想法布置好灯光（或者在自然光下拍摄），请将拍摄对象摆放到画面的合适位置，然后找到一张18%灰卡。把灰卡拿给拍摄对象，让她们拿着灰卡拍摄一幅测试照片（如果拍摄的是产品，则请将灰卡斜靠在产品上，或者放置在产品附近光线相同的位置）。现在拍摄一幅测试照片，把灰卡放在照片内清晰可见的位置（如**图4-12**所示）。

图 4-12

图 4-13

第3步

当带灰卡的照片显示在Lightroom时，从修改照片模块的基本面板顶部选择白平衡选择器工具（快捷键W），并在照片内的灰卡上单击一次（如**图4-13**所示）。这样就正确设置了这幅照片的白平衡。现在，我们将使用该白平衡设置，并在导入其余照片时用此设置自动校正它们。

图 4-14

第4步

回到联机拍摄窗口（如果它已关闭，则请按Ctrl-T（Mac：Command-T）键，在窗口右侧，从修改照片设置下拉列表中选择与先前相同选项。这样就完成了——现在可以将灰卡从拍摄场景中拿开（或者将它从拍摄对象那儿拿回，她现在可能举得有点儿累了），并返回拍摄。当我们接下来拍摄的照片进入Lightroom时，刚才为第一幅图像设置的自定白平衡将自动应用到其余图像。因此，我们现在看到其余照片也已经正确设置了白平衡，免得在以后的后期制作过程中进行调整。

4.3 用曝光度滑块控制整体亮度

曝光度滑块是Lightroom中主要用于控制照片整体亮度（根据拖动滑块的方向来决定更暗还是更亮）的滑块。当然，还有其他滑块可以控制照片的特定区域（如高光和阴影滑块），但是每当我编辑照片时（在设置了正确的白平衡后），通常会在调整其他设置前先保证整体曝光是正确的，因为它是相当重要的调整。

第1步

此处我们要用到的所有编辑图像的设置都位于右侧面板中，因此我建议收起左侧面板区域（按键盘上的F7键，或者直接单击面板最左侧的灰色小三角形上如**图4-15**中红色圆圈所示，以收起左侧面板，从视线中隐藏）。这样，屏幕上的图像会呈现得更大，更便于查看照片编辑的进度。现在，在Lightroom的修改照片模块中打开照片，大家可以看到这张照片曝光过度了（我在室内使用高感光度拍摄，可随后到室外拍摄时忘记把它调整回来了）。

图4-15

第2步

若想使照片整体变暗，只需要向左拖动曝光度滑块，直到曝光看起来合适即可。此处我将曝光度滑块大幅向左拖动至-2.25，因此照片过曝了两挡。一个整数约等于一挡。查看直方图（位于右侧面板区域的顶部）便可以知道第1步中照片的曝光问题，其中显示的高光裁剪警告（我称之为“白色死亡三角”）提示你照片的某部分太亮了而丢失了细节。有时只需降低曝光度值就能解决这个问题。

图4-16

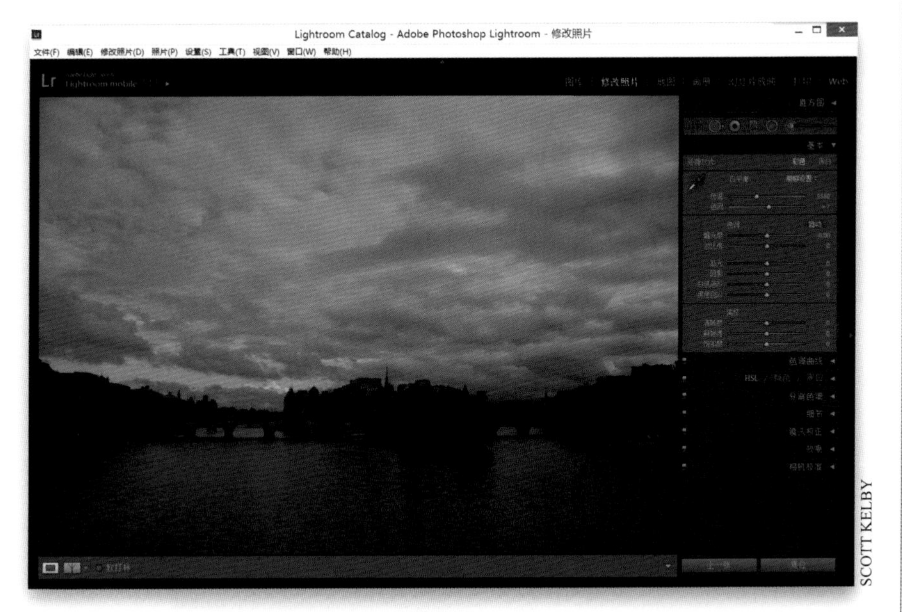

图 4-17

第 3 步

当然，曝光度滑块不仅能使照片变暗，还能变亮，对这张照片来说是个好消息，因为它太暗了（曝光不足）。顺便说一下，基本面板中的所有滑块都从零开始，通过向不同方向拖动来增减调整。例如，把饱和度滑块向右拖动会使图像的色彩更鲜艳，向左拖动则会使颜色更暗淡（往左拖动的幅度越大，颜色越暗淡，直至成为黑白照片）。总之，一起来看看如何修复这张曝光严重不足的照片吧（这张照片曝光不足没什么原因，我只是搞砸了）。

图 4-18

第 4 步

想让图像更亮，只需向右拖动曝光度滑块，直到对整体亮度都很满意即可。在本例中，我把它设置为+1.75（因此照片欠曝了 1 3/4 挡）。当然，如果想让这张照片达到满意的效果还需做许多调整，不过由于我们首先考虑的是照片整体的明亮度，因此已经为对比度、高光、阴影、白色色阶、黑色色阶等调整做出了良好的开端（本章随后将会介绍）。

4.4 自动统一曝光度

如果你的一些照片曝光或整体色调有问题，Lightroom通常能自动修复它。当你拍摄风景，曝光随着光线变化而变化时，或是拍摄人像，曝光随着拍摄而改变时，又或者是拍摄一系列照片需要统一的色调和曝光时，这个功能都可以发挥良好的作用。

第1步

查看这一组使用窗户光拍摄的照片。第一张照片太亮了，第二张太暗了，第三张比较正常（对我来说是的），而第4、5张看起来曝光不足。这些照片的曝光乱七八糟，一张太亮，三张太暗，只有一张还算正常。

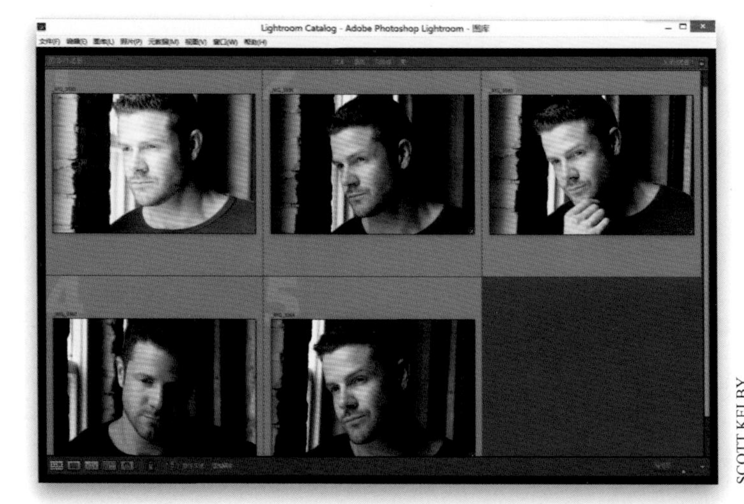

SCOTT KELBY

图 4-19

第2步

单击你认为整体曝光优秀的照片（使其成为“首选照片”），然后按住Ctrl（Mac：Command）键并单击其他照片以选中它们。现在，按键盘上的字母键D返回修改照片模块。

图 4-20

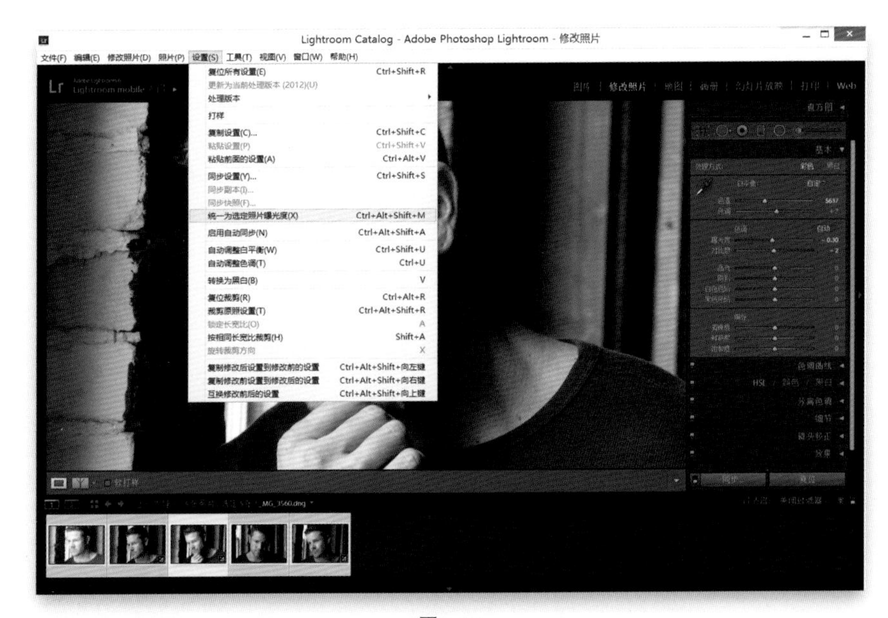

图 4-21

第3步

转到设置菜单，选择统一为选定照片曝光度（如图4-21所示）。就是它，没有其他设置、对话框和窗口，只是物尽其用。

图 4-22

第4步

现在按字母键G回到网格视图，把现在的图像与第1步中的照片进行对比，你会发现它们曝光一致。这个功能在大多数情况下的效果都很好，而且操作相当简单。

4.5 60秒讲解直方图（哪个滑块控制哪个部分）

直方图位于右侧面板区域的顶部，它表示的是当你将照片的曝光度绘制在一张图上时的样子。读懂直方图很容易——照片中最暗的部分和阴影显示在图的左侧，中间调显示在中间，而最亮的部分高光显示在右侧。如果图的某一部分是平的，说明在照片中没有位于该范围的图像部分（所以如果最右边是平的，说明照片没有任何高光。至少现在还没有）。

曝光度滑块：中间调

将光标移动到曝光度滑块上，一片淡灰色区域会出现在直方图中，这片区域是受曝光度滑块影响的部分。在本例中，大部分是中间调（所以灰色区域位于直方图中间），但是它也影响部分低高光区域。

高光滑块：高光

高光滑块涵盖了比中间色调更亮的区域。观察如**图4-24**所示的直方图，最右侧的区域是平的，说明照片中并没有范围齐全的色调——最亮的部分缺失了。将高光滑块向右滑动可以帮助填补这个空缺，但是实际上还有另一个不同的滑块可以涵盖这一部分。

阴影滑块：阴影

阴影滑块控制阴影区域。从**图4-25**中可以看到它仅仅控制了很小的区域（但是是很重要的区域，因为阴影中的细节会丢失）。它下面的区域是平的，意味着该图像最暗的部分缺失了色调。滑块：最亮和最暗区域。

黑色色阶和白色色阶

这两个滑块控制图像中最亮（白色色阶）和最暗（黑色色阶）的部分。如果照片看起来曝光过度，请将黑色色阶滑块向左拖动，以增加更多黑色（你会看到直方图中黑色向左扩展）。如果需要更多非常亮的区域，请将白色色阶滑块向右拖动。

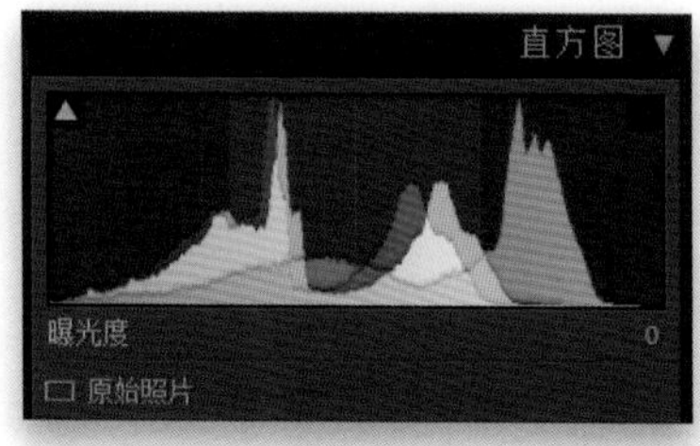

图4-23

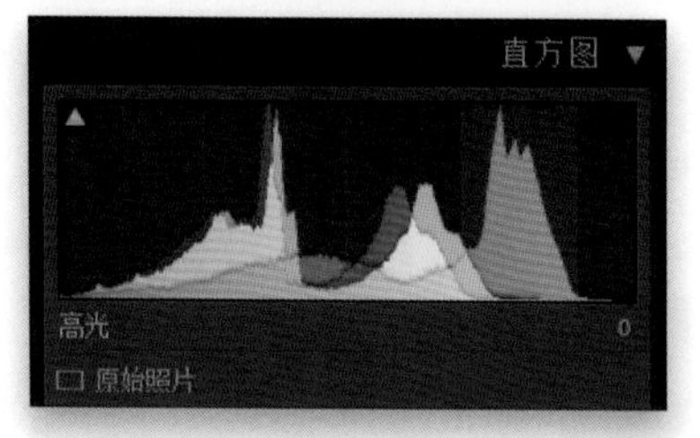

图4-24

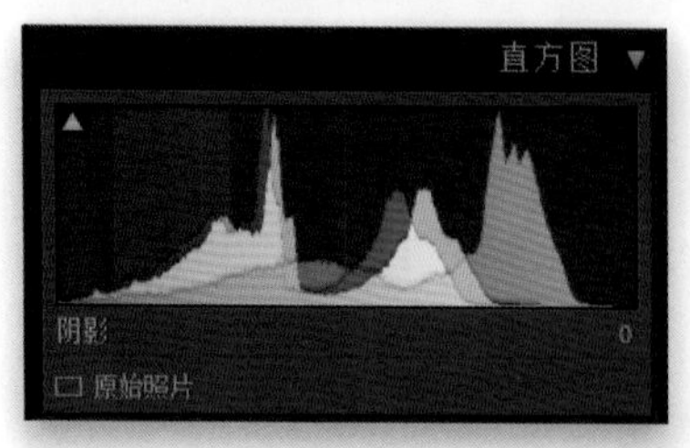

图4-25

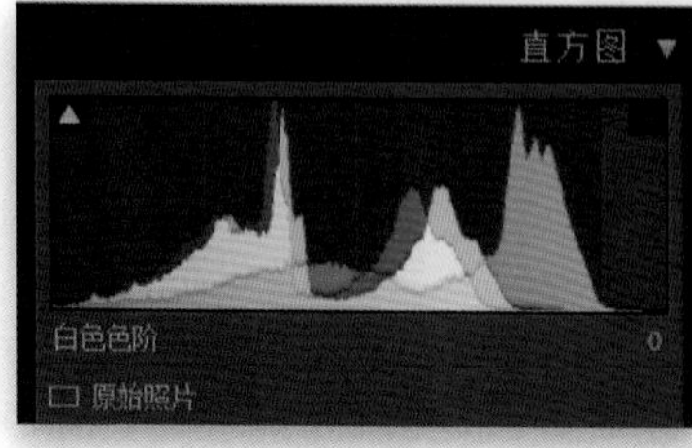

图4-26

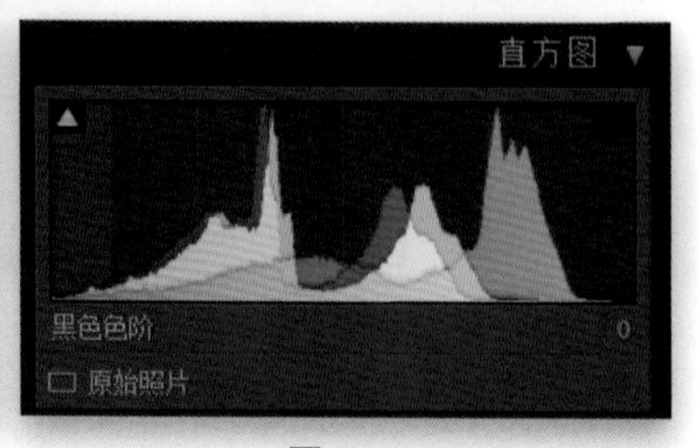

图4-27

4.6 自动调整色调（让 Lightroom 替你工作）

正如我在本章稍早前的“图片编辑表单”里提到的那样，自动调整色调功能让Lightroom尝试编辑你的照片（基本来说，它会根据直方图中看到的内容来评估图像），它尝试平衡照片。有时候其效果很好，但是如果效果不好，也不用担心，只需按Ctrl-Z（Mac：Command-Z）键撤销操作即可。

第1步

这张图片有点曝光过度，颜色偏白，整体单调。如果你不确定该从何处着手修改，可以单击自动按钮（位于基本面板中的色调区域），随后Lightroom会分析照片，为照片应用其认为合适的修正。Lightroom只移动它认为有必要调整的滑块，并且仅限于基本面板色调区域内的滑块（所以不包括其他面板中的鲜艳度、饱和度、清晰度等滑块）。

图 4-28

第2步

现在，如果单击自动按钮后，照片的调整效果不太好，你可以：（1）以它作为起点，自行调整其他滑块；（2）按Ctrl-Z（Mac：Command-Z）键取消自动调整，然后手动编辑照片。自动调整值得一试，因为有时候它能获得不错的效果，但是得根据照片而定。以我的经验来看，它对非常亮的照片有很好的修正效果（例如本例），但往往会把非常暗的照片调整为曝光过度，不过你可以通过降低曝光值来修复这个问题。

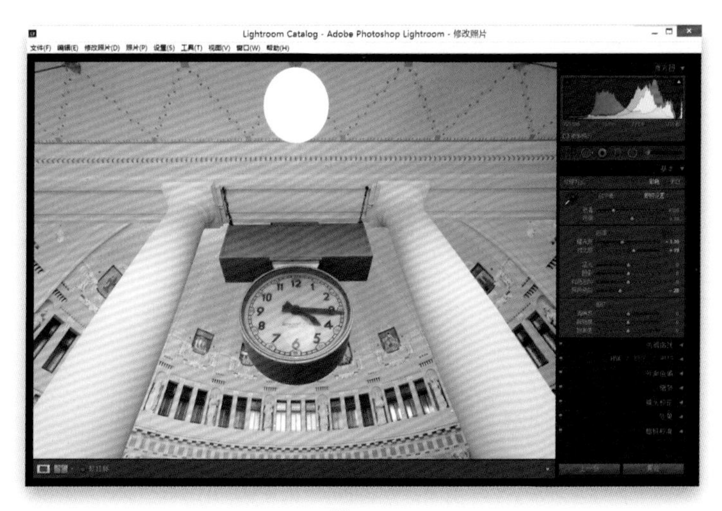

图 4-29

4.7 解决高光（剪切）问题

我们需要对高光剪切这一潜在问题保持警惕。当一张照片中的高光区域过于明亮（无论是在拍摄时，还是在Lightroom中使其过于明亮）时，这些区域就会丢失细节，没有像素，空空如也。剪切问题在运动员的白色球衣，阳光明媚，万里无云的天空等位置时有发生。一旦发生，就需要通过修复来还原照片的细节。别担心，这其实很简单。

第1步

这是一张在室内拍摄的照片，模特身上穿了一件白色上衣，而且照片还曝光过度了。这不一定意味着照片被剪切了（阅读上述内容了解剪切的含义），但一旦剪切，Lightroom会予以警告。它会出现在直方图面板的右上角，三角形的白色高光警示（如**图4-30**中圆圈所示）。该三角形通常是黑色的，意味着一切正常，没有剪切。一旦它变为红色、黄色或蓝色，就代表某个特定的色彩通道被剪切，我一般对此不予理会。但如果变为纯白色（如**图4-30**所示），便需要对此修复。

图4-30

第2步

现在我们知道这张照片的某些部分有问题，但具体是哪呢？若想找到准确的被剪切位置，需要直接单击白色三角形（或按键盘上的字母键K）。现在高光剪切区域会呈现为红色（如**图4-31**所示，模特的手臂、手和她夹克衫左侧的一些区域剪切得很严重）。如果不加以修复，这些区域将毫无细节。

图4-31

图 4-32

第3步

有时只需降低曝光度值就能解决剪切问题，但本例中，经过调整后的照片依旧有点曝光过度，所以还要进行后续操作。我把曝光度滑块向左拖动来暗化整体曝光，虽然看起来好多了，但剪切仍不容忽视。现在，由于照片很亮，暗化曝光能让照片有所好转，但是如果曝光度本来就正常呢？这时拖动曝光度滑块来暗化照片会使照片更暗（曝光不足），所以我们要换种方法——只影响高光而不会影响整体曝光的操作。我们想解决剪切问题，同时也不想照片太暗。

图 4-33

第4步

这时高光滑块就派上用场了。当你遇到本例中的剪切问题时，高光滑块将会是你的第一道防线。只需稍微向左拖动它，看到屏幕上的红色剪切警告消失即可（如**图 4-33** 所示）。此时警告是开启的，向左拖动高光滑块修复了剪切问题，还原了丢失的细节。我在处理多云、明媚天空的照片时经常使用高光滑块。

提示：适用于风光照片

下次编辑有大片蓝天的风光照片或旅行照片时，记得把高光滑块向左拖动，可以让天空和云朵的效果更好，还原更多的细节和清晰度。这是相当简单有效的办法。

4.8 使用阴影滑块（相当于补光）

当拍摄主体逆光（看起来像剪影）或照片的一部分很暗，细节被阴影所覆盖时，只需一个滑块就能解决。阴影滑块在亮化阴影区域，为拍摄主体补光（就好比使用闪光灯补光）等方面表现出众。

第1步

通过原始照片可以看出，拍摄对象处于逆光状态。由于我们的眼睛拥有比较广阔的色调范围，能够调整这种场景的色彩，但当拍下照片后会发现主体处于逆光的阴影中（如**图4-34**所示）。即便当今如此先进的相机依旧无法比拟人眼能识别的超广阔色调范围。因此，即便拍出这样的逆光照片也不用沮丧，修复起来简单得很。

图 4-34

第2步

只需向右拖动阴影滑块，这将只影响到照片的阴影区域。如**图4-35**所示，阴影滑块能够极好地亮化阴影区域，还原隐匿在阴影之中的细节。

注意：有时候，如果把滑块拖动得太靠右，可能会使照片显得有些平淡。这时只需增加对比度数值（向右拖动），直到恢复照片的对比度为止。这项操作不常使用，但你需要知道的是，增加对比度能够平衡照片。

图 4-35

4.9 设置白点和黑点

若想充分发挥图像编辑，可以通过设置白点和黑点来扩展照片的色调范围（Photoshop用户使用色阶工具完成这个操作）。在Lightroom中我们使用白色色阶和黑色色阶完成这个操作。在不剪切高光的情况下尽可能提高白色色阶，在不剪切最暗阴影的情况下尽可能提升黑色色阶（尽管如此，我个人并不介意阴影有点剪切），最大限度地扩展色调范围。

第1步

原图看起来较为平淡，这时，最好通过设置白色色阶和黑色色阶值来扩展色调范围（位于基本面板中，高光和阴影滑块的下方）。

SCOTT KELBY

图 4-36

第2步

拖动白色色阶滑块，直到直方图面板右上角的高光剪切警告三角形变白为止（位于右侧面板区域的上方），然后将滑块往回拖动一点直到三角形变黑。稍微多一点可能就会损坏（剪切）高光。在黑色色阶滑块上进行相同的操作，但若增加高光（扩展范围），那就向左拖动直到看到阴影剪切警告三角形（位于直方图面板的左上角）变白为止。我认为照片中的某些区域应该是纯黑的，因此如果稍微剪切阴影能让效果更好的话，我会这么做。在本例中我稍微剪切了阴影，效果还不错。

图 4-37

第3步

在拖动白色色阶或黑色色阶滑块前按Alt（Mac：Option）键，可以查看剪切预览。按住该键并拖动白色色阶滑块时，屏幕会变成黑色（如图4-38所示）。向右拖动时，剪切了某个色彩通道的区域会呈现为该色彩。因此，如果剪切了红色通道，该区域会显现为红色；如果显现为黄色或蓝色，则证明剪切了这些通道。我通常对此不予干涉，但如果它们显现为白色（三个通道都被剪切），证明我拖动得太靠右了，需要稍微向左一些。按住Alt（Mac：Option）键并拖动黑色色阶滑块，效果相反——照片变为纯白色。如果向左拖动黑色色阶滑块，那么无论被剪切的是某个通道还是三个通道，该区域都会变成纯黑色。

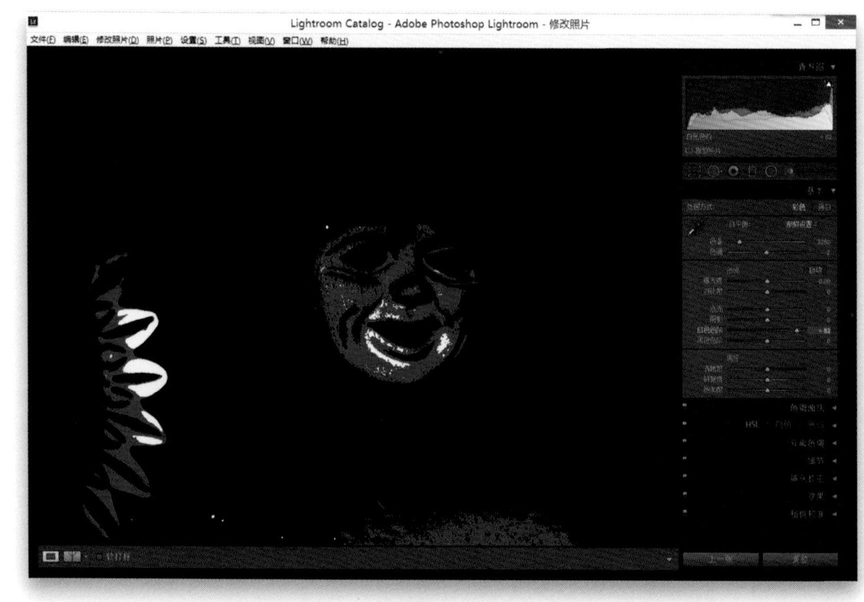

图 4-38

第4步

现在已经介绍完手动设置完白点和黑点，以及如何通过Alt（Mac：Option）键来防止剪切高光或阴影，而我的实际工作流程是：让Lightroom自动设置。是的，它可以为你自动设置这两项，而且对滑块的远近把握得也很到位（不过有时也会稍微剪切一点阴影，可以接受）。自动设置的方法如下（相当简单）：只需按住Shift键，然后双击白色色阶滑块并设置白点；双击黑色色阶滑块并设置黑点。就是这么简单，我通常会这么操作。顺便说一下，如果按住Shift键双击任一个滑块却没有动时，那么意味着它已经设置完毕。

图 4-39

4.10 调整清晰度使图像更具“冲击力”

Adobe开发清晰度控件时，他们实际上考虑过把该滑块称作“冲击力”滑块，因为它不仅能够增加照片中间调的对比度，使照片更有视觉冲击力，还能将细节和质感很好地补充进来。如果你之前经常使用清晰度滑块，会发现它会使拍摄对象的边缘部分出现微小的暗光晕，但是现在，你可以增加清晰度的数值，把丰富的细节补充进来，而不会出现难看的光晕。此外，如今在Lightroom中，仅应用中等数值的清晰度，得到的画面效果也非常好。

第1步

图4-40中所示的是原始照片，没有应用任何清晰度调整（这张照片非常适合应用中间调的清晰度，但需要增加细节效果）。因此，当照片需要添加许多质感和细节时，我会选择使用清晰度滑块。清晰度滑块通常适合调整木质建筑（从教堂到乡村谷仓）、风景（细节丰富）、都市风光（建筑物需要拍摄得很清晰，玻璃或金属也是），或拥有复杂细节物品（甚至能把老人皱纹纵横的脸部表现得更好）之类的照片。我不会给不想强调细节或质感的照片增加清晰度（比如母子的肖像照，或是女人的近照）。

SCOTT KELBY

图4-40

第2步

若想给这张照片增加冲击力和中间调对比度，请将清晰度滑块大幅向右拖动到+76，可以明显看到它的效果（如**图4-41**所示）。观察一些岩石和地面新增的细节。如果拖动的幅度太大，有些拍摄对象的边缘会出现黑色光晕。这时，只需稍微往回拖动滑块，直至光晕消失即可。

注意：清晰度滑块有一个副作用，它在增强某个区域细节的同时，也会使其变亮。

图4-41

4.11 使颜色变得更明快

色彩丰富、明快的照片肯定引人注目（这也是专业风景摄影师痴迷于富士Velvia 胶卷和其色彩饱满的商标的原因）。虽然Lightroom的饱和度滑块用于提高照片的色彩饱和度，但问题是：它均匀地提升照片内的各种颜色，使平淡的颜色变饱和的同时，本来就饱和的颜色也变得更加饱和，以致矫枉过正。这就是Lightroom 的鲜艳度控件可以成为你的 Velvia的原因。

第1步

在位于基本面板底部的偏好区域有两个控件影响色彩饱和度。我避免使用饱和度滑块，以免使所有颜色的饱和度增加相同强度（这是一种很粗糙的调整）。事实上，我只会用饱和度滑块来去除色彩，如果向右拖动饱和度滑块，照片颜色确实会变得更丰富，但得到的画面效果滑稽、不够真实。图 4-42 所示的是调整色彩前的原始照片（我的房子），天空看起来平淡无奇（色彩方面），教堂的屋顶也有褪色感，但至少树木看起来还算正常。

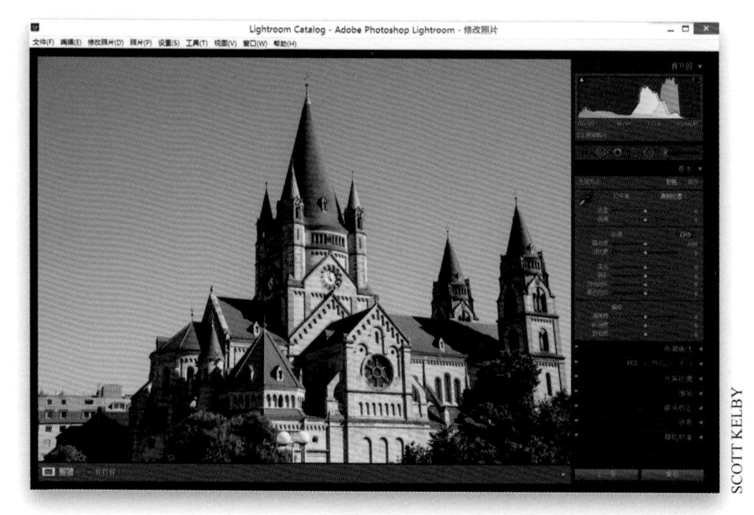

图 4-42

第2步

当你看到单调的天空，褪色的屋顶，死气沉沉、色彩单调的照片时，就该使用鲜艳度滑块了。它的作用大体是：充分提升照片单调色彩的鲜艳度。如果照片的饱和度正常，它就不会过分提升，让画面不会显得过分鲜艳。而且，如果照片中有人物，它也能通过数学算法避免影响肤色，因此人物的皮肤不会过于鲜艳（当然，该效果没有体现在这张特定的照片中）。不管怎么说，调整鲜艳度都能为你带来比调整饱和度更为逼真的色彩提升效果。虽然此处我拖动的幅度较大，但在我的工作流中通常会将鲜艳度数值控制在 10~25，只有在特殊情况下才会超出这个范围。

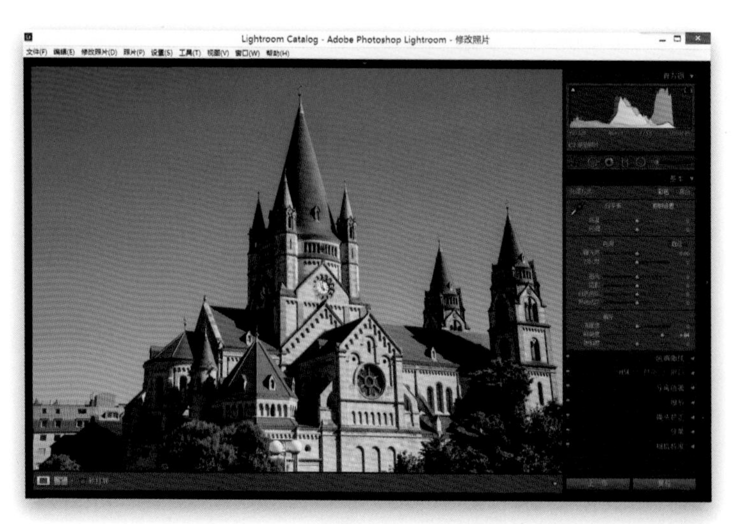

图 4-43

4.12 增强对比度（以及如何使用色调曲线）——这很重要！

如果必须要指出大部分照片中存在的最大问题，那我不想提白平衡或是曝光问题，而是照片看起来太平淡了（大多数都缺乏对比度）。它是最大的问题，但也是最容易被修复的（也可能比较复杂，取决于你的具体要求）。在本节中我会为你介绍这两种简单和复杂的调修方法。

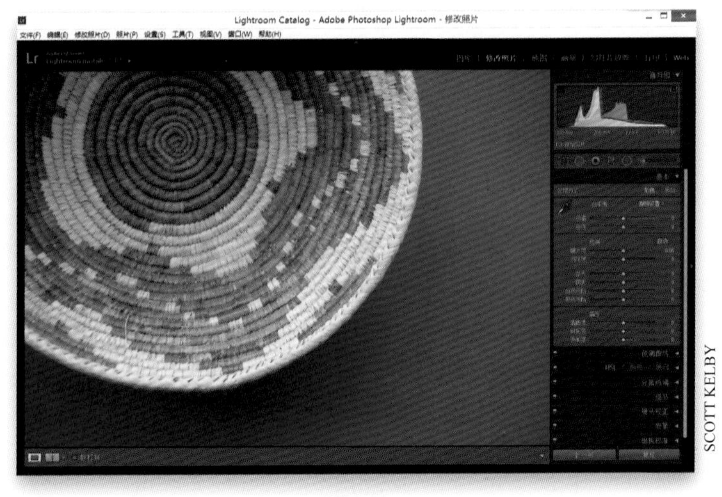

图 4-44

第1步

这是一张平淡无奇的照片，在实际调整它的对比度前（让明亮的区域更亮，阴暗的区域更暗），让我们先了解一下对比度的重要性：（a）颜色更鲜艳；（b）扩展色调范围；（c）让照片更加清晰、锐利。这个滑块集许多功能于一身，可见其强大（我认为它可能是Lightroom中最被低估的滑块）。如果你的Lightroom是早期版本，那么对比度滑块的效果可能没这么好，只能使用色调曲线来创造对比度效果。但Adobe在Lightroom 4中便已修复这个功能，现在它已相当优秀。

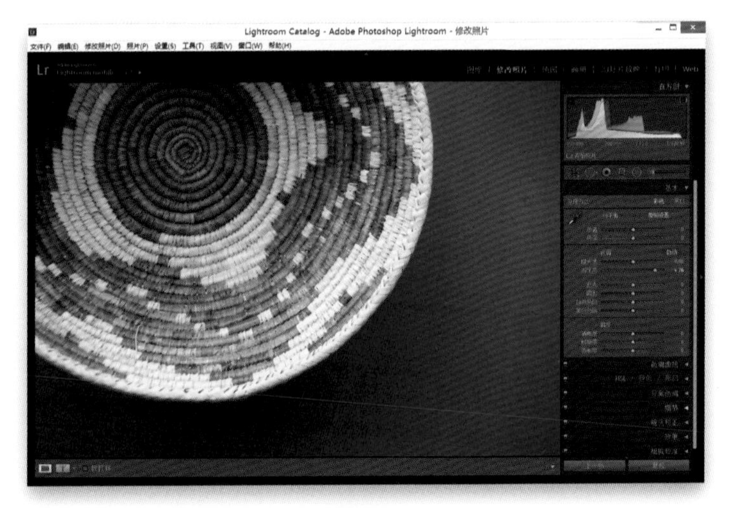

图 4-45

第2步

向右拖动对比度滑块，可以看到上述的所有效果都在照片中显现了出来：颜色更鲜艳，色调范围更广，整个画面更加清晰、充满生机。这真是巨大的改善，尤其是用RAW模式拍照时会关闭相机的对比度设置（JPEG模式的照片能使用该功能），导致导出相机后的RAW格式照片的对比度更低，这时只需调整一个滑块，就能把失去的对比度添加回来。顺便说一下，我绝不会把滑块向左拖动减小照片的对比度，只会向右拖动来增加。

第3步

现在，可以使用色调曲线面板中增加对比度的更高级的方法（在Adobe修复对比度滑块前我们使用的是这种方法。但在介绍前，我想告诉你我本人已经不用这种方法了，使用对比度滑块得到的效果已经满足了我的照片编辑需求，不过我还是在这里介绍一下，以便需要的人学习）。从基本面板向下滚动，就会看到色调曲线面板（如图4-46所示）。从该面板底部的点曲线中可以设置线性（如图4-46中红色圆圈所示），这意味着曲线是平滑的，未曾应用过对比度调整（当然，除非你已经使用过对比度滑块，但本例我没应用，基本面板中的对比度数值设置为零）。

图4-46

第4步

应用对比度最快捷、最简单的方法是从点曲线下拉菜单中选择一种预设。例如，请选择强对比度，之后观察照片所产生的变化，发现照片的阴影区域变得更强，高光更亮，我们要做的只是从下拉菜单中选择预设而已。现在，可以看到曲线有轻微的弯曲，就像一个小S形，而且曲线中添加了调节点。线段的上三分之一点向上凸起表明增加了高光，下端稍微下沉表明增加了阴影。

注意： 如果在曲线图下面能看到滑块，那么它所在的面板区域不太对，则在曲线上看不到调节点。单击点曲线下拉列表右侧的点曲线按钮来隐藏滑块，就可以看到点。

图4-47

图 4-48

第5步

如果认为对比度不够强，则可以将点曲线设置为自定，自己编辑该曲线，但了解以下规则对你会有所帮助：S形曲线越陡，对比度越强。而要使曲线变陡（即使照片对比度更强），需要向上移动曲线的顶部（高光），向下移动曲线的底部（暗调和阴影）。若想把曲线上移至最高点，只要把光标移动到最高点，就会看到曲线上出现双向箭头的光标。单击并向上拖动此标志（如**图4-48**所示），图像高光部分的对比度增强。对底部进行相同的操作可以增加阴影的对比度。顺便提一下，如果最初选择的是线性曲线，就需要自己添加几个点：在从下往上大概3/4的位置增加几个高光点，并且将其向上拖动。在从下往上大概1/4的位置增加一个阴影调整点，并将其向下拖动，最终使她成为陡峭的S形曲线（如**图4-48**所示）。

图 4-49

第6步

还有另一种方法可以使用色调曲线调整对比度，但是在介绍这个方法之前，请单击点曲线按钮（如**图4-49**中圆圈所示），来重新恢复曲线滑块。每一个滑块都代表曲线的一部分，向右拖动增加色调区域的陡峭度，向左拖动使色调曲线更平滑。高光滑块用于移动曲线的右上部分，影响照片中的最亮区域。亮色调滑块影响次明亮区域（1/4色调）。暗色调滑块控制中间阴影区域（3/4色调）。阴影滑块控制照片中的最暗区域。移动滑块查看曲线的变化。

注意：如果之前你创建了对比度的S形曲线，那么移动这些滑块能为曲线的上端增加更多对比度。

第7步

除了使用滑块外，你还可以使用目标调整工具（Targeted Adjustment tool，TAT）。TAT 是一个圆形的靶状小图标，位于色调曲线面板的左上角（如**图4-50**中红色圆圈所示）。它允许你直接在图像上单击拖动（向上或向下），来调整你单击部分的曲线。十字准线部分是工具实际所处的位置（如**图4-51**所示），带三角形的靶部分提醒你朝哪个方向拖动该工具，即朝上或朝下（可以从三角形看出来）。

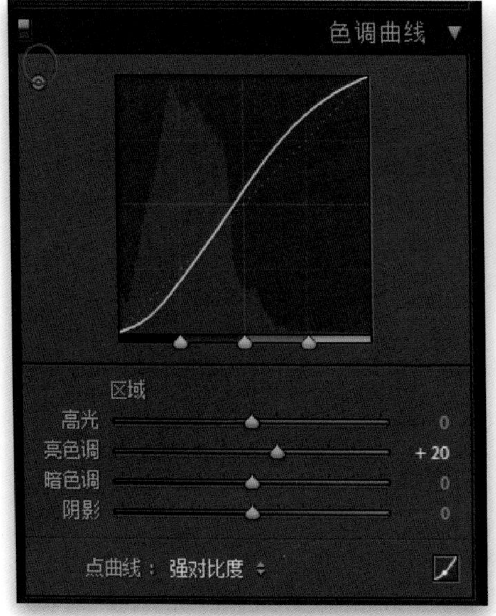

图4-50

图4-51

第8步

你还可以使用图形底部的三个范围滑块来控制曲线，它们可以帮你选择色调曲线将要调整的黑色、白色和中间调范围从哪里开始（通过移动它们的位置确定哪里是阴影，哪里是中间调，哪里是高光）。例如，左侧的范围滑块（如**图4-52**中红色圆圈所示）表示阴影区域，显示在该滑块左侧的区域将受阴影滑块的影响。如果想扩展阴影滑块的控制范围，请单击并向右拖动左侧的范围滑块（如**图4-52**所示）。现在，阴影滑块调整对照片的影响范围更大了。中间的范围滑块覆盖中间调，单击并向右拖动中间调范围滑块减小中间调和高光区域之间的间距，这样亮色调滑块现在控制的范围更少，暗色调滑块控制的范围更大。要把这些滑块复位到它们的默认位置，在需要复位的滑块上直接双击即可。

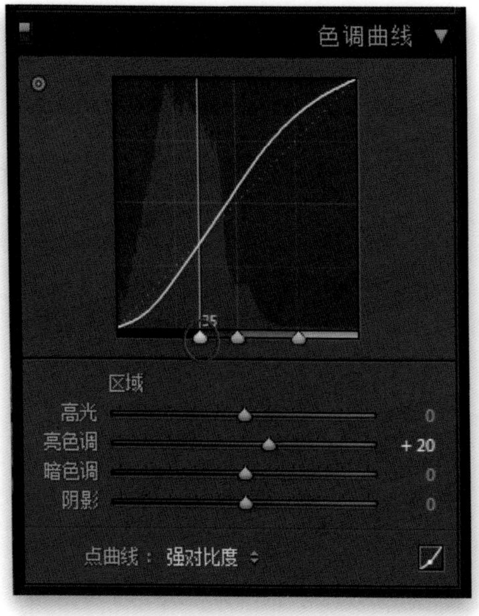

图4-52

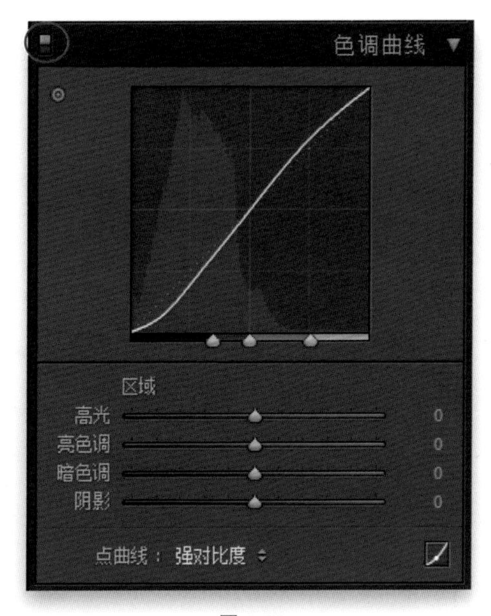

图 4-53

第 9 步

需要知道的第二点是怎样复位色调曲线，从初始状态开始编辑。在区域文字上双击，下面的 4 个滑块会全部复位到零。最后，使用该面板标题左侧上的小开关切换色调曲线调整的开 / 关状态（如**图 4-53** 中红色圆圈所示），可以查看色调曲线面板添加的对比度的修改前 / 后视图。只要单击它切换开或关的状态即可。

提示：添加超强对比

如果你已经在基本面板里应用了对比度控件，现在使用色调曲线，实际上就是在先前对比度的基础上再次添加对比，所以你现在获得了超强对比。

图 4-54

第 10 步

作为本节的结尾，**图 4-54** 中所示效果为只做色调曲线调整的修改前 / 后视图，可以看到调整对比度后的图像更富表现力。

4.13 把对一幅照片所做的修改应用到其他照片

这可以加快我们的工作进程，因为一旦编辑过一幅照片，就可以把这些完全相同的编辑应用到其他照片。例如，在本章开始时，我们校正了一张照片的白平衡。但如果在一次拍摄中总共拍摄了260 幅照片，该怎样处理呢？现在我们可以对其中的一幅照片进行调整（编辑），之后把这些相同的调整应用到其他照片。一旦选择哪些照片需要这些调整，其余工作在相当程度上都是自动完成的。

第1步

我们先来修正这张写真照片的曝光度和白平衡。在图库模块中，单击这张照片，然后按字母键D，转到修改照片模块。在基本面板中，拖动曝光度滑块和阴影滑块，直到照片看上去没问题为止（可以在堆叠中看到我所做的调整。还可以按下字母键Y查看修改前/ 修改后效果分屏视图，如**图4-55**所示）。这是第一步——校正曝光度、白平衡和其他设置，然后按字母键D转入转回放大视图。

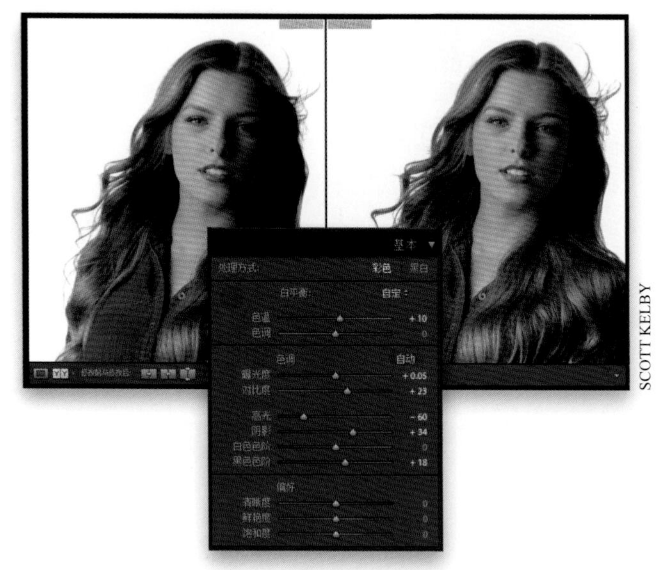

图 4-55

第2步

现在单击左侧面板区域底部的复制按钮，然后弹出复制设置对话框（如**图4-56**所示），从中可以选择要从刚才编辑过的照片中复制哪些设置。默认时，它会复制许多项设置（许多项复选框都被勾选），但因为我们只想复制几项调整，所以请单击位于该对话框底部的全部不选按钮，然后只勾选白平衡和基础色调复选框（该区域内的所有复选框也将被勾选），并单击复制按钮。

注意：如果复制涉及使用过旧处理版本的图片时，也请确保勾选处理版本复选框。

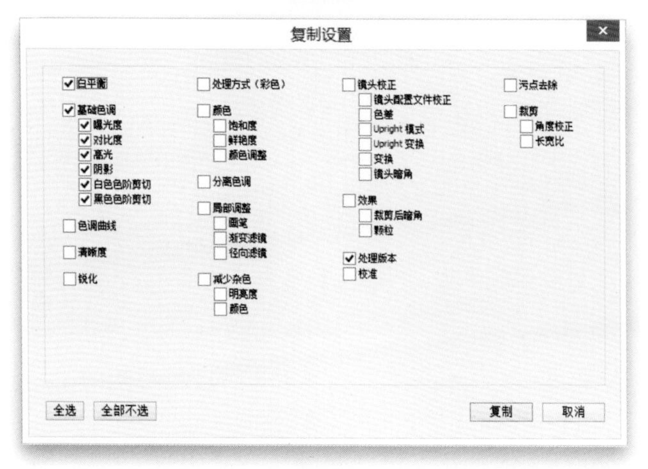

图 4-56

图 4-57

第3步

现在按字母键G 回到网格视图，选择想要应用修改的所有照片。如果想一次性对拍摄的所有照片应用校正，只需按Ctrl-A（Mac：Command-A）键全选所有照片（如**图4-57**所示）。如果原来的照片被再次选择也没关系。如果观察网格视图最下面一行，可以发现最后一张照片是被校正的那张。

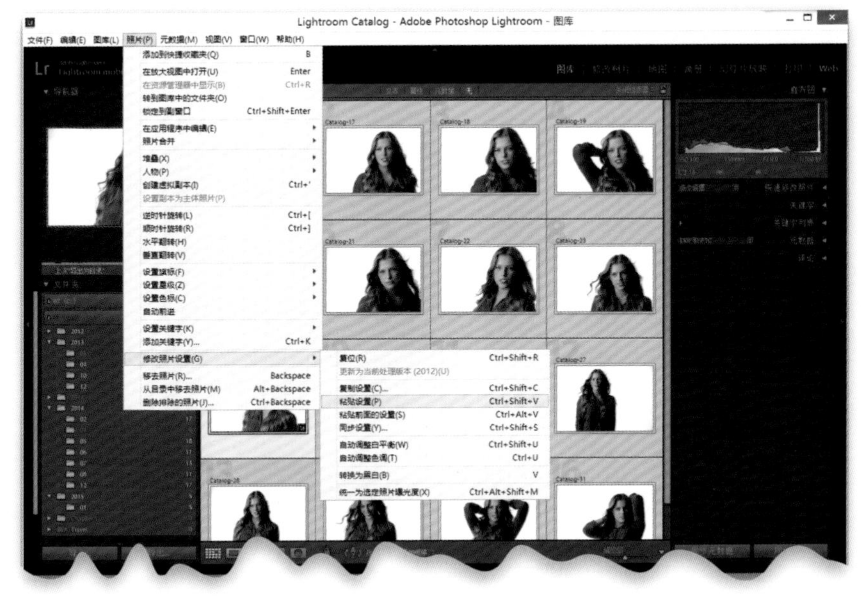

图 4-58

第4步

现在移动到照片菜单，从修改照片设置子菜单中选择粘贴设置，或者使用Ctrl-Shift-V（Mac：Command-Shift-V）键，前面复制的白平衡设置现在就会立即应用到所有被选择的照片上（如**图4-58**所示，所有被选择的照片的白平衡和曝光等已经得到校正）。

提示：只校正一两幅照片

如果在修改照片模块内只需要校正一两幅照片。我先校正第一幅照片，之后在胶片显示窗格内，移动到需要具有相同编辑的另一幅照片，并单击右侧面板区域底部的上一个按钮，对以前所选照片进行的所有修改现在全部应用到这幅照片。

4.14 自动同步功能：一次性编辑一批照片

前面介绍了怎样编辑一幅照片，复制这些编辑，之后把这些编辑粘贴到其他照片，但有一种称为自动同步的“实时批编辑”功能，你可能会更喜欢它。其功能为：选择一组类似的照片，之后对一幅照片所做的任何编辑将自动实时应用到其他被选择的照片（不必复制和粘贴）。每次移动滑块，或者进行调整，所有其他照片都随之自动更新。

第1步

在修改照片模块内，转向胶片显示窗格，单击第一幅你想要编辑的照片，然后按Ctrl（Mac：Command）键并单击需要具有与第一幅照片完全相同调整的所有其他照片（如**图**4-59所示，我选中一批需要添加阴影和清晰度的照片）。单击的第一幅照片将显现在屏幕中，在胶片显示窗格中，该选图比其他选中的照片更亮。现在，看向右侧面板区域底部的两个按钮。左侧为上一张按钮，但是当你选中多张照片时，按钮现在变为同步（如**图**4-59中红色圆圈所示）。

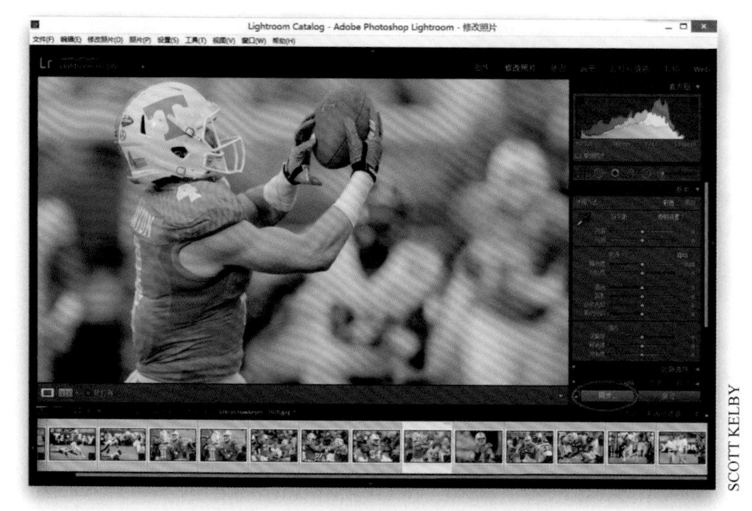

图 4-59

第2步

若想开启自动同步功能，请单击同步按钮左侧的小开关。当它开启后，你对第一幅照片所做的所有调整都会同时自动应用到其他已选照片当中。例如，我把阴影增加到+22，在细节面板中，把锐化调整在35（如**图**4-60所示）。做这些修改时，请注意观察胶片显示窗格内被选择的照片，它们都得到完全相同的调整，但没有执行任何复制和粘贴，或者处理对话框等之类的操作。顺便提一下，自动同步在关闭该按钮左侧的小开关之前，一直保持打开状态。如果是临时使用这一功能，请按住Ctrl（Mac：Command）键，同步按钮变为自动同步。

注意：只有选择了多幅照片后才会看到同步或自动同步按钮。

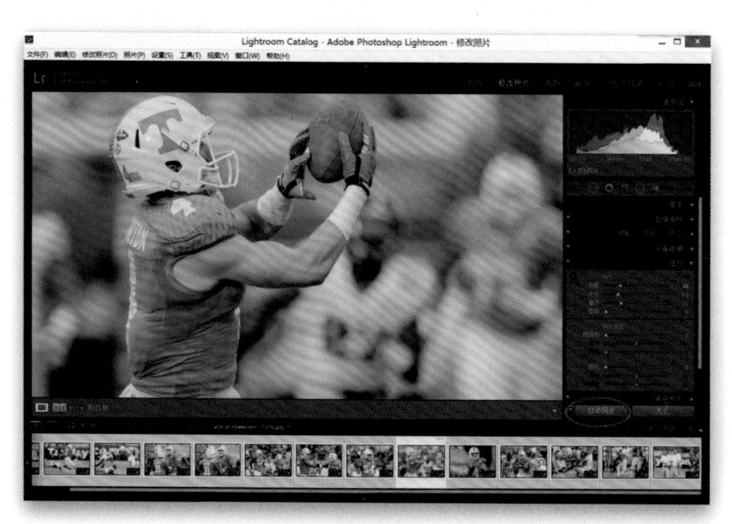

图 4-60

4.15 使用图库模块的快速修改照片面板

图库模块内有一个修改照片模块的基本面板版本，它就是快速修改照片面板，之所以在这里放置该面板，是为了让你能够在图库模块内快速完成一些简单的编辑，而不必跳转到修改照片模块。但快速修改照片面板在使用上还存在一些问题，因为其中没有任何滑块，只有一些按钮，这使它难以设置到合适的量，不过对于快速编辑而言，这已经足够了。

图 4-61

图 4-62

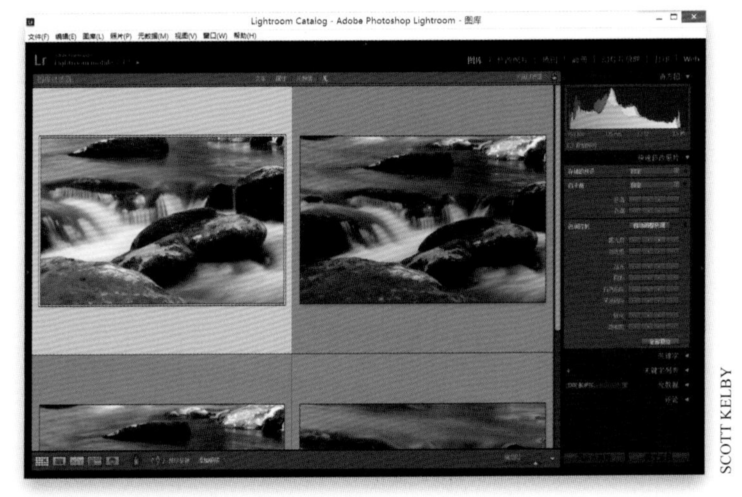

图 4-63

第 1 步

快速修改照片面板（如**图 4-61** 所示）位于图库模块内右侧面板区域顶部的直方图面板下方。虽然它没有白平衡选择工具，但除此之外，它具有的控件与修改照片模块的基本面板基本相同（包括高光、阴影、清晰度等控件，如果没能看到所有控件，请单击自动调整色调按钮右侧的倒三角形）。此外，如果按住 Alt（Mac：Option）键并保持，清晰度和鲜艳度控件会变为锐化和饱和度控件（如**图 4-62** 所示）。如果单击单个箭头按钮，它把该控件稍移动一点。如果单击双箭头按钮，则移动多一点。例如，如果单击曝光度右侧的单个箭头，将增加 1/3 挡曝光，单击双箭头则将增加 1 挡曝光。

第 2 步

在两种情况下：

当我需要快速查看一幅照片是否值得编辑，而且不在修改照片模块下真正编辑时，我会使用快速修改照片面板。例如，这些溪流照片存在白平衡（照片太绿）和其他问题，若想快速查看编辑后的效果，只需单击第一幅照片（或其他的任意照片），然后单击色温控件的左侧单个箭头，将色温调至 -5，然后双击色调控件的右侧双箭头，把色调增至 +40（每单击一次右侧的双箭头，数值移动为 +20）。

第3步

我使用快速修改照片面板的另一种情况是在比较或筛选视图中时（如**图4-64**所示），因为可以在多幅照片视图内应用这些编辑（一定要首先单击想要编辑的照片，并确保快速修改照片面板底部的自动同步已关闭）。例如，我在此处选取了4幅照片，然后按下字母键N进入筛选视图。单击左上角的照片进行编辑，其他不变，以便对其进行比较。单击曝光度的右侧单个箭头，为照片增加1/3挡曝光，单击对比度的右侧双箭头，增加+20。接着双击阴影的右侧双箭头，单击清晰度的右侧双箭头，然后把它与其他照片进行比较。

图 4-64

提示：在快速修改照片面板中进行更精确地调整

现在，可以通过单击右侧的单个箭头来小幅调整。如果按住Shift键并单击右侧的单个箭头，将增加/降低1/6挡，而不是1/3挡（因此不是移动了+33，按住Shift键并单击单箭头将只移动+17）。

第4步

在快速修改照片面板中还可以进行以下操作：从面板上方存储的预设弹出菜单中，可以把已存储的修改照片模块预设应用到照片中，如果展开右侧的黑色喇叭状三角形，将会出现更多功能，例如裁剪比例和转换为黑白照片。这里有一个自动调整色调按钮，如果调整得一团糟的话，可以按全部复位按钮。你还可以使用右侧面板底部的同步设置按钮，把单个调整同步到已选照片中。在弹出的如**图4-65**所示的同步设置对话框中，你可以选择把哪些设置应用到其余的照片中。只要勾选你想应用的那些设置旁边的复选框，然后单击同步按钮即可。

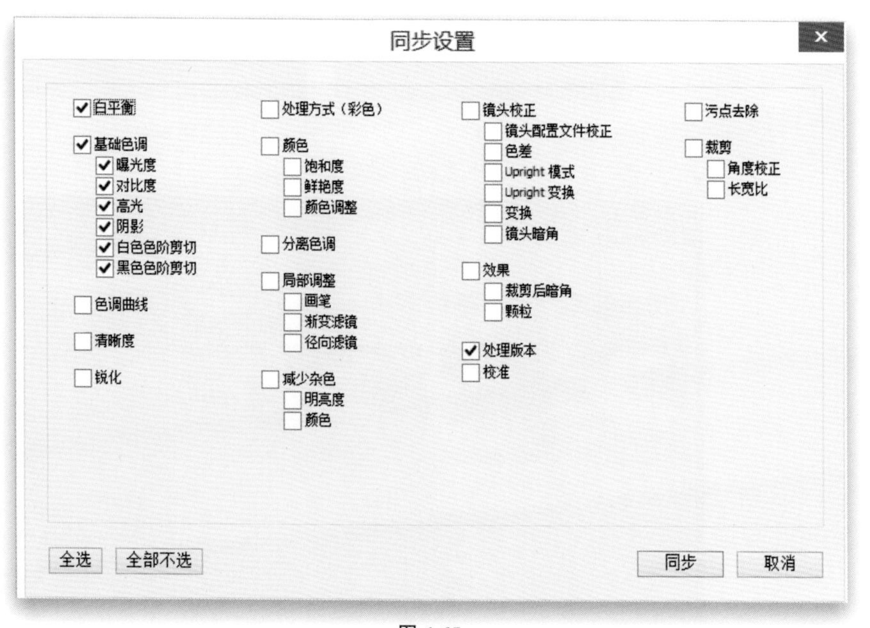

图 4-65

4.16 “上一张”按钮（和它的威力）

假如你花些时间编辑了一张照片，获得的效果你很满意。在不使用复制粘贴的情况下，你可以把相同的设置应用到任一张照片中。可以是胶片显示窗格中的下一张照片，也能是下方的20幅缩览图之一。一旦你使用几次这个功能后就会爱上它，它能大幅加快你的工作流程。事实上只需单击照片，选择上一张按钮，那么上一张选中照片的所有设置都会应用在你当前的照片中。

图 4-66

第1步

我们的原图需要进行一些调整，只需稍微调整曝光，增加清晰度，裁剪照片使其更紧凑。这些都是很基础的操作。

图 4-67

第2步

在修改照片模块中，使用裁剪叠加工具（快捷键R）来裁剪照片，使照片更加集中到拍摄对象上面，然后稍微调整曝光度滑块，将其向右拖动至+0.30，再把清晰度滑块增加至+18（还原模特皮肤的更多细节）。没什么复杂操作，这些都是最基础的微调，但是我也想将这张照片的效果应用到其他照片。

第3步

现在前往胶片显示窗格，单击下一张你希望应用相同修改的照片。如果它正好位于你修改完成的照片的右侧，只需按键盘的右箭头键转到下一张照片。如果不是，需要单击胶片显示窗格的其他照片，像我一样：第一张是修改后照片，并且单击第4张需要相同修改的照片。

图 4-68

第4步

接下来只需按下上一张按钮（位于右侧面板区域的下方），照片就会应用上一张照片中所有的修改设置。现在，你可以对胶片显示窗格中其他任意单张照片执行相同的操作。

注意：记住，要修改的照片应用的是你最终单击的照片设置。如果单击了某张照片，并且没按上一张按钮，那么它就成为了你的“上一张照片”，因为它是你最后单击的。所以若想使用上一张按钮，需要单击你已经修改完的照片，这样上一张按钮才能将你的编辑操作复制到下一张照片。

图 4-69

4.17 对照片进行全面调整

我们大体上已经介绍完了如何在Lightroom中编辑照片，但在进行下一章的调整前，我认为最好再温习一遍基本面板中所有滑块的使用，这样能帮助你更清楚地认识到各项调整的效果。

图 4-70

第1步

本例使用的这张照片在本章中出现过。现在再次使用它，不过要对其进行更多修复，而不仅仅是提亮整体的亮度。接下来我将介绍一些对你编辑照片有所帮助的操作，每步操作时都问自己，"我想对这张照片做什么样与众不同的调整呢"？一旦清楚了答案，Lightroom的所有功能都将为你所用，所以这部分很简单。困难的是要冷静下来分析照片，在每步过后再次询问自己这个问题。此处我想进行的操作是，希望照片不太暗，因此从此处开始。

图 4-71

第2步

首先，向右拖动曝光度滑块，直到照片看起来整体变亮。我没有向之前章节中所做的把它拖动得很远（此处设置为+1.7），因为现在对于特定的区域我将使用不同的滑块进行调整。其次，照片看起来过于平淡，因此可以通过稍微向右拖动对比度滑块来增加对比度（此处设置为+24）。然后使用高光技巧，把高光滑块向右拖动至–100来改善多云的天空。现在，天空看起来不太明亮，云朵也拥有了更多细节。

第3步

现在回到第2步所示的照片，河边的桥、树木和建筑物中的细节丰富，但是却缺乏阴影。因此我需要稍微向右拖动阴影滑块来还原这些区域的细节（此处设置为+76）。我知道，当我起初查看照片时肯定想量化这些阴影（我经常使用阴影滑块），这也是我没大幅拖动曝光度滑块的原因。使用白色色阶和黑色色阶滑块设置白点和黑点，可以直接按住Shift键并双击**白色色阶**或**黑色色阶**滑块，让Lightroom自动设置它们。到目前为止调整的效果都不错，但最后的一些润色工作能提亮照片的色彩，增强照片的整体细节和纹理。

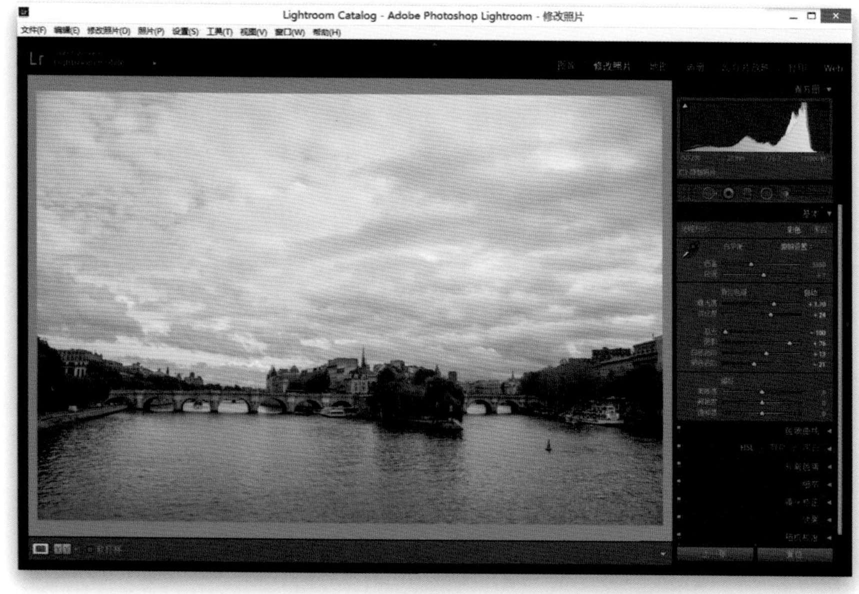

图 4-72

第4步

通过稍微增加清晰度（本例这样的城市风光适合使用清晰度滑块，如**图4-73**所示，我将清晰度数值设为+13，事实上即使设置为+30或者更高，效果依旧是不错的。拥有大量精细细节的照片适合使用清晰度和锐化滑块，不过本例中我们不用进行锐化）来细化建筑物、树木和河流的细节。最后，照片的颜色较柔和，我虽然不想多云的天空下出现很鲜亮的色彩，但也想找片更鲜艳。因此，我把鲜艳度滑块拖动至+22。整个流程只需花费几分钟。思考部分的时间远多于调整滑块的时间。

图 4-73

Photoshop基本技法

- Photoshop的五大功能
- 图层的使用
- 如何调整图层上物体的大小
- 空白图层和不透明度的使用
- 使用Photoshop的工具栏
- 浏览Photoshop界面
- 旋转、翻转及其他重要的操作
- 基本选框工具（如何只调整你的部分图像）
- Camera Raw：就像是图层上的Lightroom
- 介绍图层混合模式
- 图层作弊表格

5.1 Photoshop 的五大功能

当我们从 Lightroom 跳转到 Photoshop 后，最有可能使用的就是本节介绍的这五大功能中的一项，而这五大功能要么是 Lightroom 中没有的，要么是在 Lightroom 中使用该项功能后得到的效果很糟糕的。以下是你跳转到 Photoshop 将会使用到的五大功能。

#1 图层

Photoshop 的强大功能在于它能够在照片上添加东西，但同时保持它们各自的独立性，这样你就可以复位、移动和混合它们。你可以添加任何东西，从专业的文本到你的照片，到使用画笔在照片上绘制，甚至是将其他照片的一部分堆栈到现有的照片上以创作拼图或合成图片。你很快就能成为一个使用图层的高手，而且很可能正是这个强大的功能使我们更加了解并熟悉 Photoshop。

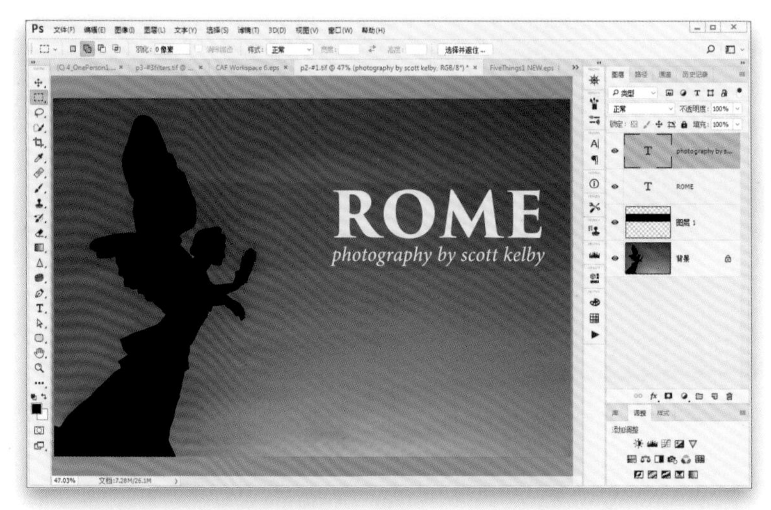

图 5-1

#2 移除干扰物

如果你用 Photoshop 不是为了图层，那你很可能会用到这个功能，因为照片中有你不想要的东西。这个东西可能是背景的图标，毁掉你在沙滩上拍摄的日落照片的苏打水罐，或者闯入了你的照片中的大树枝。无论怎样，你想要这些干扰物消失，尽管 Lightroom 中有污点去除工具，可以去除斑点、灰尘和污迹，但只适用于小范围区域。移除干扰物正是 Photoshop 的一个闪光领域——Photoshop 中的一些工具和功能可以移除照片中的任何东西，就像它们从未出现过一样，这正是使照片上的物体和人消失的王牌工具。

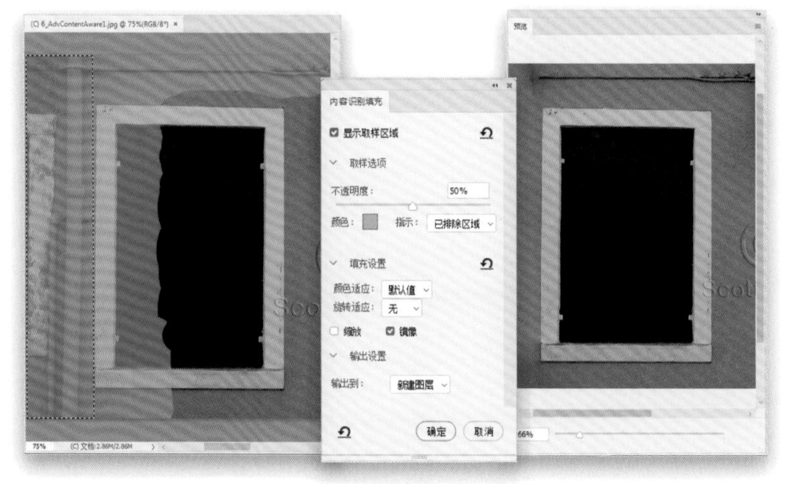

图 5-2

图 5-3

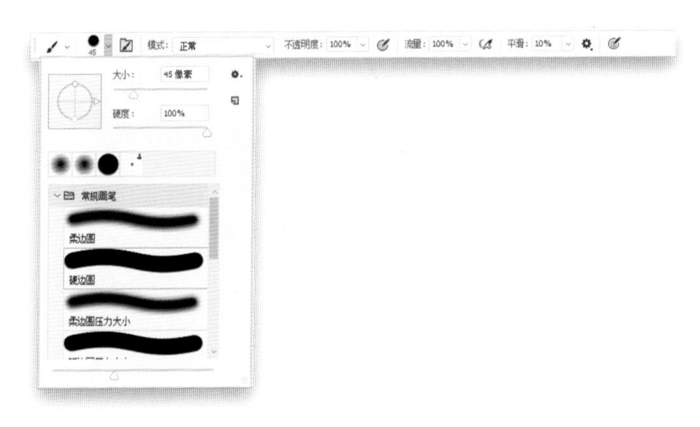

图 5-4

图 5-5

#3 滤镜

Photoshop 中有 121 种不同的滤镜（好吧，上次我数过），它们可以做各种各样的事情，从特效，到校正问题，到使照片看起来棒极了，到使照片看起来很糟糕，这样你就可以通过合成创作出令人惊喜、美妙、迷人的作品。有些滤镜可以使照片中汽车的轮子看起来像是在旋转一样，有些滤镜可以制作出烟雾和火花的效果，有些滤镜可以为照片加上相框，有些滤镜可以使照片看起来像油画一样，等等。大部分滤镜都可以使你轻松掌控照片的视觉效果。

#4 画笔

Lightroom 中的画笔工具可以让你运用硬边线或软边线在照片中绘制。但是，Photoshop 中的画笔工具要强大得多——拥有上百种不同的画笔类型、画笔形状、设置、选项等。你会经常使用这些画笔，而且你甚至不用懂如何画画（我甚至不会画火柴人）。这些都是摄影师手中的强大工具。

#5 工具栏

Lightroom 中有 6 个工具（其中 3 个功能完全一样，只是外形不同）。Photoshop 有近 70 个工具（尽管其中一些工具我们完全不会用到），这些工具非常实用、方便，而且易于学习。你看清这一切的走向了吗？Lightroom 拥有的工具和功能数量有限，而且这些工具和功能可以做非常具体的事情。Photoshop 拥有大量的工具、功能和画笔，它为 Lightroom 用户打开了一个全新世界的大门。如果你在使用 Lightroom 时想做一些调整，但你知道在 Lightroom 中做不到时，别担心—— Photoshop 可以。我来教你怎么做。

5.2 图层的使用

如果你将一张8×10英寸大小的照片平铺在桌子上，然后在其上方叠放一张4×6英寸的照片，你可以四处移动这张4×6英寸的照片，将它放在原始照片的上面，你甚至可以在4×6英寸的照片上剪个洞，看清下方原始照片露出的部分。如果你改变了主意，你也可以把那张小照片拿走，这样你就只剩下原来的那张8×10英寸的照片。以上就是Photoshop中图层的工作原理。那张8×10英寸的照片是你的“背景图层”（官方名称），你可以在它的上面添加东西（例如其他照片）、移动它们、使它们的部分区域变透明，或者完全删除它们，这些操作都不会对你的原始照片造成损坏。而且，在背景照片上不只能添加照片——你还可以添加文本（在它自己的图层上）、图形、画笔，等等。

第1步

我们先来接触一个快捷、简单的案例，这样你就会对图层的工作原理有更深入的了解，等以后碰到别的案例时，你就可以像专业人士那样使用图层。单击选中Lightroom中的一张照片，按快捷键Ctrl-E（Mac：Command-E）将其在Photoshop中打开（RAW格式照片，如果是JPEG或TIFF格式的照片，请在在Adobe Photoshop对话框中编辑图像中选择编辑含Lightroom调整的副本）。当照片在Photoshop中打开时，你可以切换到摄影工作区，这样图层面板和所需的工具就会显示在你需要的地方。在Photoshop顶部选项栏的右侧，单击那个小小的、内含3个圆点的矩形图标并按住不放，然后在下拉列表中选择摄影（如图5-6所示）。

第2步

首先，查看右侧的图层面板，你会发现你的照片被命名为了“背景”图层。我们添加到照片上的所有东西都将会排在背景图层的上方。因此，让我们通过左侧工具栏中的横排文字工具（T）添加一个文字图层，然后单击照片中的任意一处，开始输入文字。通过选项栏中的设置可以改变字体、样式、字号等。这里，我选择的是Trajan Pro字体。在字体菜单的右侧，你可以调整字号和文本的对齐方式，还有一个颜色取样器可以改变字体的颜色。

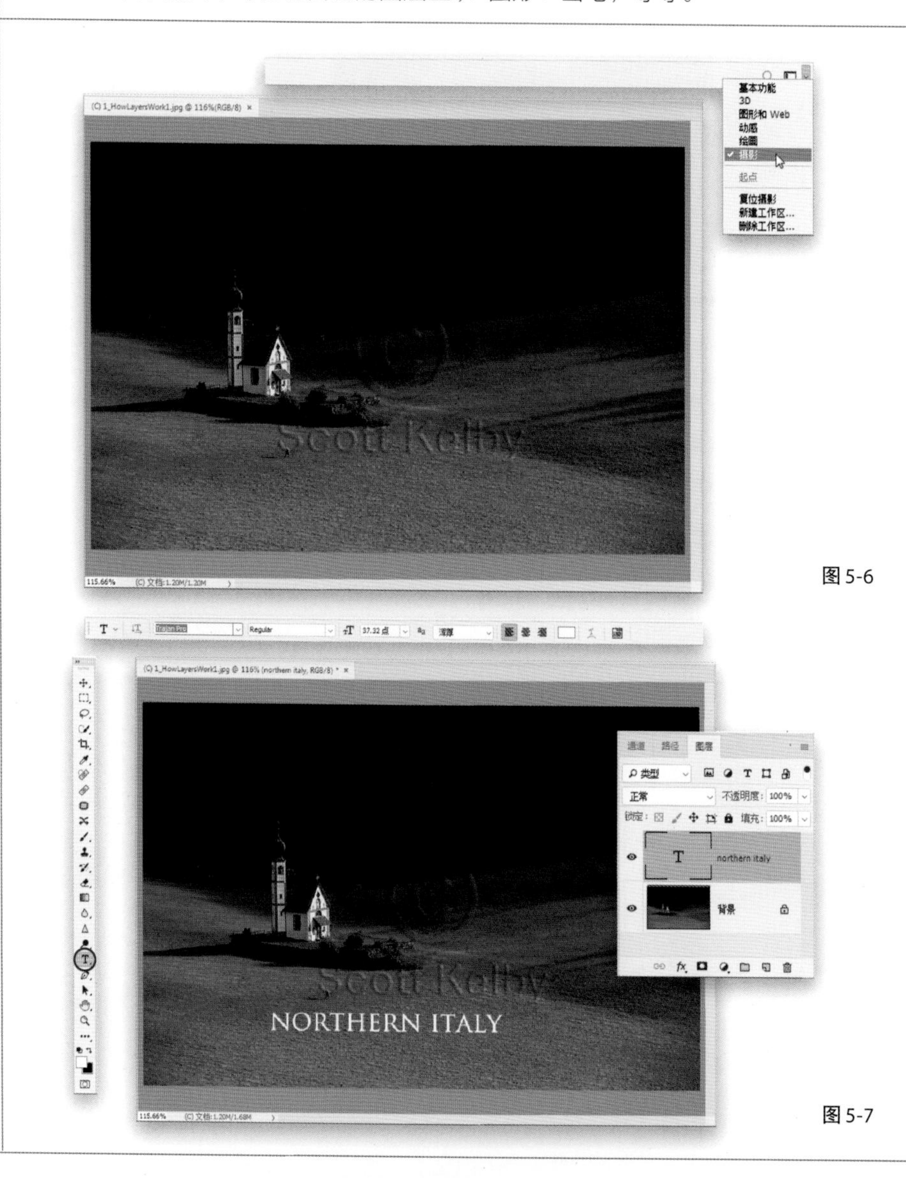

图5-6

图5-7

图 5-8

第 3 步

再来看看图层面板。注意到文本图层出现在背景图层上了吗？图层堆栈按从下到上的顺序排列，底部的照片是背景图层，顶部的是文本图层，如果我们添加更多的图层，这些图层会继续添加到现有图层的上方，从下往上堆栈。顺便提一下，文本图层的缩览图自动显示为“T”，这样你就能立刻认出它们。由于这个新建的文本图层是浮动的，我们可以使用工具栏顶部的移动工具（只需单击选择它即可将其激活）将它移动到任何地方。现在，在照片中单击并四处拖动你的文本，这样你就可以看到它是如何浮动于背景之上的 。当你完成文本输入后，将其拖动到如**图 5-8** 所示的位置。

图 5-9

第 4 步

我们来添加另一个文本图层，因此再次选择横排文字工具。这里我添加了文本“photography by scott kelby”（全部小写），然后我将字体更改为Minion Pro Italic（你可以选择自己喜欢的字体）。接着我切换到移动工具，并将新的文本图层拖曳到标题文字的右下侧。那么，你该如何删除图层呢？首先，在图层面板中单击你想要删除的图层（将其激活），然后只需按Backspace（Mac：Delete）键即可删除图层（也可以单击图层并将其向下拖动到图层面板底部的垃圾箱图标上）。此外，如果图层面板中有多个图层，而你想查看更多图层，请将鼠标光标移动到面板底部，将出现一个双向箭头（如**图 5-9** 中红圈所示）。单击并向下拖动即可展开面板，这样你就能查看到更多图层。一旦更多图层堆栈起来，面板的右侧会出现一个滚动条，这样你就可以滚动浏览这些图层来查看它们。

5.3 如何调整图层上物体的大小

当你在图层上添加一些东西时，无论是另一张照片，还是文字，还是别的东西——你会想知道如何调整它的大小（因为从一开始这些东西的大小就似乎不合适）。幸运地是，Photoshop使这一切变得非常简单，你能做的远不止调整大小——你还可以旋转照片、给照片添加透视关系、使照片倾斜，等等。本节将介绍如何操作。

第1步

我们使用一个名叫“自由变换”的功能来调整图层上物体的大小。要使用自由变换，请先单击要变换的图层（这里，我单击“northern italy”文本图层），然后按快捷键Ctrl-T（Mac：Command-T）。此时会在文本周围出现一个边框。要调整此图层的大小，只需单击其中一个角点并向内拖动使其变小或向外拖动使其变大。当调整到你想要的大小后，只需在方框外的任意位置单击[或者按Enter（Mac：Return）键]即可确认你的变换（你也可以单击选项栏的√按钮）。如果你再确认修改前改变主意了，只需按Esc键取消即可。

图5-10

第2步

要查看使用自由变换可以执行的所有操作，请在按快捷键Ctrl-T（Mac：Command-T）之后用鼠标右键单击文本框内部，在弹出的下拉列表中会显示你对这个图层能执行的所有操作。因为这是一个文本图层，所以下拉列表中有些选项显示为灰色的。如**图5-11**所示，我首先选择缩放，接着单击并向外拖动角点，使文本变大一些。然后，我再次单击鼠标右键并选择下拉列表中的斜切。现在你可以使用中间的控制点了，我单击上面的一个控制点并稍稍向右拖动，使文本看起来有点倾斜。

图5-11

第3步

到目前为止，一切都还不错。现在来为我们的案例添加另一张照片。回到Lightroom中，单击另一张照片，然后按快捷键Ctrl-E（Mac：Command-E）跳转到Photoshop。当照片在Photoshop中打开后，我们想将它复制粘贴到当前的案例照片上（northern italy案例）。要实现该操作，我们首先必须选择照片，不妨按快捷键Ctrl-A（Mac：Command-A），照片周围会出现一个选区（如**图**5-12所示），然后按快捷键Ctrl-C（Mac：Command-C）复制照片。单击原始照片（每张照片的选项卡都会显示在顶部，如果你将系统偏好设置为默认，就像我在该案例所做的一样，只需单击照片对应的选项卡即可），然后按快捷键Ctrl-V（Mac：Command-V）将该照片粘贴到northern italy文档中。当你粘贴一张照片时，它会自动出现在一个单独的图层上，而且可能因为尺寸较大而覆盖掉你的整张原始照片（如**图**5-12所示）。这仅仅是因为，我们粘贴的照片（使用高像素的相机拍摄的照片）比背景图层上的照片尺寸大。不过，这里还有个简单的解决办法：按快捷键Ctrl-T（Mac：Command-T）打开自由变换工具，我们将缩小照片的比例。

图5-12

第4步

如果查看上一步的照片，你会看到当我在新图层上选择自由变换时，只有一个角点可见。这里有一个如何凑齐4个角点的技巧：按快捷键Ctrl-0（**数字**0；Mac：Command-0）即可马上调整窗口的大小（缩小照片范围），这样你就可以看见所有的角点了。

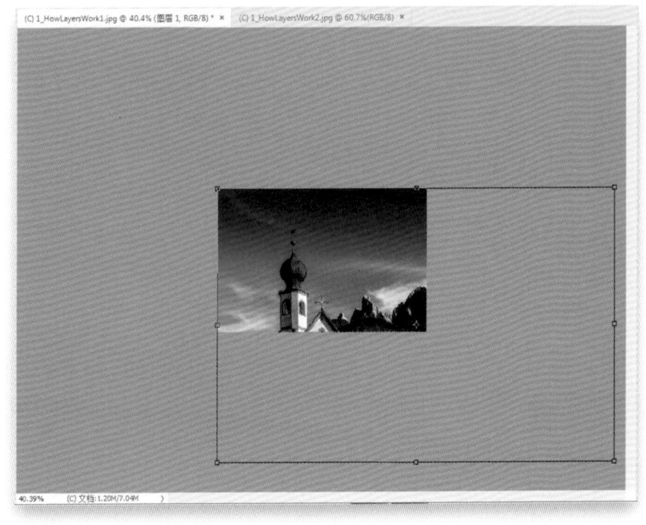

图5-13

第5步

既然现在你可以看到全部的4个角点，单击其中一个并向内拖动以缩小照片，再将照片移动到右侧文本的下方（如图5-14所示）。你只需将鼠标光标移动到选框内单击并拖动即可在调整照片大小时移动照片的位置，而不用提交照片大小修改后再移动照片。当照片调整到你想要的大小和位置后，只需在选框外的任意位置单击确认修改即可。现在，我们来查看图层面板中的图层堆栈（就是堆积在背景层上的图层）。在底部，背景图层是我们从Lightroom中打开的第一张照片；其上方的是northern italy文本图层（幸亏文本图层是默认由其开头的几个字母命名，很好区分）；往上是photography by scott kelby图层；最后是新建的小照片图层。如果你选择移动工具（V）将小图向上拖动一点，它会盖住文本“photography by scott kelby”，如果再向上拖动一点会，它会盖住“NORTHERN LTALY”文本的一部分。这是因为该图层位于堆栈的最上方。试着自己操作一下，你就会知道我说的是什么意思了。然后，在图层面板中单击拖动photography by scott kelby图层到小图像图层上方，文本便会显示在小图像上。没错——你可以通过单击并向上、向下拖动来改变图层堆栈的顺序。

第6步

将文本图层拖动回原来的位置，然后将小图像图层也移动到原来的位置（通过单击该图层确保其处于激活状态）。现在我们要为小图像图层添加一个投影效果。这样的效果我们称为“图层样式”，这些效果可以应用于图层上的任何内容（因此，如果你使用了红色画笔在图层上绘制，它也会有自己的投影）。单击图层面板底部的添加图层样式图标（fx），从弹出的效果下拉列表中选择投影。

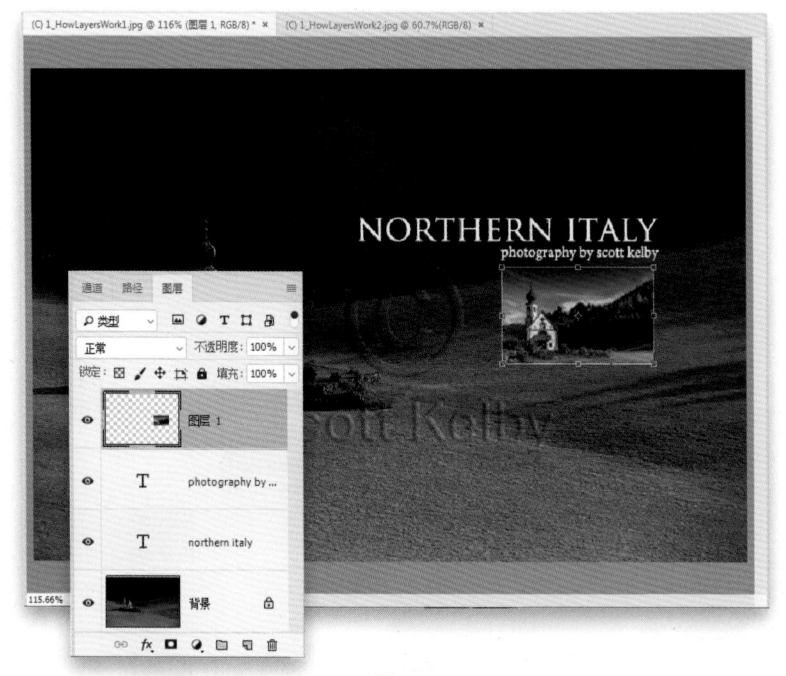

图5-14

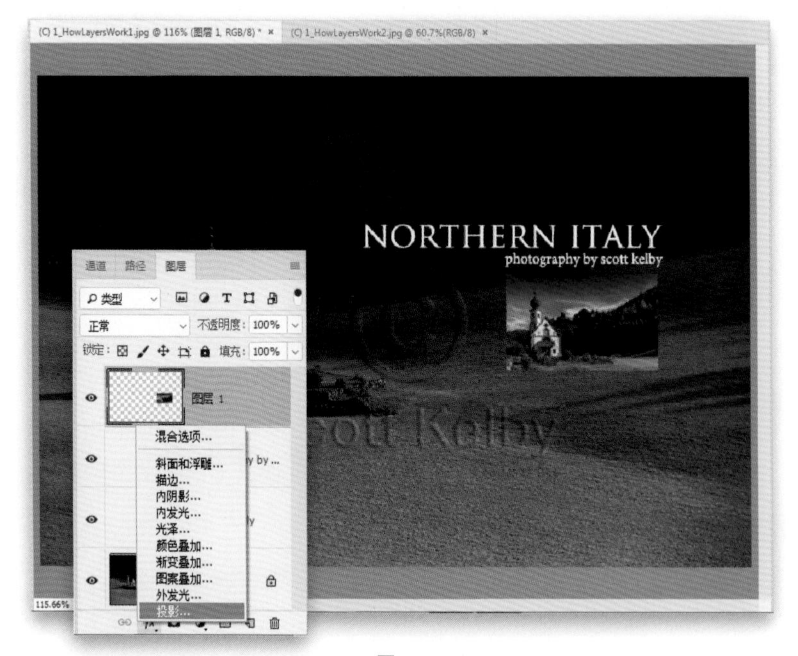

图5-15

图 5-16

第 7 步

在弹出的图层样式对话框中的投影选项卡中，使用不透明度滑块调整阴影的显示的明暗。你还可以改变阴影的角度和距离，但是这里有个小窍门：将鼠标光标移动到对话框外的图片上，单击阴影并将其拖动到你想要的位置——这比调整对话框里的角度和距离参数更容易一些。大小滑块决定阴影的柔和程度——向左拖动会得到一个非常生硬、粗糙的阴影；向右拖动会得到一个非常柔和的阴影，正如你在这里看到的一样。现在不要单击确定按钮，因为我们还要在小图周围添加一个描边使其从背景图像中凸显出来。在左侧的样式选项下，单击描边，将大小调整为 3 像素，单击拾色器选择白色，并将位置设置为内部，这样描边就会出现在图像的边缘内。现在单击确定按钮应用阴影和描边调整。

图 5-17

第 8 步

在这个基础案例中，你可能还会想要了解如何隐藏图层。在图层面板中，单击图层缩览图左侧眼睛图示，则该图层会被隐藏起来。试着隐藏小图像图层（单击它的眼睛图示），然后再试着隐藏 photography by scott kelby 图层（如图 5-17 所示）。注意到图层面板中的投影和描边效果旁边也有“眼睛“吗？使小图像图层再次可见（单击原来位置的眼睛图示），然后隐藏描边效果，然后单击眼睛图示隐藏阴影效果。好吧，这些就是基础内容，但重要的是你要“升级”，为了这本书余下的部分能为你所用。

5.4 空白图层和不透明度的使用

除了在原始图像上以图层形式添加另一张照片，或者创建一个文本图层（就像我们上一个案例中所做的一样），你偶尔可能需要使用一个填充了颜色的色块来创建背景屏幕，或者使用画笔在图层上绘制，或者添加一个图标或图形，或者执行你想对一个空白图层做的上百件事中的一件。本节将介绍如何创建一个新的空白图层并将其填充上颜色，以及如何调整图层的不透明度。

第1步

在Lightroom中，按快捷键Ctrl-E（Mac：Command-E）将你想编辑的照片在Photoshop中打开，该照片即以背景图层出现。我们先在照片上添加一些文本，因此从工具栏选择横排文字工具（T）。首先，通过快捷键D将你的前景色设为黑色，然后按快捷键X切换为白色。单击你的照片开始输入文字，在上方的选项栏中选择你需要的字体和字号。等你完成文本输入，便可以使用移动工具将文本拖动到你想要看到的位置。

图5-18

第2步

让我们在“NORWAY”标题下创建一行新的文本。再次选择横排文字工具，单击照片上的任意位置，然后输入“Land of the Midnight Sun”。再次使用移动工具单击并拖动照片中的文本图层到“NORWAY”文字下方，就像我在这步所做的一样。我们既然已经添加了第二个文本图层，那么这里有个问题：“Land of the Midnight Sun”文本的背景区域太亮了，很难看清文本。因此，在下一步中，我们会在背景添加一些东西，使文字更容易看清楚。

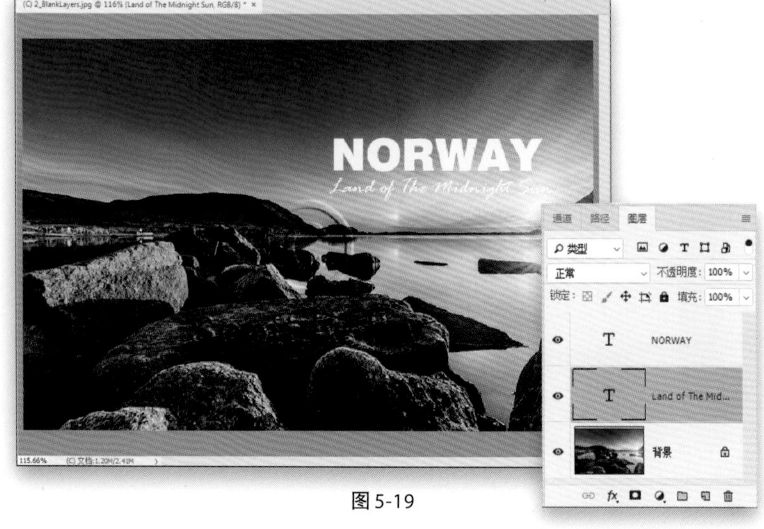

图5-19

图 5-20

图 5-21

第3步

我们将在文本后面放置一个黑色色块，这样更容易阅读，而且我们会将它创建在一个新的空白图层上。要创建一个新的空白图层，需单击图层面板底部的创建新图层按钮（右数第2个），现在，从工具栏中选择矩形选框工具（M），然后单击并拖曳出一个长方形选区（如图5-20所示）。你会看到一个活动的选框出现在那片区域周围。按快捷键D将前景色设为黑色，然后按快捷键Alt-Backspace（Mac：Option-Delete）用黑色填充该选区。现在按快捷键Ctrl-D（Mac：Command-D）取消选择。这个黑色色块覆盖住了我们的Land of the Midnight Sun图层（因为新图层是在到活动图层之上），因此我们还需在图层面板中单击并将黑色色块图层拖动到文本图层下方，现在它就出现在你的文本后面了。

第4步

让我们快速查看一下图层面板。我们将图像放在背景图层上（在图层堆栈的底部），然后将黑色色块图层置于顶部，下面紧接着是两个文本图层。现在，如果你查看第3步中的照片，你会看到纯黑色的色块覆盖住了它后面的部分图像。这是因为它是一个实体对象，实体对象会覆盖图层面板中位于其下方的内容。然而，你可以改变这些图层的不透明度（除了背景图层）。因此，如果你想要你的纯色对象（这里的黑色色块）变得有一点透明，甚至是非常透明，你可以将该图层的不透明度稍稍降低一点。当黑色色块仍处于激活状态时，在图层面板右上方找到不透明度字段（显示为100%），单击右侧朝下的小箭头，不透明度滑块就出现了。将滑块拖动到40%（如图5-21所示），现在你就可以透过黑色色块看清楚位于背景图层的照片了。

第5步

这样看起来好多了，但是色块的尺寸可能比我们需要的偏大一些。要看清字号较大的“NORWAY”文本很容易，因此我们只需将黑色透明色块放在Land of the Midnight Sun图层后面。这给了我们再一次使用自由变换的机会（我们在之前的案例中接触过这项功能）。在图层面板中，确保你的黑色色块图层仍处于激活状态（如果你不太确定，只需单击它即可——该图层便会高亮显示），然后按快捷键Ctrl-T（Mac：Command-T）在黑色色块周围弹出一个边框。要缩小它的尺寸，可以单击边框的顶部中心点并向下拖动，直到色块只比“Land of the Midnight Sun”文本稍高一点。然后单击边框的底部中心点并向上拖动，直到色块位于第二个文本图层的后面（如**图5-22**所示）。当你觉得效果看起来不错时，只需单击边框外的任意一处即可锁定变换，你也可以按快捷键Enter（Mac：Return），或者单击选项栏上的√图标。按快捷键Esc可以取消变换。

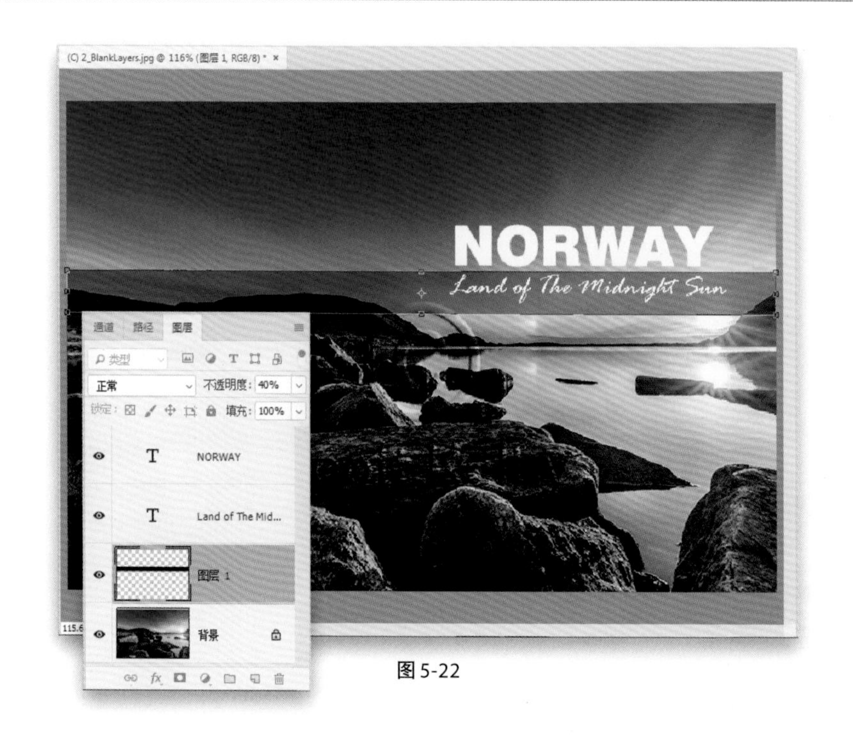

图5-22

第6步

我并不喜欢这样的黑色背景，让我们将它的颜色由黑色改为白色吧。既然我们已经将前景色设置为了黑色，那么现在需要你做的就是按快捷键X将它设置为白色。尽管在黑色色块周围没有选区，但我们仍然可以通过使用一个特别的键盘快捷键Alt-Shift-Backspace（Mac：Option-Shift-Delete）用白色填充该黑色色块。这项操作用你的前景色填充了处于激活状态的图层上的所有内容。在我们的案例中，是用白色填充它（如**图5-23**所示）。文本仍然有点难以阅读，但是我们可以快速进行调整。

图5-23

图 5-24

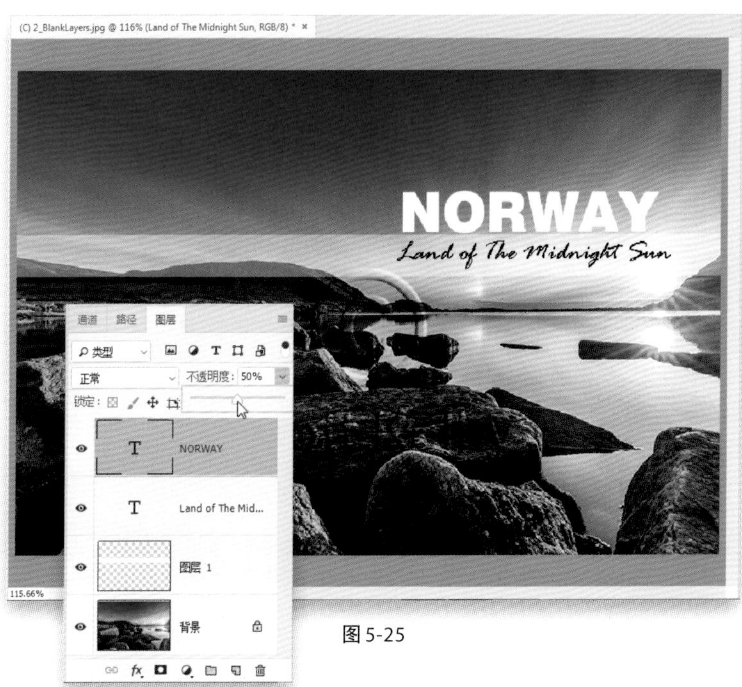

图 5-25

第7步

我们要做的调整就是将第二行文本的颜色改为黑色。再次按快捷键D将前景色设为黑色，然后我们将使用你刚学到的键盘快捷键——就是那个用前景色填充整个图层的快捷键。但是，你得先告诉Photoshop你想在哪个图层上进行操作，因此在图层面板中，单击Land of the Midnight Sun图层，然后按快捷键Alt-Shift-Backspace（Mac：Option-Shift-Delete）用黑色填充该文本图层（如图5-24所示）。

提示：隐藏占位符文本

如果你不希望在单击横排文本工具时出现占位符，只需在Photoshop的编辑菜单下选择首选项，在弹出的对话框中，单击左侧的文字，然后在文字选项卡中取消勾选用占位符文本填充新图层复选框。

第8步

最后，不仅是空白图层需要调整不透明度——所有图层都需要（当然除了背景图层，因为它下面什么也看不到）。因此，我们通过将图层的不透明度调整为60%，使我们的文字看起来不那么突兀，然后在图层面板中，单击NORWAY图层，将它的不透明度数值降低为50%（如图5-25所示）。你可能在Photoshop中不常使用图层不透明度设置，所以我想要确保你知道它是什么，如何使用它，以及我们使用空白图层有什么用。这是一个预先知道了会非常实用的小技巧。

5.5 使用Photoshop的工具栏

你会在屏幕左侧的垂直工具栏中找到Photoshop的所有工具。虽然工具栏中有很多工具（与Lightroom的6个工具相比），但不要担心，因为有很多工具我们都用不到。另外，一旦你看到Photoshop是如何使用工具的，你就会意识到它比看起来要容易得多。本节将介绍关于Photoshop工具栏最重要的信息。

工具栏

你对使用工具可能非常熟悉，因为在Lightroom的修改照片模块中有一行水平的工具箱，就在直方图正下方（如**图5-27**所示）。当然，它只有6个工具，而Photoshop中有71个（别担心，你不必学习所有的工具。作为摄影师，我们事实上只使用了其中很少一部分工具）。Photoshop的工具栏是垂直的（如**图5-26**左图所示），而且沿屏幕左侧边缘排开（如果你想把它放在其他地方，你可以单击并按住它上面的小标签，把它从边缘拖下来，让它变成一个浮动的工作栏，把它放在任何你想放的地方）。

使用其他工具

你在Photoshop工具栏中使用的工具只是Adobe猜想你可能会经常使用的一部分。但是，如果你在工具按钮的右下角看见了一个小三角形，这意味着还有其他工具嵌套（隐藏）在该工具下。单击并按住这些工具中的其中一个，会弹出一个小的下拉列表，里面展示了其他工具（嵌套的工具）。例如，单击并按住快速选择工具，和它相对应的魔棒工具会出现在弹出的下拉列表中。

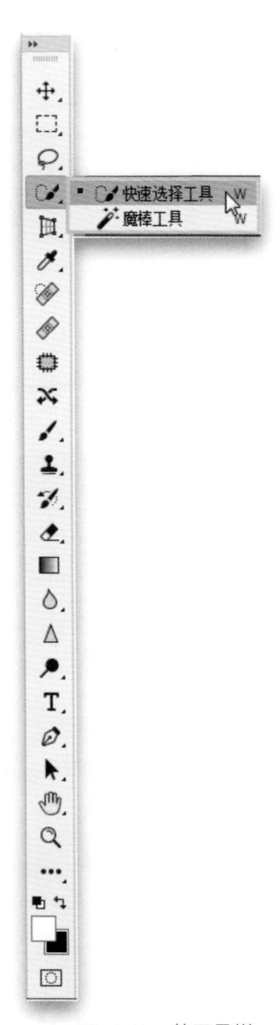

Photoshop的工具栏

图5-26

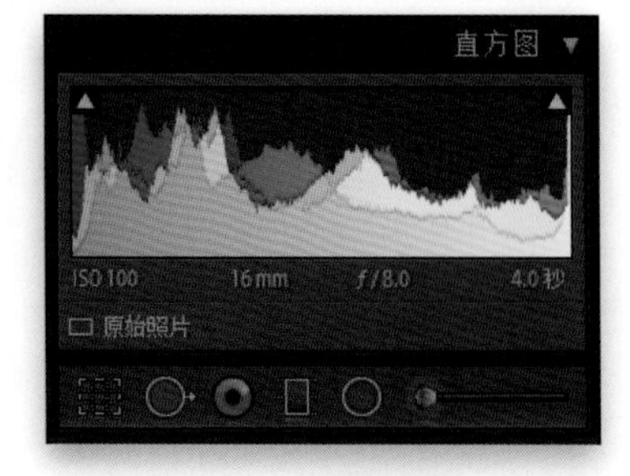

Lightroom的工具栏

图5-27

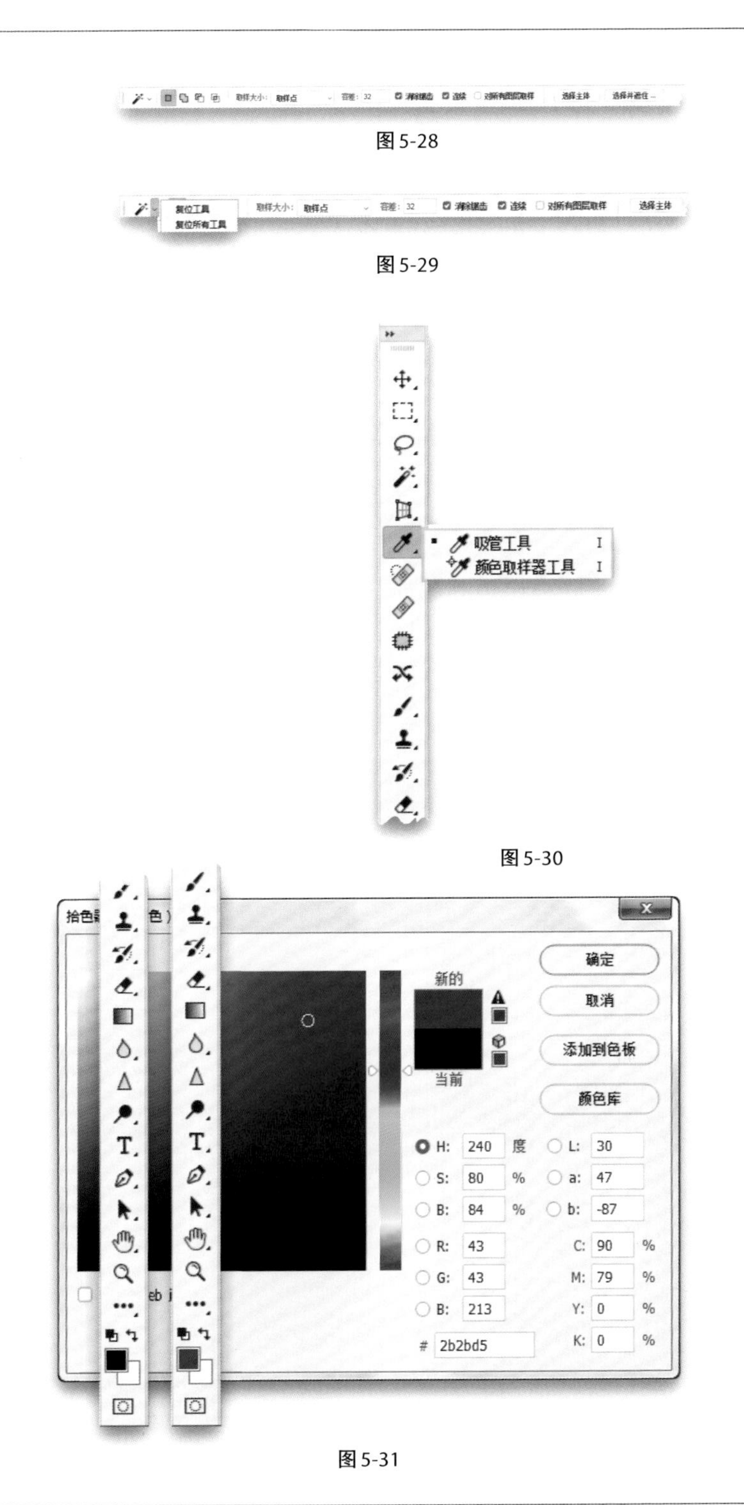

图 5-28

图 5-29

图 5-30

图 5-31

大多数工具都有选择项

当你单击一个工具，它的所有功能和控件都会出现在屏幕顶部的选项栏中（如**图 5-28**所示是魔棒工具的一些选择项）。要将这些选项恢复成默认设置，你可以在选项栏的左侧用鼠标右键单击工具按钮，然后从弹出的下拉列表中选择复位工具。

键盘快捷键

大多数工具都被分配有键盘快捷键。这些快捷键有些是比较明显的，比如你可以按快捷键L获得套索工具，或者按快捷键B获得画笔工具；但还有些是不太明显的，如按快捷键V你将会得到移动工具。这种配有快捷键的方式很好，但问题是，Photoshop中有71个工具，单字母表中却只有26个字母。因此，嵌套工具必须共享快捷键。例如，按字母I键将获得吸管工具，但还有其他两个吸管工具，再加上其他一些工具，都嵌套在吸管工具下，它们都共享相同的快捷键。如果要在任意嵌套工具之间切换，只需添加Shift键。例如，每次按快捷键Shift-L时，都会将下一个嵌套工具作为激活工具带到前面。

前景色和背景色

工具栏底部有两大色样：顶部是前景色，底部是背景色。如果你使用画笔进行绘制，前景色取样器将向你显示要绘制的颜色（如**图 5-31**左侧的工具栏中，我们当前的前景色是黑色的）。背景色取样器可以与其他工具一起使用，如渐变工具（如**图 5-31**，这里是白色的）。要更改颜色，请单击取样器以打开Photoshop拾色器。单击中间的渐变条来选择你需要的颜色，然后单击左边的大方块选择颜色的鲜艳度。要将色样重置为其默认值（黑色/白色），请按字母键D。要交换前景色和背景色，请按字母键X。

5.6 浏览 Photoshop 界面

与Lightroom不同，默认情况下，Photoshop的面板都在屏幕的右侧（左侧没有面板，只有工具栏）。但是，与Lightroom不同的是，Photoshop的26个面板大多数都隐藏在视图中（你可以通过窗口菜单找到它们）。同样，就像使用这些工具一样，实际上只有少数摄影师在使用。此外，对于Lightroom用户来说，一些查看和浏览图像的快捷方式也非常熟悉。

隐藏面板

要隐藏所有面板（包括左侧的工具栏和顶部的选项栏），请按Tab键，你将得到如**图5-32**所示的视野——只有你的图像——没有面板或工具栏。如果你只想隐藏面板，并且保持工具栏和选项栏仍然可见，请按快捷键Shift-Tab。

提示：Photoshop的导航器面板

如果你喜欢Lightroom的导航器面板，在Photoshop中也有一个。在窗口菜单下选择导航器。使用缩览图下面的滑块放大或缩小图像（向右拖动滑块可放大；向左拖动滑块可缩小）。放大图像后，你可以单击红色矩形并将其拖动到想要缩放焦点所在的位置。

放大/缩小

你可以使用与Lightroom中相同的键盘快捷键在Photoshop中放大/缩小图像：Ctrl-+（**加号**；Mac：Command-+）放大，Ctrl--（**减号**；Mac：Command--）缩小。要使你的图像在屏幕上尽可能大，可以双击工具栏的抓手工具（它的图标是一只手）。要跳转到100%（1:1）视图，请双击缩放工具（其图标是一个放大镜）。若要放大到特定区域，请双击缩放工具（Z），然后在你想要放大的区域单击并拖动。最后，当你放大图像后，你可以使用图像窗口右侧和底部的滚动条来移动，但按住键盘上的**空格**键就更容易了，它会暂时切换到抓手工具，这样你就可以单击并拖动图像了。

图5-32

图5-33

全面板视图

图 5-34

双击面板选项卡
折叠面板

图 5-35

单击右上角的箭头隐藏 / 展开面板

图 5-36

单击并拖动选项卡以重新排序嵌套面板

图 5-37

若要关闭面板，请单击并将其选项卡从组中拖出来，然后单击左上角的 X 按钮

图 5-38

图 5-39

折叠面板

为了给自己留更多的空间查看图像，你有3种方式来查看面板：（1）常规的全面板视图；（2）直接双击选项卡，它会向下折叠以显示其名称（这里，我折叠了图层和调整面板，以及与它们嵌套的所有其他面板）；（3）要将所有面板折叠到右侧，只显示它们的图标，请单击面板右上角的两个指向右侧的小箭头。要再次看到任何面板（连同嵌套的面板）的完整大小，请单击其图标。要再次查看所有面板，请单击面板组右上角的两个指向左侧的小箭头。

重新排序和关闭面板

要想改变嵌套面板的顺序，只需单击并拖动面板选项卡到你想放的位置（如**图5-37**所示，我将历史记录面板从第四的位置拖动到第二的位置）。要想将面板从一个组移动到另一个组，只需单击并拖动其选项卡到另一组的选项卡上。如果你想要完全关闭某个面板并将其从组中删除，请单击并将该面板从组中拖出来，然后将其释放到图像区域上。现在，单击面板左上角的X按钮关闭它即可。

打开&添加更多面板

所有Photoshop的面板都可以在窗口菜单下找到，从中选择你想要打开的任意一个面板，它就会浮现在图像区域上。要想将其添加到一个面板组，单击并拖动它的选项卡到你想要其出现在组中的位置（如**图5-39**所示，我正在将字体面板添加到组中）。整个嵌套面板组的四周会出现一圈蓝色的高光（如**图5-39**所示），让你知道你已经瞄准了该组。释放选项卡，面板则会添加到该组。相反，如果你看到一个蓝色的细水平条，这意味着你正在创建一个水平排列的新面板组。如果在拖动面板时看到一个蓝色的垂直条，则会创建一列新的面板。

5.7 旋转、翻转及其他重要的操作

在本节之前你已经了解到，我们使用自由变换功能来调整图层上物体的大小。其实，这个功能就像一把瑞士军刀，因为它可以做得更多。本节将通过一个实战项目，向你介绍除了调整大小外，自由变换功能所能完成的其他一些重要的事情。

第1步

我们将首先打开背景图片。由于这只是一个普通的球场灯光背景，而我想在它的底部添加一个美式足球场，所以我也下载了一个球场图片。要将球场照片放到体育场灯光背景图像上，请先打开它，然后按快捷键Ctrl-A（Mac：Command-A）选中该照片。现在，按快捷键Ctrl-C（Mac：Command-C）将球场照片复制到存储器中。

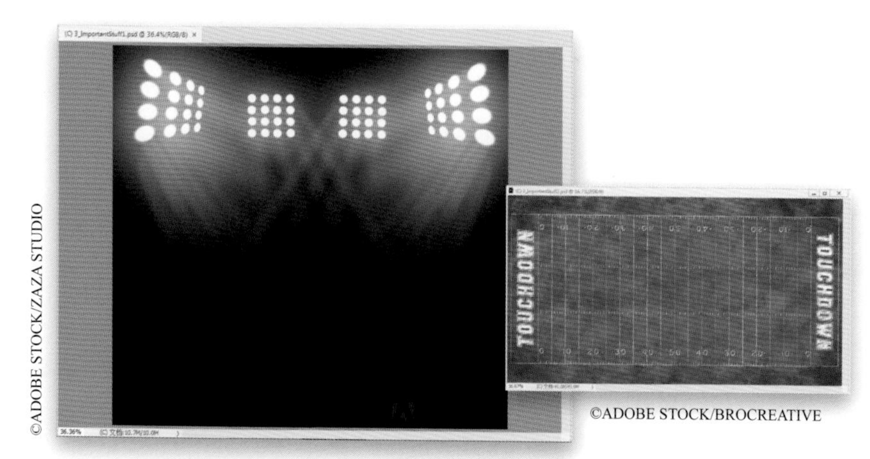

图5-40

第2步

现在切换回体育场灯光背景图像，然后按快捷键Ctrl-V（Mac：Command-V）将刚刚复制的球场图像粘贴到其自己的图层（如图5-41中下面的图层面板所示）。接下来，我们将使用自由变换的透视选项来使球场看起来平坦。按快捷键Ctrl-T（Mac：Command-T）开启自由变换，然后用鼠标右键单击其边框内的任意位置，在弹出的下拉菜单中包含了可以执行的所有变换的列表，请选择透视（如图5-41所示）。

提示：复制图像的另一种方式

返回到球场图像，然后在图层菜单下选择“复制图层”。在弹出的对话框中，从目标文件下拉菜单中选择体育场灯光图像，单击确定按钮，它就会出现在自己单独的图层上。

图5-41

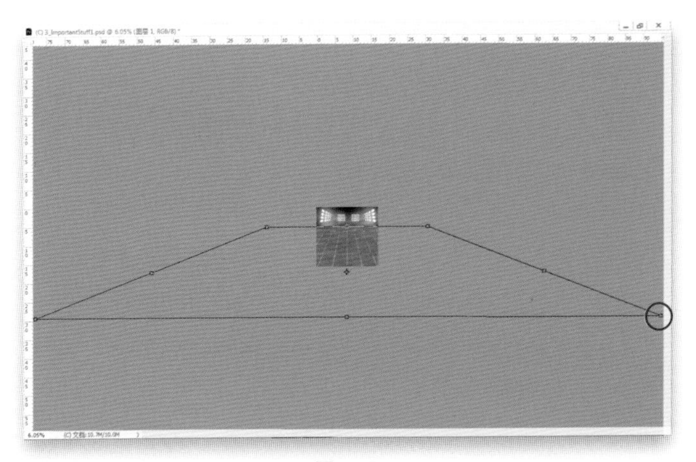

图 5-42

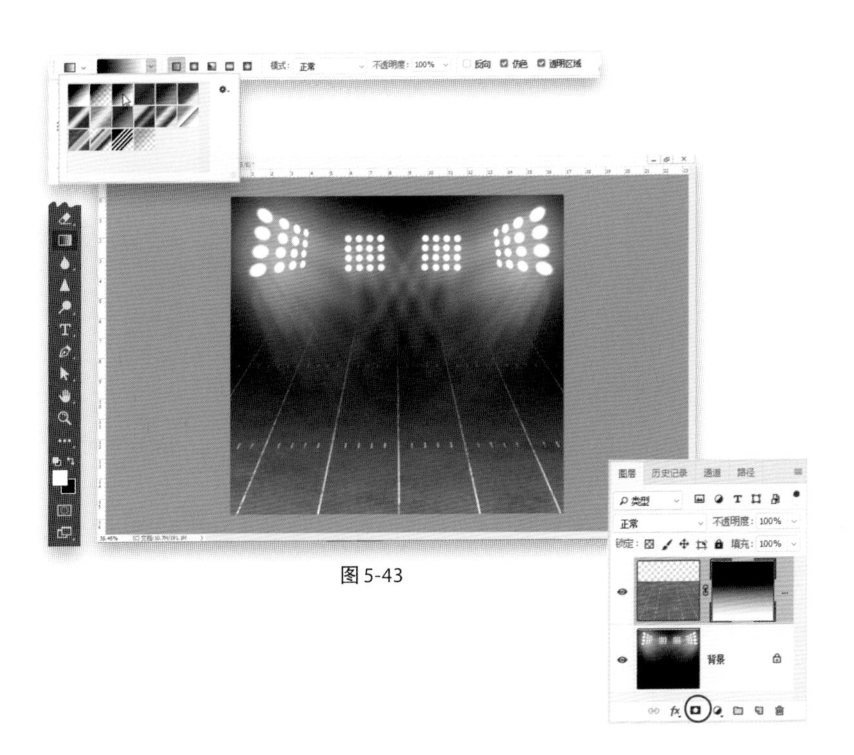

图 5-43

第3步

若要添加透视效果，请单击并将底部角落的一个控制点拖动到右侧（或左侧），然后展开图像的透视效果（如**图5-42**所示）。如果找不到底部角落的控制点，请按快捷键Ctrl-0（**数字零；Mac：**Command-0），文档窗口将自动缩小，这样你就可以找到所有的控制点。当你把它们拖得越来越远的时候（就像我在这里做的那样），你可能要做多次“缩小”的动作，确保图像看起来很扁平（如果有需要，也可以拖动左上角和右上角的控制点）。完成后，单击边框外的任意位置锁定转换。顺便说一下，透视选项有一个键盘快捷键（如果你不想从弹出菜单中选择它）：打开自由变换后，只需按住快捷键Ctrl-Alt（Mac：Command-Option），然后单击并拖动角落的一个控制点。

第4步

现在我们已经添加了透视效果，让我们将球场后面的边缘淡入黑色。我们使用一个图层蒙版来完成这项工作，稍后你将了解更多关于它们的信息，以及为什么要使用它们，但现在，你需要做的是使用一个蒙版来将此球场的后面淡入黑暗。首先，单击图层面板底部的添加图层蒙版图标（左边的第3个图标；它看起来像一个中间有黑色圆圈的矩形）。现在，从工具栏中获取渐变工具（G），然后向上到选项栏，单击渐变缩略图右侧朝下的小箭头，打开渐变选取器，然后单击顶行左数第3个渐变，即黑白渐变。使用渐变工具，在球场的后面单击它（你希望球场为黑色的地方），然后将其拖动到球场的前面，在那里你希望看到纯色的球场。这样就可以了，现在你的球场变黑了。如果你不喜欢它的外观，请按快捷键Ctrl-Z（Mac：Command-Z）撤销，然后再次尝试拖动渐变工具，从稍微不同的位置开始绘制。

第5步

下面，让我们添加我们的标志——由于我已经在另外一个独立的图层打开它了，所以添加这个标志是非常容易的，而且现在你也已经学会了在文件之间复制粘贴图层。因此，打开标志图片，在图层面板单击标志图层（如**图5-44**所示），然后按快捷键Ctrl-C（Mac：Command-C）复制该图层。跳转回你的体育场灯光文件，然后按快捷键Ctrl-V（Mac：Command-V），标志就会出现在它自己的图层上。从工具栏中选择移动工具（V），单击并拖动标志到如**图5-44**所示的位置。

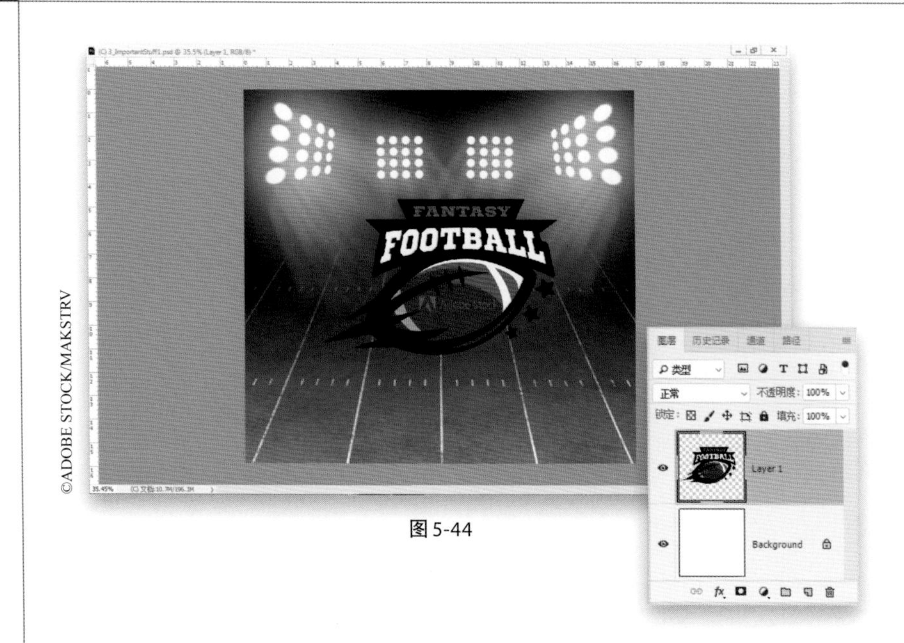

图5-44

第6步

现在，我们要使用自由变换工具为球场上方的标志创建一个投影。首先，我们来复制标志图层，复制图层最快的方法就是使用快捷键Ctrl-J（Mac：Command-J）。现在，按快捷键D将前景色设置为黑色，通过按快捷键Alt-Shift-Backspace（Mac：Option-Shift-Delete）用黑色填充这个标志图层。顺便提一下，在使用快捷键时，如果我们漏掉了Shift键，只用Alt-Backspace（Mac：Option-Delete）键会将整个图层填充为黑色。而按住Shift键只会填充图层上已有的东西——在这个案例中将我们的标志覆盖上黑色。现在，在图层面板中单击这个被黑色填充的标志复制图层，将它拖动到原标志图层下方。按快捷键Ctrl-T（Mac：Command-T）使用自由变换，你会看见控制点出现在被黑色填充的标志周围，单击顶部的控制点并向下垂直拖动将其压扁变短，然后单击选区内部将其拖放到球场上位于标志下方的位置（如**图5-45**所示）。当你完成该操作后，只需单击选区外的任意位置锁定变换即可。

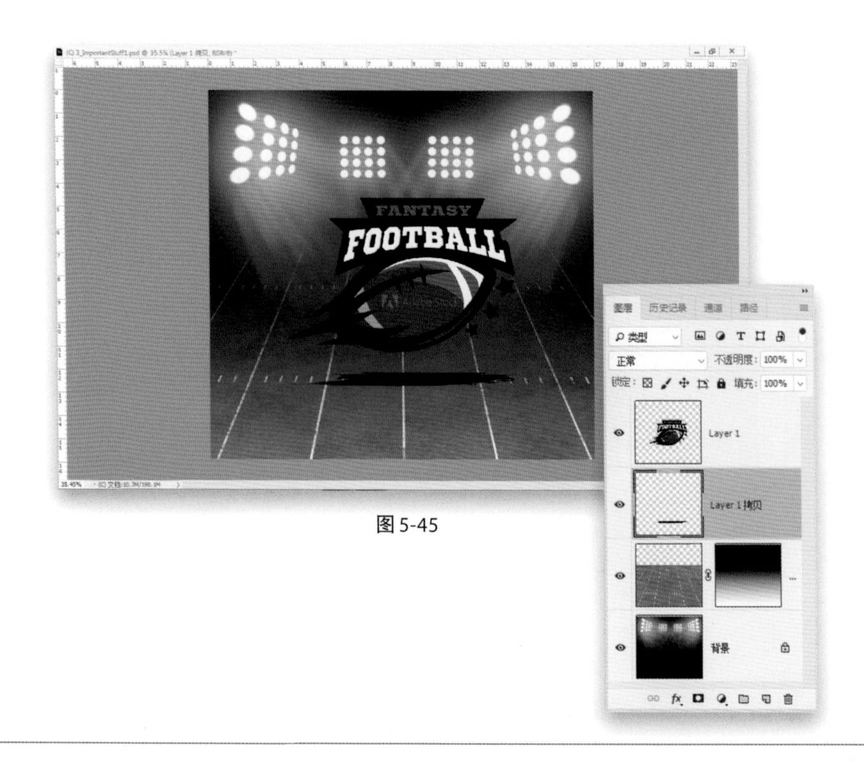

图5-45

图 5-46

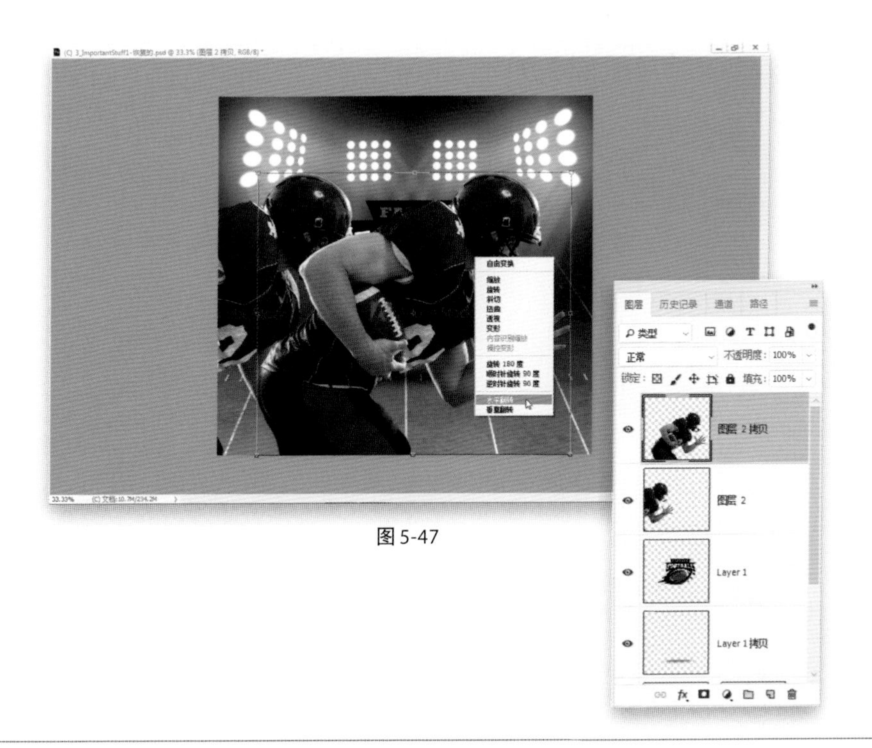

图 5-47

第 7 步

我们现在有一个硬边阴影，但我们想要一个软边的，所以我们将使用一个滤镜来柔和模糊边缘。在滤镜菜单顶部的模糊选项下选择高斯模糊（这是我们用来模糊东西的主要滤镜）。当滤镜对话框出现后，你会看到一个半径滑块。半径越大，物体越模糊，所以选择 24 左右的数值，然后单击确定按钮以柔化阴影。现在，为了让它更真实一点，让我们靠近图层面板的右上角，将投影的不透明度降低到 65% 左右。好的，接下来我们打开一个橄榄球运动员的图片。他也在自己的独立图层上，所以我们可以将他图层复制粘贴到主图像文档中，然后在图层面板中将此图层拖动到图层堆栈的顶部，然后使用自由变换将其缩小到合适的大小。记住，如果你找不到控制点，请按快捷键 Ctrl-0（**数字零；** Mac：Command-0）缩小窗口，以便你能够找到控制点。然后，在选区内单击并将其拖到画面左侧，使运动员的左侧身体延伸出文档（如**图 5-46** 所示），然后只需单击选区外的任意位置锁定调整即可。

第 8 步

接下来，让我们制作一个运动员图层的副本，水平翻转该运动员，然后将这个副本移到另一边。按快捷键 Ctrl-J（Mac：Command-J）复制我们的运动员图层，然后使用移动工具将这个复制图层拖到画面中间，这样就很容易看到同一个运动员的两个不同的图层。现在打开自由变换（你已经知道快捷方式了），用鼠标右键单击选区内的任意位置，然后从弹出的下拉菜单中选择水平翻转（如**图 5-47** 所示）。

第9步

这样做会翻转复制的运动员图像，使它们彼此处于相对的位置，但你必须在选区内单击并将其拖到右侧，使其右侧延伸出屏幕，就像左侧一样。调整好图像的位置后，你会发现透过两个运动员之间的空隙可以看到他们背后的大部分标志，然后单击选区以外的任意位置锁定变换。如果有需要，可以使用**移动工具**，单击标志图层并将其拖动到两个运动员之间的合适位置（这是我在这里必须做的）。

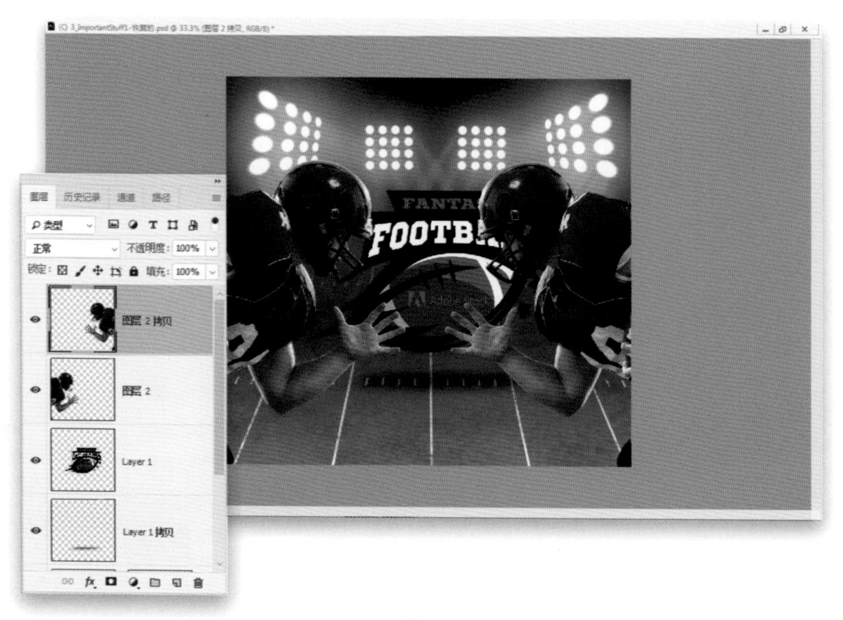

图5-48

第10步

现在我们要将缩小版的梦幻足球标志添加到运动员的头盔上，单击标志图层，按快捷键Ctrl-J（Mac：Command-J）进行复制，然后将复制的图层拖动到图层堆栈的顶部，这样在画面中标志就会显示在运动员前。现在，打开**自由变换**工具，将标志缩小至刚好适合左侧运动员头盔的大小。当尺寸合适后，将鼠标光标移动至选框外，光标会变成一个双向箭头。单击并向上下拖动以将标志旋转到适合头盔的位置（如**图5-49**所示，现在是比较正确的位置），然后锁定变换。

图5-49

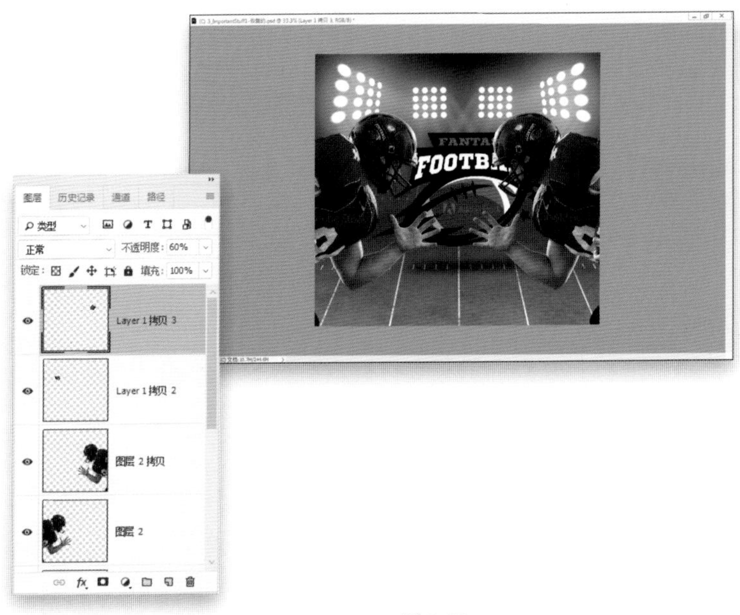

图 5-50

图 5-51

第 11 步

要使标志看起来真的像是头盔上一样，可以稍微降低其图层的不透明度——60% 左右。现在，复制这个小标志图层（你知道快捷键是什么），单击将其拖动到另一个头盔上，使用自由变换稍稍旋转一定的角度。既然你在复制图层之前就降低了不透明度。那接下来，我们将在大标志周围添加一个与体育场灯光中的蓝色调相匹配的光晕，以在某种程度上统一它们的颜色。

第 12 步

在图层面板中，单击大标志图层将其激活，然后在图层面板底部单击添加图层样式图标（fx），选择外发光（这将会对该图层上的任意对象添加光晕）。当弹出图层样式对话框时（见**图 5-51**），单击颜色样本打开拾色器，我们将取用文档中已有的颜色。当拾色器在屏幕上打开时，将光标移到图像上，单击灯发出的蓝色光，这就是你的光晕的颜色。为了增加光晕的大小，向右拖动大小滑块，如果你的光晕看不太清楚，也可以向右拖动不透明度滑块。当你觉得不错的时候，单击确定按钮。最后，使用移动工具稍微向上拖动画面中的标志，这样运动员就不会将标志挡住太多（如**图 5-51** 所示），至此你的案例就完成了。注意：最后，我不喜欢运动员在两张照片中的颜色一模一样，因此我下载了同一个运动员但姿势不同的另一张照片（我必须水平翻转该图像）。而且，如果你在这个案例上做了一点努力，那不要担心——这是虽然是一个更高级的操作，但它会让你更熟悉自由变换工具的使用，这样你在使用图层和调整不透明度的方面就有了良好的基础，这些都是需要提前知道的好东西。

5.8 基本选框工具（如何只调整你的部分图像）

Lightroom修改照片模式下的所有滑块几乎都能影响到整个图像。因此，如果你只想调整图像的局部，你可以使用调整画笔绘制该区域，你也可以在Photoshop中完成这项操作（使用一种不同的方法）。但是，一般来说，如果你只想编辑图像的局部，你可以使用Photoshop的选框工具来告诉它："当我进行调整时，只会影响这个区域。"Photoshop中有一种工具可以用于各种各样的选择，这是正是它如此强大的原因之一。本节将介绍你使用最多的选框工具。

选择矩形选框工具

如果要选择的区域是正方形或长方形，有一个工具可以同时满足：矩形选框工具。选择此工具（是工具栏从上往下数的第二个工具，或者按快捷键M），然后单击并拖出一个矩形用以选择区域（如**图5-52**所示，在岩石上绘制一个矩形选区）。如果想要绘制出一个完美的正方形选区，只需在单击并拖出选区时按住Shift键即可。

图5-52

调整所选区域

现在，如果你对图像进行任何调整，则只会影响矩形选框内的区域。我们可以试试看。有一个可以完全移除颜色的功能——去饱和，继续使用键盘快捷键Ctrl-Shift-U（Mac：Command-Shift-U），你会看到只有选区内的颜色被移除了（如**图5-53**所示）。顺便提一下，你也可以使用选区进行相反的操作——在照片上你不想其受影响的部分拖出一个选区，然后在选择菜单下选择反选。现在，当你移除颜色时，原始选区之外的所有内容的颜色会被去除掉（如**图5-53**所示）。而且，使用快捷键Ctrl-Z（Mac：Command-Z）可以撤销操作，多按几次就可以让图像恢复到去除颜色前的样子。

图5-53

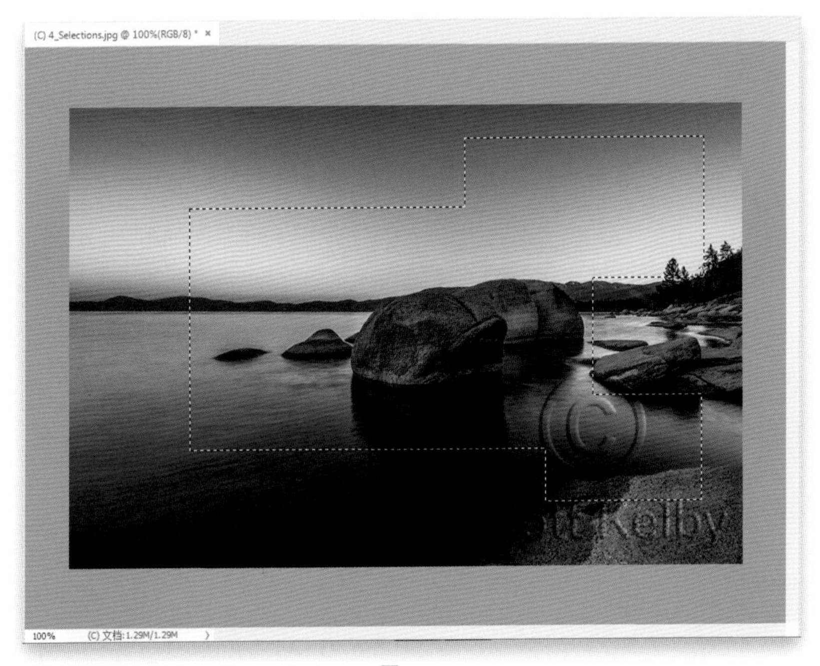

图 5-54

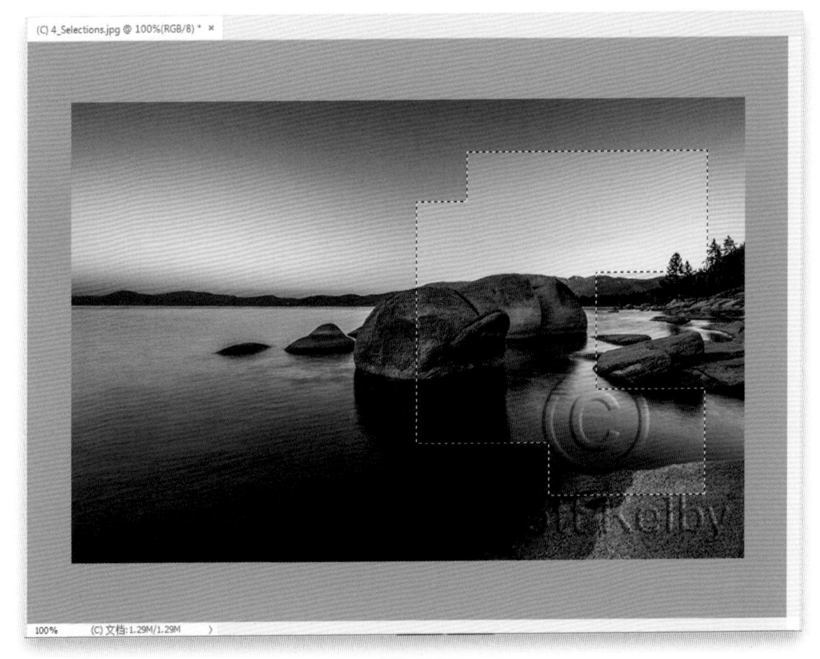

图 5-55

将其他区域添加到选区

如果你已经拖出了一个选区，那么要想再将其他区域添加进该选区，就只需按住 Shift 键再拖出更多矩形。这里我就是这么做的，我在大矩形的右侧拖出两个更小的矩形，现在这两个区域被添加到我原来的矩形选区中（如**图 5-54** 所示）。

从选区中减去

如果不想添加，而是要从选区中减去某片区域，请按住 Alt（Mac：OP-tion）键单击并拖出该区域 [这里我移除了选区左侧的大部分区域——我按住 Alt（Mac：OPtion）键] 并在我想要从中删除的选区左侧区域拖出一个矩形。现在，如果你要去饱和（移除颜色），只会影响那些仍然被选中的区域（如**图 5-55** 所示）。你可以使用这些相同的快捷键（Shift 和 Option）为使用 Photoshop 中选框工具制作的选区执行添加或减去操作。让我们再次使用快捷键 Ctrl-Z（Mac：Command-Z）撤销对选区的颜色移除操作。

制作圆形选区

让我们从长方形/正方形选区跳转到椭圆形/圆形选区。操作方式跟制作矩形选区的相同，你只需使用不同的工具——椭圆选框工具（它嵌套在工具栏中的矩形选框工具下，或者也可以使用快捷键Shift-M）。在图像上单击并拖出椭圆形的选区，按住Shift键的同时单击并拖动可以生成完美的圆形选区（如图5-56所示）。

提示：取消选区和移动选区

如果你想完全删除选区（称为“取消选择”），只需按快捷键Ctrl-D（Mac：Command-D）即可。要移动改变选区位置，请单击选区内部（当你仍然选择选框工具时）并拖动它。要在拖出选区时调整其位置，按住空格键，你就可以在拖出选区时将其移动。最后，如果你想移动选区中的内容（不仅仅是选定区域本身），请切换到移动工具（V）。

创建手绘选区

套索工具（快捷键L；工具栏从上往下数的第3个工具）可以让你绘制出一个任意形状的选区（这里，我在前景处的大岩石周围描绘）。只需单击并按住鼠标进行绘制，就像你使用铅笔或钢笔描边一样。当你回到开始绘制的地方时，释放鼠标按钮，它会连接到你刚开始绘制的地方完成选区。如果你想要选择的物体有直线，但不是它不是正方形或长方形（如停止符号），你可以使用多边形套索工具（它嵌套在套索工具下面；可以按快捷键Shift-L直到你选中它）。这个工具可以使你绘制出一个由直线构成的选区，其工作方式类似于连接点工具：单击要开始的位置点，移动鼠标光标移动到下一个角落并单击，即会在两个点之间绘制一条笔直的选区线，然后继续移动到下一个点。当你回到开始的位置时，单击第一个点创建出选区。

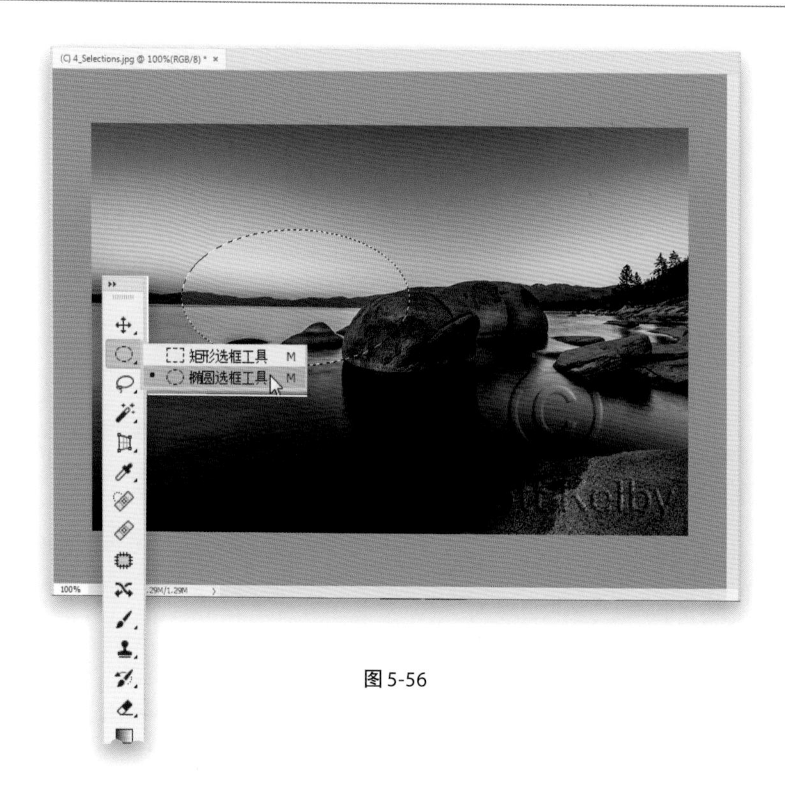

图5-56

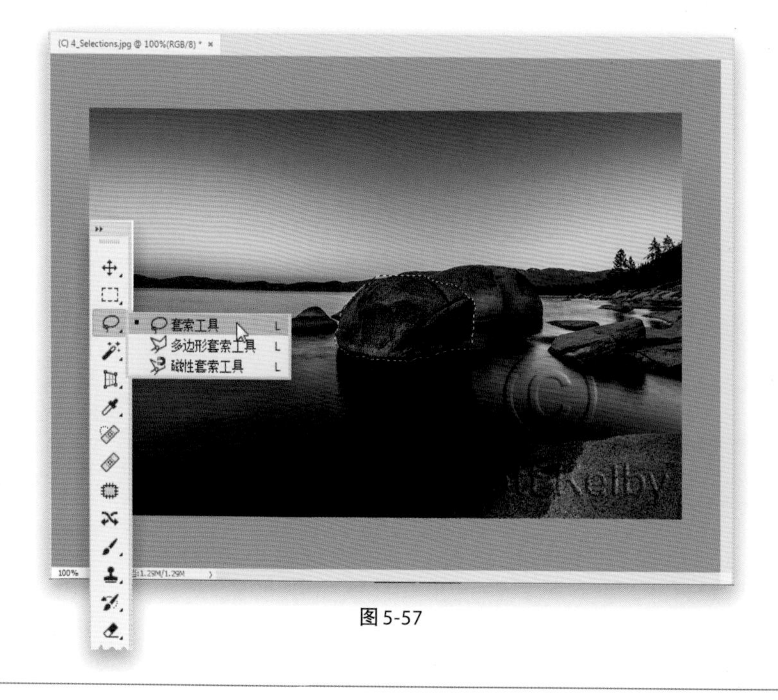

图5-57

图 5-58

图 5-59

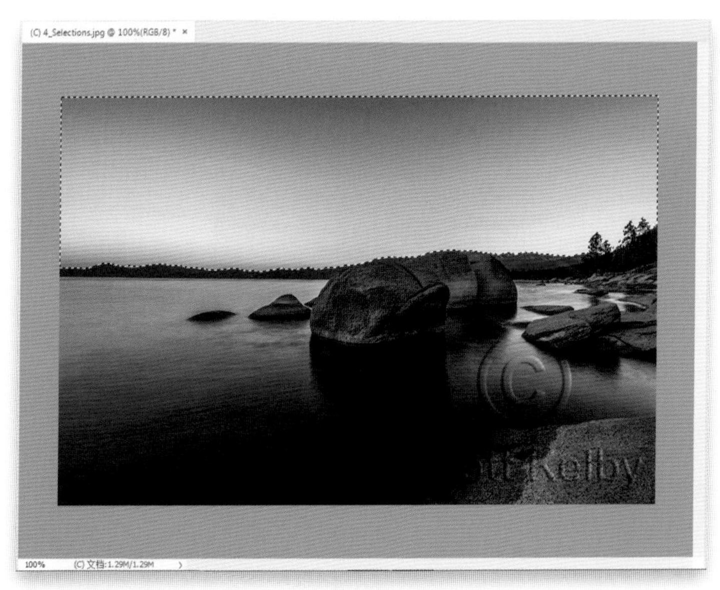

图 5-60

快速选择工具

查如果你要选择一个较大的物体，或者比其更大的物体，可以尝试使用快速选择工具（快捷键W；工具栏从上往下数的第4个工具）来绘制你想要选择的物体（就像我在这里所做的一样，我在岩石上进行绘制），它通过感知边缘的位置进行选取（类似于打开Lightroom中调整画笔的自动蒙版功能）。如果选择得太多，按住Alt（Mac：Option）键在你不希望选择的区域上绘制，这些区域便会在你的选区中被减去（一旦你告诉它把哪里搞砸了，它会处理得很好）。因此，一旦选择了这些岩石，那么我所做的任何更改（调亮、调暗、锐化等）都只会影响这些岩石。

魔棒工具

当在你想选择的区域中有纯色或相似的颜色时，使用此工具非常方便——例如，你想要选择图像中一面黄色的墙，以便可以更改其颜色。魔棒工具只需单击一两次就可以选择整面墙。这里，我们想选择天空，因此使用魔棒工具（它嵌套在快速选择工具下；或者按快捷键Shift-W）单击天空。天空中的部分区域会被选中，但不是全部，因此按住Shift键（以添加到你的选区），然后再次单击未被选中的天空区域——你可能需要多做几次。此外，容差值（位于顶部选项栏中）决定了它能选择多少种颜色——选择的颜色种数越高，包含的颜色也就越多。因此，如果它选择的太多，只需输入一个较小的数字（默认值是32。如果选择的颜色过多，我通常会尝试20，然后10，但是在这种情况下，选择的颜色不够。所以，你可以大幅增加数值，或者按住Shift键并单击未选中的区域，这是我通常会做的）。这里我继续使天空的颜色不饱和——这不是我实际想要做的，但我希望你能清楚地看到我们完全能够选择整片天空。好的，现在你应该掌握基本的选择工具了。

5.9 Camera Raw：就像是图层上的Lightroom

当Adobe研发Lightroom时，他们从Photoshop中获取了Camera Raw插件并将其添加到了Lightroom中（它拥有与之相同的滑块，顺序相同，而且可以执行完全相同的操作）。但是，在Lightroom中，他们称其为修改照片模块。幸运地是，当你需要编辑图像时，不必像在修改照片模块中那样跳转回Lightroom进行编辑，因为你完全可以使用Photoshop中的Camera Raw滤镜。本节将进行介绍。

第1步

在Lightroom中，按快捷键Ctrl-E（Mac：Command-E）打开你想要在Photoshop中编辑的图像。如果你想要添加一个修改照片模块进行编辑，但还没有准备好返回到Lightroom，那么你只需在滤镜菜单下的顶部附近找到Camera Raw滤镜即可（如图5-61所示）。

图5-61

第2步

在弹出的Camera Raw（常简称为ACR）窗口中，如果你看一下窗口右侧，你会发现有与Lightroom修改照片模块中相同名称、相同功能的滑块，所以Camera Raw对你来说应该很熟悉。功能虽然相同，但看起来有些不同：例如，工具栏（包括白平衡吸管工具）位于左上角，而不需要向下滚动到其他面板，而是在右上角附近的一行水平图标中——只需将鼠标光标悬停在每个图标上即可找到你要查找的内容。不管怎样，在这里进行修改照片模块的编辑，然后单击确定按钮，然后立即回到常规的Photoshop界面中，回到你之前离开的地方。非常简单。

图5-62

5.10 介绍图层混合模式

图层混合模式打开了一个全新的效果和图层混合世界，它们使用起来非常简单。基本上，它们决定了一个图层如何与它下面的图层交互。当一个图层设置为默认的“正常”混合模式时，它不会与下方的图层发生交互——它会覆盖其下方图层上的任何内容。然而，如果你将一个图层的混合模式从正常更改为其他模式，它就可以影响到它下面的内容，使其更暗、更亮、对比度更高、更具艺术性、更怪异，所有的效果都取决于你选择哪一种。在这里，我将向你介绍一些最受欢迎的图层混合模式。

图 5-63

图 5-64

第 1 步

当你的背景图像上方有另外一个图层时，当顶部图层的图层混合模式设置为正常时（如**图 5-63** 所示），该图层会覆盖其下方你看不透的任何内容。它不会合并下方的图像，只是简单地覆盖而已。通过改变混合模式，位于顶部的图像可以与其下方的图像合并。在图层面板中，从锁定二字上方的下拉菜单中可以选择混合模式。单击下拉菜单将出现 27 种不同的图层混合模式。其中最受欢迎的有：正片叠底，在与位于下方的图像合并时可以使顶部图像变暗；滤色正好相反，在与位于下方的图像合并时可以使顶部图像变亮；柔光在合并时会增加对比度；叠加混合的对比度更高。

第 2 步

这里，我选择强光混合模式。我觉得它看起来最好。通过按快捷键 Shift-+（加号）可以切换混合模式，也可以将鼠标光标悬停在下拉菜单中的每个混合模式上查看它们的效果。当我“试镜”不同的混合模式时，我只喜欢强光模式的效果。然而，一些我喜欢的模式效果也很不错，包括正片叠底（如**图 5-64** 左图所示）、叠加（如**图 5-64** 右图所示）。有趣的是，如果你将巧克力盒子置于顶部图层，将杯子和豆子放到紧接下来的图层，然后使用图层相同的图层混合模式，你会得到完全不一样的效果。

5.11 图层作弊表格

这是一张包含了10个你经常会用到的图层动作的作弊表格。我想我应该把它们放在同一个地方，以免你以后要参考本章时，把我们刚刚做的所有案例都翻看一遍（我希望你会这么做，但是现在你可以直接跳到这里）。

1. 删除图层

在图层面板中，单击你想要删除的图层，然后按Backspace（Mac：Delete）键，或者单击图层并将其拖动到面板底部的垃圾箱图标上（如图5-65所示）。

2. 突出显示文本图层中的所有文字

在图层面板中，直接双击你想要选择的文本图层的T图标（如图5-66所示），或者使用移动工具（V）双击文本。

3. 创建一个新图层

单击位于图层面板底部的创建新图层图标（垃圾箱图标左侧的矩形图标），如图5-67所示。

4. 尝试不同的图层混合模式看看你喜欢哪个

按快捷键Shift-+（加号）在不同的图层混合模式间进行切换，直到你看到喜欢的模式（如图5-68所示），或者将鼠标光标悬停在混合模式弹出菜单中的每个模式上。

5. 改变图层顺序

在图层面板中上下拖动图层。要将当前图层向上移动一级，请按快捷键

图5-65 图5-66 图5-67 图5-68 图5-69 图5-70

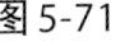

图 5-71

图 5-72

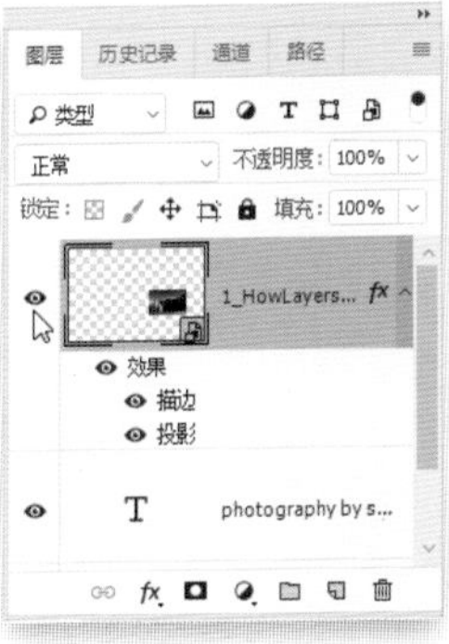

图 5-73

图 5-74

图 5-75

图 5-76

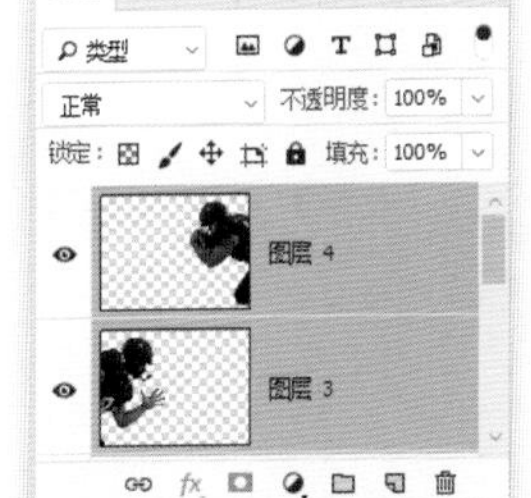

图 5-77

图 5-78

Ctrl-]（Mac：Command-]）。要将当前图层向下移动一级，请按快捷键Ctrl-[（Mac：Command-[）。

6. 将背景图层更改为一个常规图层

在图层面板中，单击背景二字最右侧的锁形图标。

7. 隐藏图层

在你想要隐藏的图层的左侧，单击眼睛图标。再单击一次可以恢复到原来的状态。要查看某个图层并隐藏其他所有图层，请按快捷键Alt（Mac：Option）并单击图层的眼睛图标。其他所有图层将会被隐藏起来，而且将只有那个图层可见。想要将他们恢复原状，只需再次按快捷键Alt（Mac：Option）并单击图层的眼睛图标即可。

8. 重命名图层

在图层面板中，直接双击图层名以将其突出显示，然后输入新的名字，按Enter（Mac：Return）键即可。

9. 复制图层

请按快捷键Ctrl-V（Mac：Command-V）。

10. 选中多个图层

请按住Ctrl（Mac：Command）键，然后单击你想要选择的图层。如果图层是连续的，按住Shift键单击第一个图层，然后单击最后一个图层选中它们。当被选中后，它们现在就会以一个小组来行动。

从Lightroom到Photoshop（再返回）

- 从Lightroom到Photoshop（再返回）
- 选择你要发送到Photoshop的照片

6.1 从 Lightroom 到 Photoshop（再返回）

从 Lightroom 跳转到 Photoshop 这个过程很简单，并且在回到 Lightroom 时，有“在 Photoshop 中编辑”的文件夹也让这件事变得简单。下面就是如何返回。

RAW 格式照片

要把 RAW 格式的图片在 Photoshop 中打开，按 Ctrl-E（Mac：Command-E）组合键。没有对话框，没有任何问题需要回答——它只是立即在 Photoshop 中打开了。你也可以选择缓慢的方式发送图片到 Photoshop 中，在 Lightroom 图片菜单下，找到在应用程序中编辑，选择在 Adobe Photoshop CC 中编辑（如图 6-1 所示）。

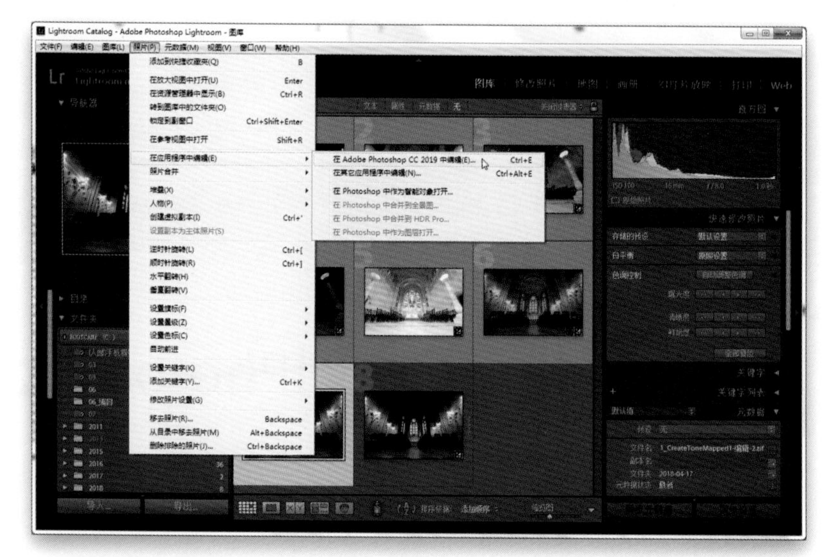

图 6-1

JPEG、TIFF 或 PSD 格式照片

如果你的图像是 JPEG、TIFF 或 PSD 格式，那么它们之间则略有不同。快捷键是同样的[Ctrl-E（Mac：Command-E）]，但会出现一个对话框，请你选择如何发送这个图片。这 3 个选择是：（1）编辑含 Lightroom 调整的副本；（2）编辑副本；（3）编辑原始文件。我只在某种非常特别的情况下选择这个：当我将图片发送到 Photoshop 中后，完好无损地保存文件与它的所有图层并返回到 Lightroom 中。在 Lightroom 中，如果你想重新打开在 Photoshop 中同样图层的文件，并保持这些图层仍然完好无缺，选择编辑原始文件，这样，当它重新在 Photoshop 中打开时，所有这些图层都将仍然保留。除此之外，我不会冒着风险搞乱我的原始文件，所以，除非是那种非常特殊的情况，否则我会不建议编辑原始文件。

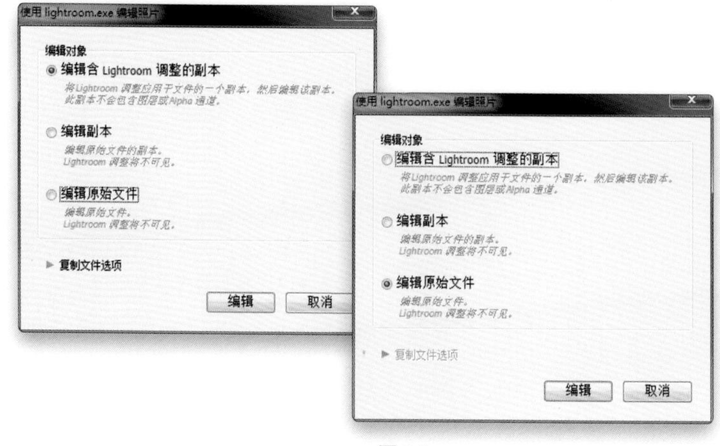

图 6-2

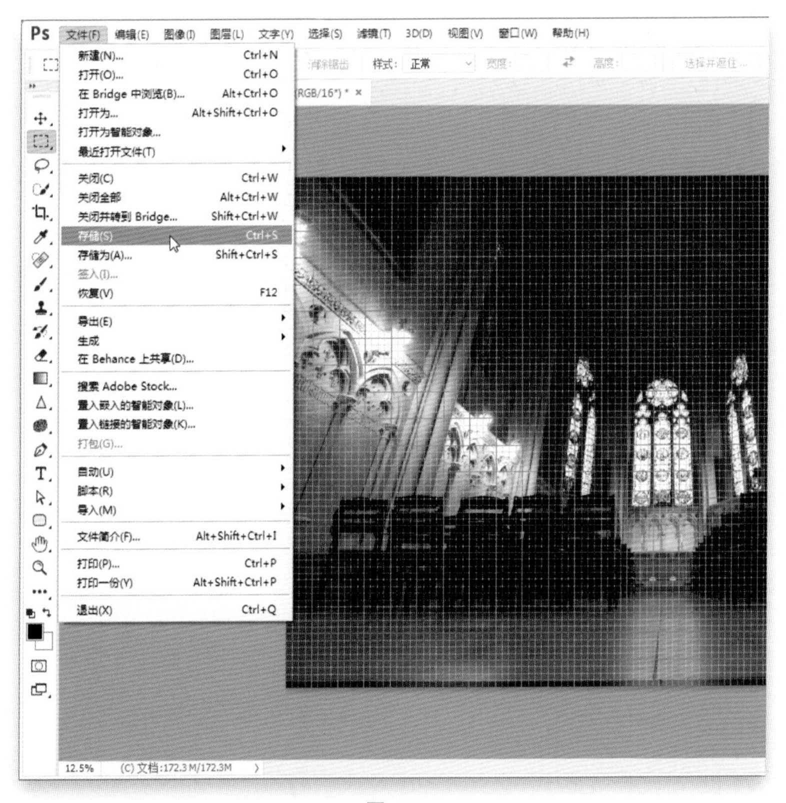

图6-3

如何回到Lightroom

一旦你的图片在Photoshop中打开，你可以做任何你想要它做的，就像你没有装Lightroom一样。当你在Photoshop完成编辑后，让你的图片回到Lightroom很简单。只需要做两件事：（1）保存文件[按Ctrl-S（Mac：Command-S）组合键]；然后（2）关闭文件。图片就自动返回到Lightroom中，只要你在外部编辑首选项中勾选堆叠原始图像复选框，编辑后的副本将会出现在原始文件的旁边。另外，如果你正在编辑JPEG、TIFF或PSD格式的图片，并且你选择了存储为而不是存储，重命名这个文件，将它保存在计算机或硬盘的其他地方，只要你保持格式不变，它仍然会将副本发送回Lightroom中。

图6-4

不把它发送回到Lightroom中

如果你将图片发送到Photoshop中之后，一点儿也不想编辑它了，只需要单击窗口的关闭按钮或按Ctrl-W（Mac：Command-W）组合键，然后当它问你是否要保存文档中时，选择否。易如反掌。

6.2 选择你要发送到 Photoshop 的照片

当你从Lightroom中移动图片到任何其他程序中，你在Lightroom之外编辑图像就是所谓的“外部编辑”。Lightroom 有一套外部编辑首选项，所以你可以选择使用哪些程序做外部编辑，还有究竟如何（以及用何种格式）让这些图片在其他程序中打开。以下是如何按照你设置的方式开始。

第1步

按下Ctrl-,（**逗号；Mac：Command-,**）组合键调出Lightroom的首选项，然后单击顶部的外部编辑标签（如**图6-5**所示）。如果你在计算机上安装了Photoshop（我假设你买了这本书你就会这样做），它就会自动成为外部编辑器的默认选择，这样你不必做任何事情就可以做到这一点，这非常方便（如果你有一个以上的版本，在默认情况下它会选择最新版本，在我这儿的情况就会是Photoshop CC，如**图6-5**中红圈所示）。

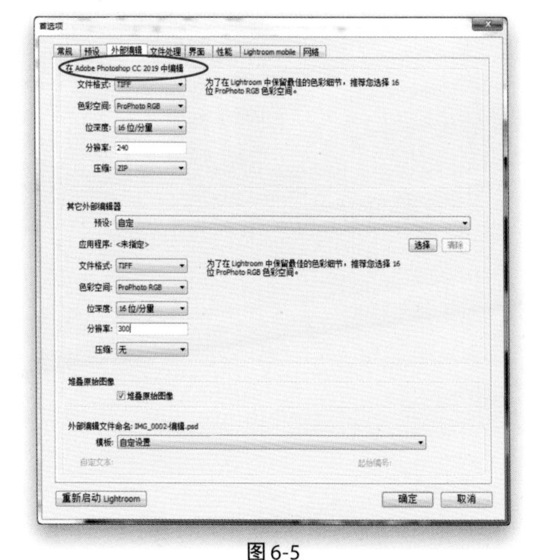

图6-5

第2步

它的正下方展示了文件将会以什么样的格式作为默认设置发送到Photoshop（如**图6-6**所示）。默认情况下，文件的副本将会以TIFF 的格式发送Photoshop中，并嵌入ProPhoto RGB的颜色配置，色彩位深度是16位/分量，分辨率为240 ppi。让我们先从文件格式的选择开始：我将发到Photoshop的图片格式改为PSD（Photoshop的原始文件格式），而不是TIFF，这是因为其文件尺寸通常要小得多，但又没有任何质量损失。

图6-6

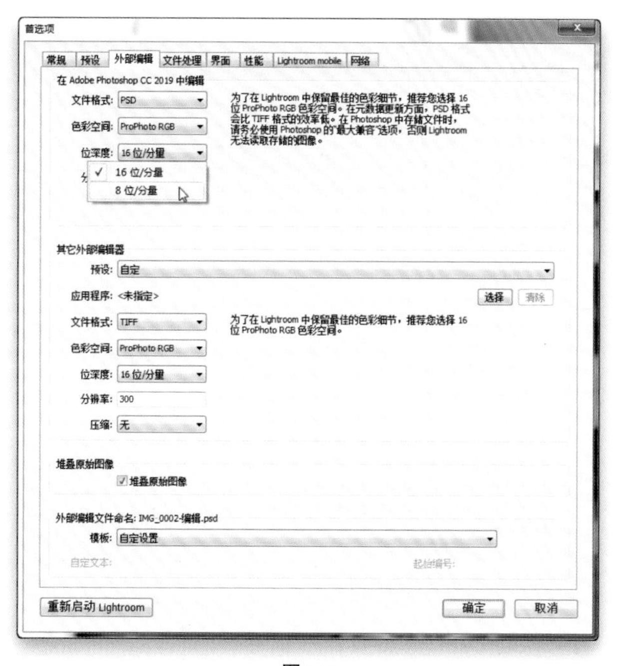

图 6-7

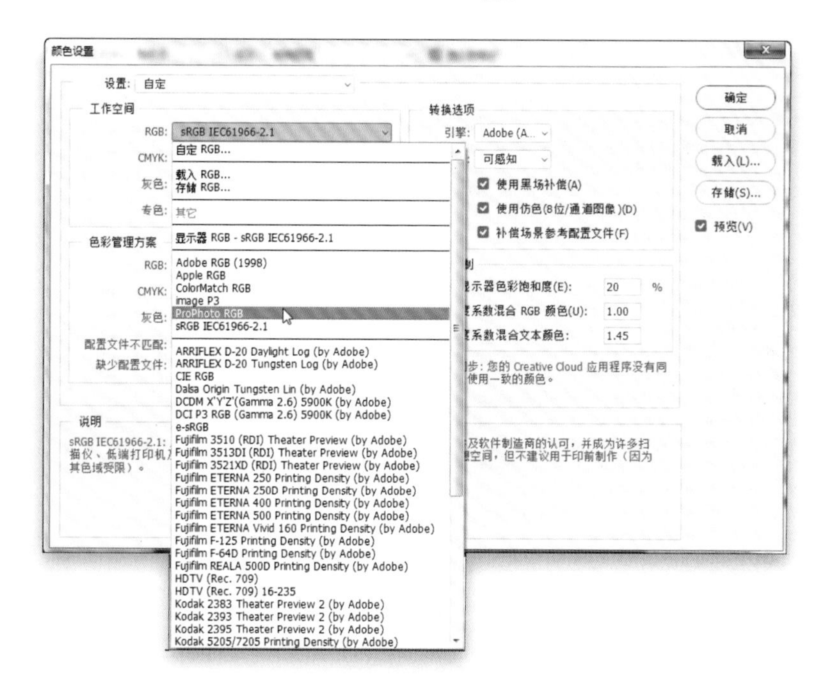

图 6-8

第 3 步

接下来，你可以选择发到Photoshop文件的位深度。如果你的目标是保持图片的最高质量，那就把它定在16位/分量。16位编辑的缺点主要有：（1）一些Photoshop的滤镜和功能将被禁用（比如所有在扭曲菜单、滤镜插件和像素化菜单中的功能，但这还不是太糟糕）；（2）文件大小会变到大约两倍（所以一个36MB的TIFF会变为一个72MB的TIFF格式的文件）。这可能对你来说不是一个问题，可是我想你应该知道。顺便说一下，我通常在8位模式下工作。

第 4 步

从色彩空间的弹出菜单中你可以选择文件的颜色空间。Adobe推荐ProPhoto RGB为最佳的色彩保真度，如果你保持这一点，我会在Photoshop中将你Photoshop的色彩空间也改成ProPhoto RGB。这样，两个程序所使用的色彩空间就是一样的了，当你在两个软件系统间来回移动文件时，图片的颜色就会保持一致了。若要将Photoshop中的色彩空间改为ProPhoto RGB，就打开Photoshop的编辑菜单，选择颜色设置。在对话框出现时，在工作空间部分，从RGB的弹出菜单中选择ProPhoto RGB（如图6-8所示）。单击确定按钮，现在，Photoshop和Lightroom都使用了相同的色彩空间。（顺便说一句，你可以更改Photoshop的色彩空间，但是Lightroom中的工作色彩空间就设定为ProPhoto RGB，你不能改变它。但是，虽然你不能改变Lightroom的色彩空间，你却可以在Lightroom以外的软件系统中改变它。）

第5步

你还可以选择发送文件的分辨率，我将分辨率的默认值设定在240ppi（所以它就是文件的原始像素）。我从来没有发现有任何需要改变分辨率设置的时候，所以我就不再理它。

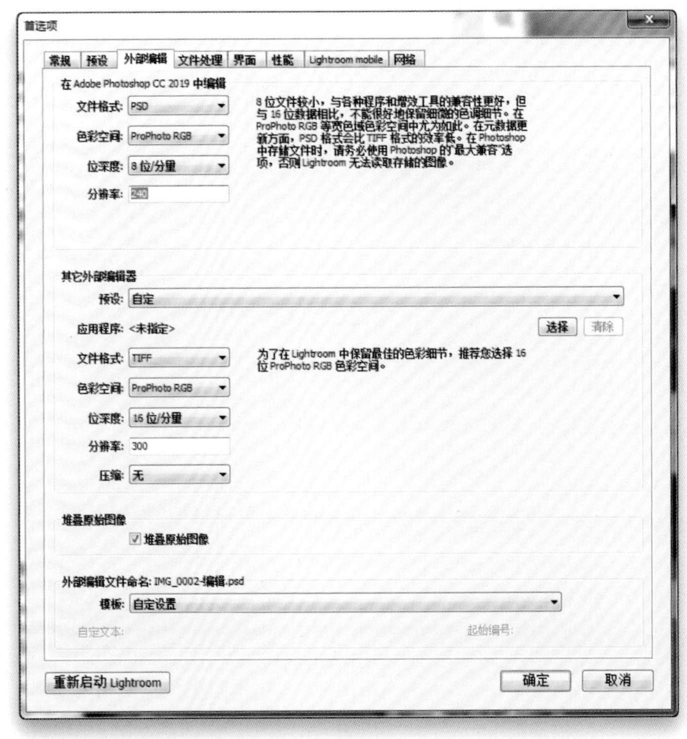

图6-9

第6步

如果你想使用另一个程序编辑你的照片，你可以在其他外部编辑器中选择。因此，举例来说，如果你想把图片发到一个单独的插件或其他图片编辑器中，这就是你需要选择的。只需单击右部的选择按钮，引导你到想要使用的程序或是插件，然后单击打开（Mac：选择）按钮，这个程序或插件现在将显示在其他外部编辑器中。要使用这第二个编辑器（而不是Photoshop），在Lightroom中的图像菜单中，选择编辑，再选择其他应用程序（在这种情况下，它可能是DxO FilmPack4），或按快捷键Ctrl-Alt-E（Mac：Command-Option-E）。接下来，有一个堆叠原始图像的复选框。我建议你勾选它，因为它会在原始图片旁边保留你图片的编辑副本（你发送到Photoshop中的那个）。这样，当你在Lightroom中工作时，很容易找到编辑副本，就在原始图片的旁边（如图6-10中的格子）。

图6-10

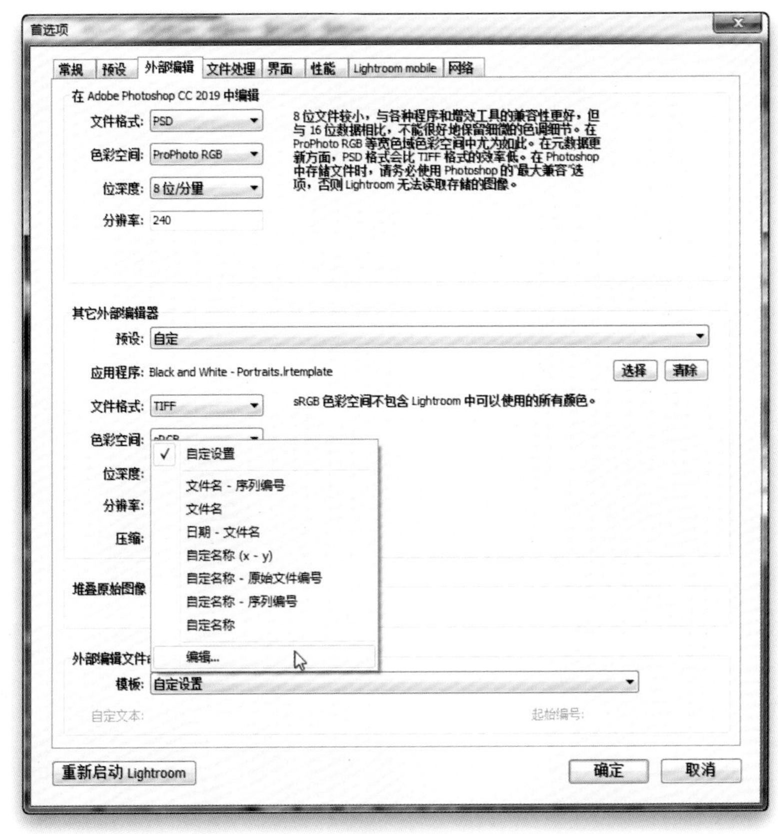

图 6-11

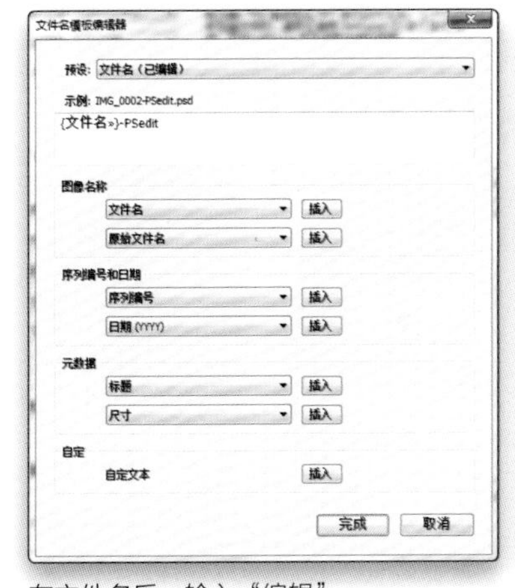

在文件名后，输入“编辑”

图 6-12

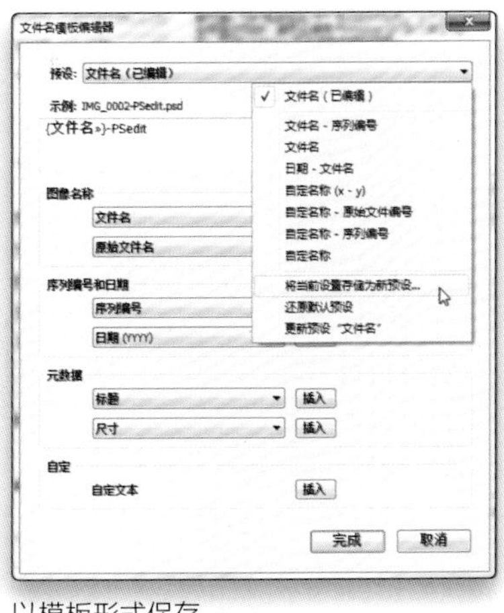

以模板形式保存

图 6-13

第 7 步

在对话框的底部，你可以选择给发送到Photoshop编辑的照片取个名字。你有相当多的命名选择，就像在Lightroom的常规引入窗口中一样。在这里，希望你选择某种自定义的名称，因为默认名称，比如“IMG_0002”毫无意义。这里是我给你额外编辑首选项的建议：从模板弹出菜单中，首先选择文件名，然后再在同样的菜单下选择编辑（如**图 6-11**所示）。

第 8 步

调出文件名模板编辑器（如**图 6-12**所示），你会看到文件名在这里的最顶部已经选择好了。在它后面单击光标，并输入“-PSedit”，但不要单击完成。从预设的弹出菜单中，选择将当前设置存储为新预设并保存该设置，这样你不必再设置一遍——你可以随时选择这个自定义预设。现在，单击完成按钮，你在Photoshop中编辑的图片将被命名为自己的原文件名+ -PSedit（所以一个在Lightroom中被命名为“威尼斯-57.JPG”的文件，在Photoshop中编辑，再回到Lightroom中就会被命名为“威尼斯-57-PSedit.psd”，让这张图一目了然）。好吧，你的个人喜好已经设置好；让我们把它们应用到工作中吧。

智能对象和HDR

- 确保RAW格式的图片可用智能对象编辑
- 创建HDR色调映射
- 得到比使用Lightroom更清晰的HDR图像的技法

7.1 确保RAW格式的图片可用智能对象编辑

如果你想要在Photoshop中重新编辑你的RAW格式照片，而不是像我们通常那样进行跳转（Lightroom将RAW格式照片的副本转到Photoshop中打开），你可以通过选择将你的RAW格式照片作为智能对象跳转到Photoshop来保持“RAW可编辑性”。一旦你这样做了，你就可以使用Photoshop中的Camera Raw插件重新编辑RAW格式照片，这和在Lightroom中的编辑几乎完全相同，因为Camera Raw是内置在Lightroom中的。Adobe在Lightroom中将其称为修改照片模块。虽然名字不同，但它们的滑块相同、顺序相同，而且做着同样的事情。

第1步

要将你的RAW格式照片作为智能对象跳转到Photoshop，选择照片菜单下的在应用程序中编辑，然后选择在Photoshop中作为智能对象打开（如**图7-1**所示）。

图7-1

第2步

当你选择在Photoshop中作为智能对象打开时，你的图像会像以往一样在Photoshop中打开，但是你能够通过查看图层面板分辨出这是智能对象——在图层缩览图右下角，你会看到一个小小的页面图标（如**图7-2**红圈所示）。这让你知道它是一个可编辑的智能对象。

图7-2

图 7-3

第3步

你现在可以在这个智能对象图层顶部添加图层，并对其进行一些其他的处理。这里，我添加了两个文本图层。我还在那两个文本图层后添加了一个新图层（嗯，我添加了一个新的空白图层，在图层面板中单击并将其拖动到文本图层下方），我在新图层中创建了一个水平的矩形选区，比我的文本区稍微大一点，我将其用黑色填充，然后降低不透明度以在文本后创建一个背景，这样比较容易看清文本。

图 7-4

第4步

现在，如果在Photoshop中我想要在背景图层上编辑我的RAW格式照片时，我所要做的就是直接双击图层面板中该图层的缩览图（如上一步骤所示），在Photoshop的Camera Raw插件中打开RAW格式文件（如**图7-4**所示）。这里，在Camera Raw中，你会注意到有些与Lightroom修改照片模块相同的滑块，排列顺序也相同。将你的照片打开为智能对象是使其在Photoshop中仍保持RAW格式照片可编辑的唯一方法。否则，你编辑的对象就是RAW文件的副本——JPEG、TIFF或PSD格式，这取决于Lightroom首选项中的外部编辑设置，在你需要编辑图像时，你就会失去在真正的RAW文件上进行编辑的优势。因此，简单来说，智能对象图层简直棒极了。

7.2 创建HDR色调映射

Lightroom有一个内置的HDR功能，它可以把一些包围曝光的照片合并为一张逼真的图片。但是，如果你不想要一个“逼真”的图像怎么办？如果你想要那个色调映射“看起来像是你在Photomatix中调整后”得到的效果怎么办？Photoshop中就有一个这样的功能。对于创建一个逼真的效果来说，它的名声有点臭，但是对于创建全高清HDR效果来说，它还不错。也就是说，在这个案例中，我将向你展示我使用的技巧，以可以得到介于全高清超级色调映射与超现实这两者之间的最佳效果。

第1步

在Lightroom中，按住Ctrl（Mac：Command）键并单击包围曝光的照片以选中它们。这里，我选择了3张包围照片（一张是正常曝光，一张是两挡曝光不足，还有一张是两挡曝光过度。）。一旦它们被选中，选择在Photoshop中合并到HDR Pro。你也可以通过右键单击这3张照片中的任意一张，然后从弹出的下拉菜单中选择同样的选项来完成此操作（如**图7-5**所示）。

图7-5

第2步

这将启动Photoshop（如果之前尚未打开），弹出合并到HDR Pro对话框（如**图7-6**所示），将你选择的图像编辑为一张平淡的、有点难看的图片（如**图7-6**所示），但这只是默认设置。顺便提一下，尽管我总共使用了3张包围曝光照片来制作这个有点难看HDR图像，你可以使用5张、7张、9张……随你喜欢。你选择多少张图像并不重要，因为合成后的图像仍然不太好看。与其拖动周围所有那些滑块，不如在对话框右上角的预设下拉菜单下找到一些内置预设。这些是HDR预设的集合，在大多数情况下，这些预设相当无用。

图7-6

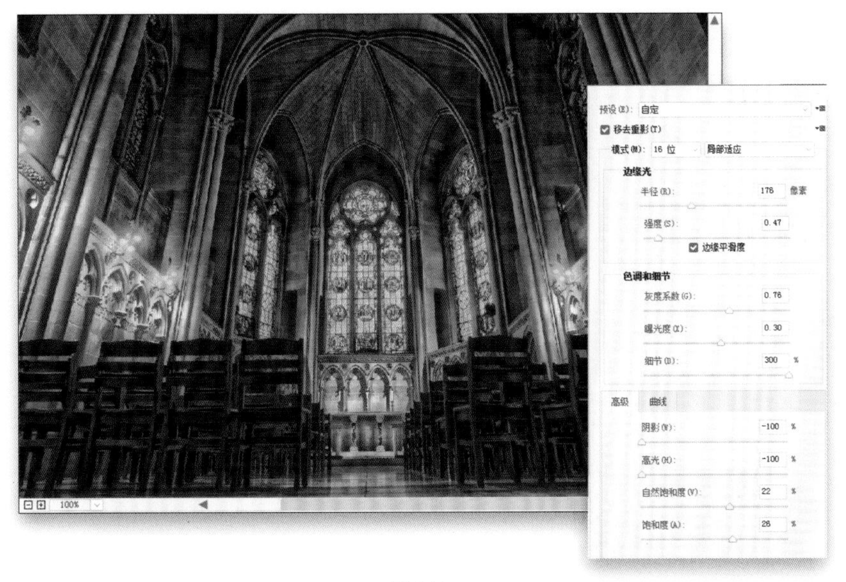

图7-7

第3步

但是，Adobe一定已经厌倦了听到我抱怨这些预设有多糟糕，因为几年前，他们询问是否可以纳入我的一个预设，当然，我是很乐意给他们一个的，在那以后它就在HDR Pro中一直存在了，叫作Scott 5。因此，从预设菜单中选择Scott 5，你会发现它给了你一个HDR色调映射外观（我知道，现在看起来很糟糕，但是一会儿就好了）。在你选择Scott 5后，勾选边缘平滑度复选框（位于强度滑块下方）去除一些粗糙度（但我创建预设时边缘平滑功能尚未被添加到合并到HDR Pro，否则我已经把它作为预设的一部分打开了）。好吧，它看起来更像HDR效果，但总体来说还是有点太暗了，所以现在不要按确定按钮。

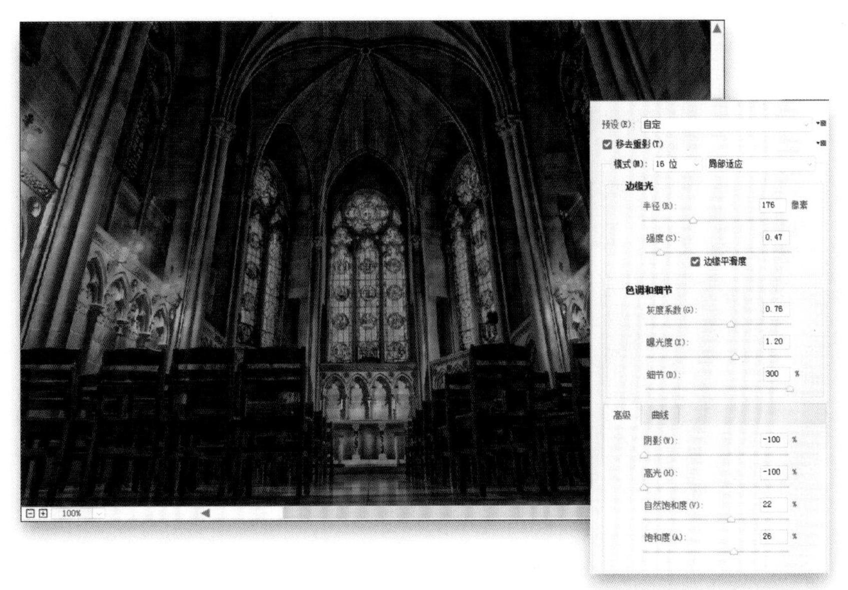

图7-8

第4步

要调亮整个图像，请转到合并到HDR Pro对话框中的曝光度滑块，并将其向右拖动，直到其读数为1.20（如图7-8所示）。好吧，那很有帮助。现在，在高级选项卡中，将阴影滑块设置为0以在天花板上添加更多的阴影，然后单击确定按钮以在Photoshop中打开你现在的色调映射图像。它看起来很漂亮（跟预期的一样），但我们还没有完成。下一步是开始恢复逼真效果的过程，这会给画面带来很大的改变。

第5步

切换回Lightroom只需要一秒钟，然后在3张包围照片中单击正常曝光的那张。现在，按快捷键Ctrl-E（Mac：Command-E）将正常曝光的副本在Photoshop中打开。按快捷键Ctrl-A（Mac：Command-A）选择整个图像，然后我们将执行标准的复制粘贴操作——我们将复制此图像并将其粘贴到我们的色调映射HDR图像上。因此，从复制开始（如**图7-9**所示），当然，你只需按快捷键Ctrl-C（Mac：Command-C）即可将图像复制到内存中。

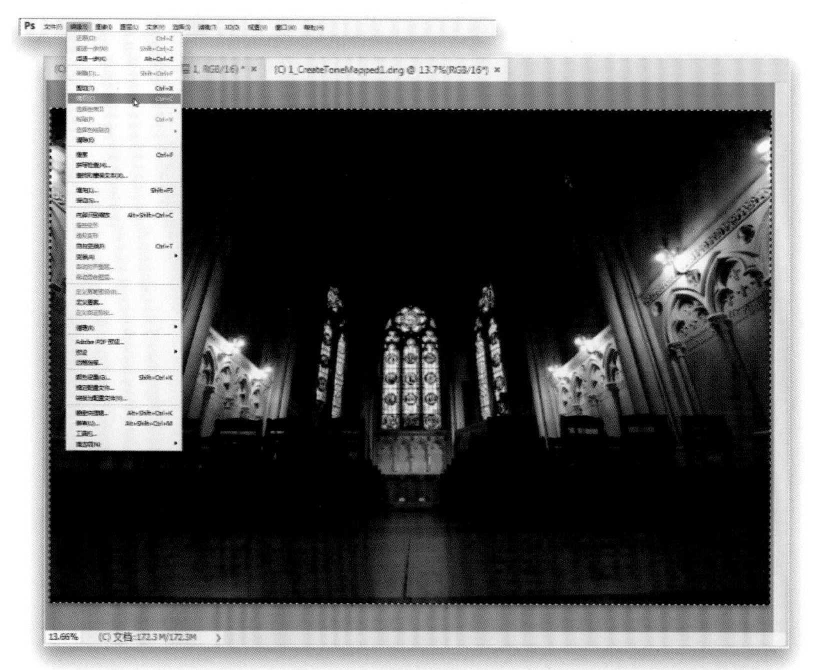

图7-9

第6步

现在切换到HDR文档，然后按快捷键Ctrl-V（Mac：Command-V）将你正常曝光的图像粘贴到HDR图像上。它将出现在自己的图层上（如**图7-10**中图层面板所示），从而从视图上覆盖它下面图层上的HDR图像。

注意：如果你在三脚架或Platypod（一种紧凑型的迷你三脚架/支架）上拍摄了这张照片（我希望你这么做了），粘贴的图像将与其下方的HDR图像将完美对齐。然而，如果你手持拍摄你的HDR图像，那对齐的时候可能会出现一点偏差。幸运的是，Photoshop可以为你将它们对齐：只需按住Ctrl（Mac：Command）键，在图层面板中单击将两个图层都选中，然后在编辑菜单下选择自动合并图层。当对话框弹出时，确保自动单选按钮被选中，然后单击确定按钮，Photoshop即可为你对齐两个图像。你可能还需要使用裁剪工具（C）来剪切掉图像外边缘的间隙。

图7-10

图7-11

图7-12

图7-13

第7步

接下来，在图层面板的右上方处，将顶部图层（正常曝光的图层）的不透明度数值降低到40%或50%左右，这样下面HDR图像就开始显露出来，而且你将得到一个正常图像和你在Photoshop中创建的HDR色调映射图像的混合版本。你将不透明度设置得越低，HDR图像显示得越多（这里我设为50%，所以显示的是50%的HDR和50%的原始图像）。这样，你就可以在石头、屋顶、地板等处获得大大增强的细节，但是画面顶部却并非如此，像是色调映射图像。

第8步

接下来这一步对整体外观非常重要——我在我认为需要更多细节和亮度的部分添加了一个图层蒙版并在区域上绘制，在那些区域恢复了更多的HDR外观。如果你回头看第7步的图像，你会注意到天花板还是有点暗。事实上，图像底部的三分之一看起来不错，但是顶部的三分之二太暗了并且需要更多细节。所以，下面是你要做的事情：在图层面板底部单击添加图层蒙版图标（左数第3个图标；看起来像是一个中心有一个圆的矩形），一个白色的图层蒙版缩览图就会添加到图像蒙版上。然后，按D键，然后按X键将你的前景色设为黑色，在选项栏将画笔的不透明度降低到50%。这样，当你绘制时，只会带回50%的HDR，而不是恢复完整的HDR，这正是我想要的效果。这里，我在图像顶部2/3处进行绘制。

注意： 你可以使用键盘快捷键调整画笔大小，Ctrl-]（Mac：Command-]）可使其变大，Ctrl-[（Mac：Command-[）可使其变小。

第9步

现在我们要进行收尾操作了——一些我们会在这里进行，然后我们将回到Lightroom中完成对照片的调整。先从创建一个“合并图层”开始，该图层在图层堆栈的顶部，看起来像是你拼合了图像，但是你并没有（顺便提一下，“拼合”意味着在图层面板右上方的下拉菜单中单击，通过单击横线图标，选择拼合图像，这将拼合所有图层，因此这里就没有其他图层了——只有黑色的背景图层）。要创建该合并图层，请按快捷键Ctrl-Alt-Shift-E（Mac：Command-Option-E）。现在，我们要把该图层弄得模糊不清（这是一个我们用来模糊或锐化的比喻），这将有助于我们为图像创建一个柔和的光晕，从而消除掉一些噪点。要把图层弄得模糊不清，请在滤镜菜单的模糊选项下选择高斯模糊。当弹出高斯模糊对话框时，输入50像素（如**图7-14**所示）并单击确定按钮。

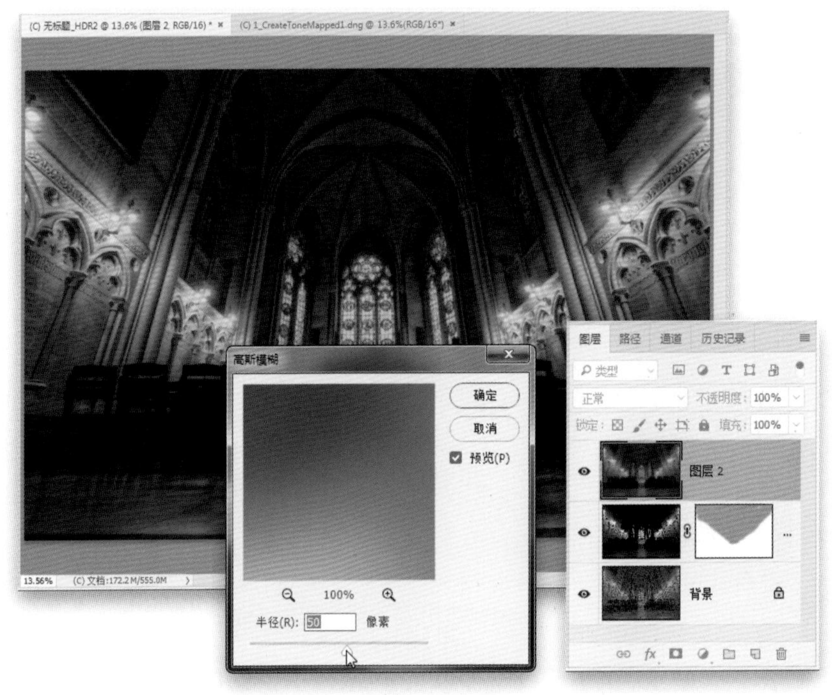

图7-14

第10步

要将大片的模糊变为光晕，我们要做两件事：（1）在图层面板左上方单击并按住正常按钮，然后从弹出的下拉菜单中将图层混合模式更改为柔光，这增加了图像的对比度和色温，但也消除了大量的模糊；（2）然后在图层面板的右上方，将该图层的不透明度降低到50%左右，现在我们有了一个漂亮、巧妙、柔和的光晕，使图像看上去不那么粗糙。

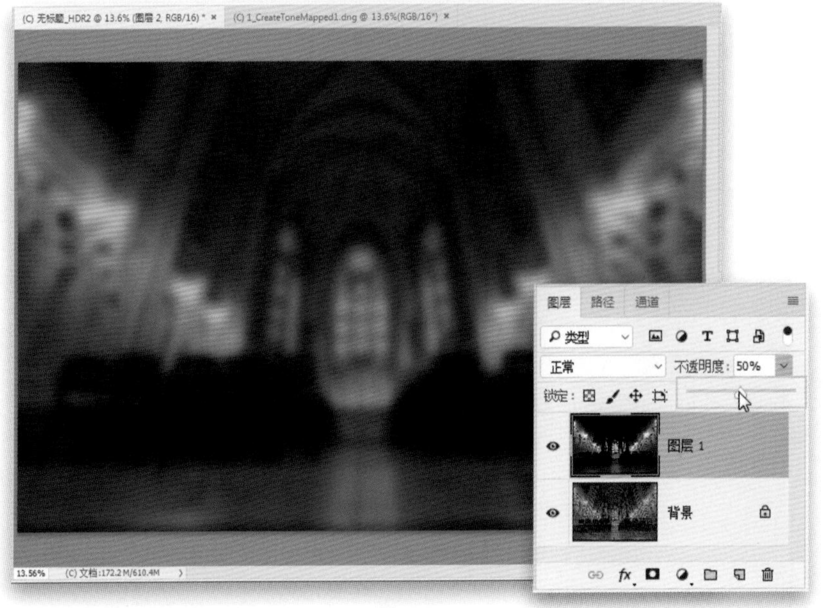

图7-15

图7-16

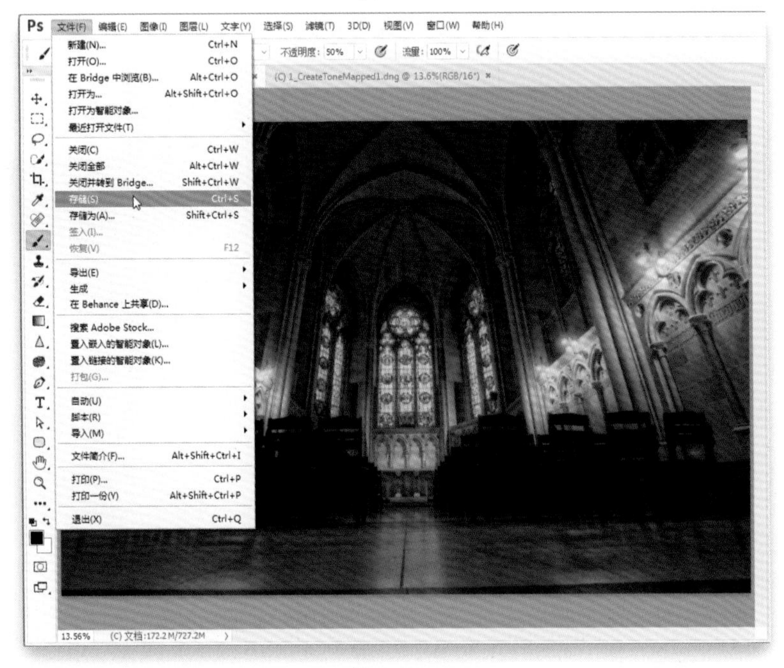

图7-17

第11步

此刻当我还在Photoshop中时，我应用了一些锐化效果。你现在既可以拼合图像（同样，通过转到图层面板右上角的弹出菜单并选择拼合图像去掉所有图层），或者如果你想保持图层完整（以防你稍后改变主意），也可以在图层堆栈顶部创建另外一个合并图层（正如我所做的一样）。接下来，在滤镜菜单下的锐化选项下选择USM锐化（这听起来像是让物体变得模糊，但是该滤镜是以一种传统的暗房技术命名的，这种技术被用来制作锐化效果）。要添加一些漂亮的锐化效果，请在弹出的USM锐化对话框中，输入：数量120%，半径1.1，阈值3（如**图7-16**所示），然后单击确定按钮以锐化图像。

第12步

我们可以在Lightroom中完成剩余的收尾效果，因此让我们存储文档并关闭它，然后将其发送回Lightroom（请记住，这是在Photoshop中完成编辑后的所有操作——而且将图像发送回Lightroom之前你不必拼合你的图像。只需执行存储和关闭操作就可以了）。

第13步

随着图像回到Lightroom中，对于这个特殊的图像，我认为天花板仍然有点亮——可能亮了半挡。为此，在修改照片模块中，在直方图下的工具箱中抓取调整画笔（K）工具，然后双击面板左上方的效果二字，将所有滑块归零。接下来，将曝光度滑块向右拖动约半挡或更亮（这里，我将其拖动到0.61，比半挡曝光亮一些即可）。现在，在天花板的一些区域绘制，使它们看起来更亮一些。最后我还在椅子上进行了绘制——看起来它们也比之前亮了半挡。

图7-18

第14步

现在你可能已经注意到我们的图像有点歪斜了，而且右下角有一行瓷砖因此而错位了。我们来解决这两个问题。要拉直图像，请在修改照片模块的变换面板中单击水平按钮执行自动拉直操作。然后，从直方图下面的工具箱中抓取裁剪叠加工具（R），裁剪掉右下角显示的所有剩余部分。

图7-19

图7-20

第15步

我们的最后一步是对所有的HDR图像进行最后的处理，那就是图像四周的外部边缘变暗——不仅仅是角落处（就如不好的镜头晕影）；我的意思是在外部边缘均匀分布。我们可以通过转到修改照片模块的效果面板，在裁剪后暗角区域下向左拖动数量滑块直到边缘看起来变暗了，但不会使其看起来像是一个明显的晕影（这里，我仅仅将滑块向左拖动到-16。这很微妙，但确实有区别——单击面板标题左侧的开关，打开或关闭面板，你就会明白我的意思）。

图7-21

第16步

这并不是一个步骤，但是我想向你面对面展示对比效果。**图7-21**左边的图像是通过使用Lightroom内置HDR功能及应用自动校正得到的。你可以发现它看起来很像原始曝光效果。而右边的图像则是使用同样的源文件经由Photoshop的合并到HDR Pro功能得到的。

7.3 得到比使用 Lightroom 更清晰的 HDR 图像的技法

这是一项Photoshop的隐藏技术（而且相当简单），使用此技术得到的HDR图像比使用Lightroom得到的更锐化、色彩更准确。你可以通过创建一个32位的超高质量HDR图像来实现这一点，结果是如此清晰，你可能根本不需要锐化图像（我对每一张图片都进行了锐化，因此如果我这么说，那得到的结果想必是十分锐利）。

第1步

在Lightroom中，通过Ctrl（Mac：Command）键并单击来选中包围照片（这里，我选择了3张包围照片）。一旦它们被选中，在照片菜单的在应用程序中编辑选项下选择在Photoshop中合并到HDR Pro，或者用鼠标右键单击所选图像之一，然后从下拉菜单中选择在Photoshop中合并到HDR Pro（如图7-22所示），就像你刚刚从前一个案例学到的一样创建一个色调映射的HDR图像。

图7-22

第2步

这将启动Photoshop（如果之前尚未打开），弹出合并到HDR Pro对话框（如图7-23所示）。在对话框的右上方，你可以看到模式下拉菜单已被设置为16位。单击并按住下拉菜单，选择32位（如图所示）。这样会隐藏起所有滑块，并用直方图替代它们（见图7-23）——我们不想对这里做任何改变，因为我们想要制作一个逼真的HDR图像，而不是一种色调映射效果。当你选择32位时，在ACR中确定按钮变为ACR中的色调按钮（ACR是Adobe Camera Raw的缩写）。因此，现在继续单击该按钮。

图7-23

图7-24

第3步

这会打开Photoshop中的Camera Raw窗口，所以现在你就可以像在Lightroom修改照片模块中那样编辑照片（滑块一样，顺序一样，执行的操作也一样）。这里，我修复了白平衡，增加了曝光度，添加了一点对比度，拉回了一点高光，调整了阴影、白色色阶和黑色色阶，添加了一些清晰度以显示出更多细节，以及一点鲜艳度使图像的颜色更加丰富。我使用Camera Raw的调整画笔（K）主要是做以下几件事：我将天花板的曝光调亮了近1挡，我将画面底部的地板调暗了1挡左右，我把祭坛上的高光往回拉了一点——我只是将小教堂调亮了一点，使整体看起来更加平衡。现在，单击确定按钮将你的照片在Photoshop中打开（在Photoshop中打开图像时，它会自动将图像采样到16位）。

在Lightroom中处理的HDR图像

在Photoshop的合并到HDR Pro中处理的更清晰的32位HDR图像

图7-25

第4步

图7-25左侧是使用Lightroom内置HDR功能将相同的3张包围照片合并在一起得到的图像，而且我使用的色调和右侧的Photoshop图像中的完全一样。看看右侧的图像有多清晰，细节有多丰富。就像夜晚和白天，我甚至没有应用任何锐化。看看脸上的细节——左侧几乎看不到任何细节，而右侧有。颜色的逼真度也是右侧的更好。这是一张画质更好，更逼真的HDR图像。因此，当你真正需要的时候，可以跳转到Photoshop编辑HDR图像。

人像照片后期处理

- 修饰面部特征的简单方法
- 使面部特征对称
- 修剪眉毛
- 去掉眼睛的血丝
- 去除脸部瑕疵
- 美丽肌肤的秘密
- 液化功能中修饰身体部位的其他实用工具
- 打造美丽的牙齿
- 缩小下巴或下颌
- 使用操控变形调整身体部位的位置
- 掩饰工作室的错误

8.1 修饰面部特征的简单方法

你知道经常被人使用的“Photoshop魔法”这个词吗？是的，就是那个词。好吧，你将要亲身体验一下。多年来，我们一直使用液化滤镜，它可以让你用画笔移动拍摄对象，就好像他们是用糖浆做的一样。它对后期修饰非常有用（我们将用几页纸讨论这个问题），但最近，Adobe通过添加面部识别功能将此滤镜提升到了一个全新的水平，而且需要很多技巧才能完成的事情现在只需移动一个滑块就可以解决了。这是非常棒的东西。

第1步

在Lightroom中选择你想要修饰的图像，然后按快捷键Ctrl-E（Mac：Command-E）将其切换到Photoshop。（我知道这里的拍摄主体实际上不需要进行面部修饰，但我必须挑选一些照片来修饰。）现在，在滤镜菜单下选择液化（如**图8-1**所示），或者使用键盘快捷键Ctrl-Shift-X（Mac：Command-Shift-X）。

图8-1

第2步

这将弹出液化对话框（如**图8-2**所示），对话框的左侧是工具栏，右侧是滑块。如前所述，此滤镜使用面部识别自动将面部区域分配给人脸识别液化区域中的调整滑块。若要调整任意区域，你需要做的就是向左拖动相应的滑块以减少那个区域的面部特征，或者向右拖动滑块以增强那个区域的面部特征。这里，在靠近底部的脸部形状区域，我向左拖动脸部宽度滑块为她瘦一下脸。

图8-2

提示：如何处理快照组

如果在你修饰的照片中有不止一个人，液化工具会自动识别出来，你就可以从人脸识别液化区域顶部的选择脸部下拉菜单中选择你要调整的人脸。你会看到每张人脸都编好了号，例如脸部#1、脸部#2，等等。

图 8-3

图 8-4

第 3 步

最令人惊奇的是，它是如何无缝进行这些调整的——一切是那么自然地移动、减弱或增强。继续拖动几个滑块，你就会明白我的意思了。这里，我停留在脸部形状区域，向左拖动下颌滑块以收紧下巴线（这是我在人脸识别锐化中最喜欢的操作之一）。我还调整了她下巴的高度，然后稍稍突出了她的前额（有时调整一个区域会使以前不突出的其他区域凸显出来）。然后，我移动到鼻部区域，将她的鼻子削薄了一点（我知道，她并不需要这样的调整，但如果我不调整一些东西来告诉你怎么操作的话，那这将会是一个非常无聊的案例）。

第 4 步

其他我认为特别有用的调整是在口腔部分。当你拍摄得很好，但是你的拍摄对象没有笑或者你想要一个更大的笑容，微笑滑块是不错的选择（这里，我向左拖动微笑滑块给了她一个更大的笑容，然后向右拖动嘴唇宽度滑块扩大她的笑容，再稍稍调整一下她的上唇）。这样做的好处是，如果你以这样或那样的方式移动滑块，但是调整效果看起来不太好时，你只需将滑块拖动回 0（零）即可，不会对照片造成任何伤害。

图 8-5

8.2 使面部特征对称

通常情况下，拍摄对象的面部不会完全对称（一只眼睛可能比另一只眼睛高，或者鼻子在鼻孔或鼻梁处可能有点弯曲，或者他们微笑时的嘴角可能一边比另一边高，等等）。幸运地是，你只需使用一些工具和学过的技法，就可以将这些不对称的面部特征重新对齐（但这次我们也要学习一个十分有用的新工具）。

第1步

这是我们想要修饰的图像，将其在Photoshop中打开，这里有一个非常常见的问题（当说到面部对称性时），那就是拍摄对象的眼睛没有完美地对称排列。不过，这里有一个非常简单的解决方法。

图8-6

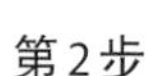

第2步

选择套索工具（L），在右边的眼睛和眉毛周围绘制一个非常宽松的选区（如图8-7所示），因为需要把它们作为一个整体一起移动。当然，此时若我们移动选区，你会看到一个非常生硬的边缘，所以我们需要通过在边缘添加羽化效果来柔和它。因此，在选择菜单的修改选项下，选择羽化。当弹出羽化选区对话框时，输入10像素（如图8-8所示），单击确定按钮，现在你已经柔和了选区的边缘。

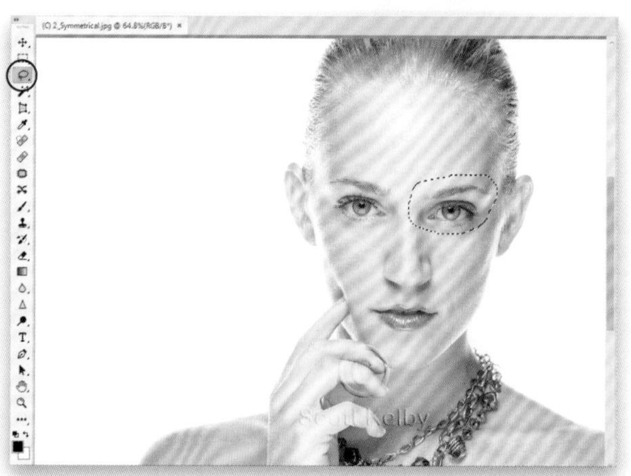

图8-7

图8-8

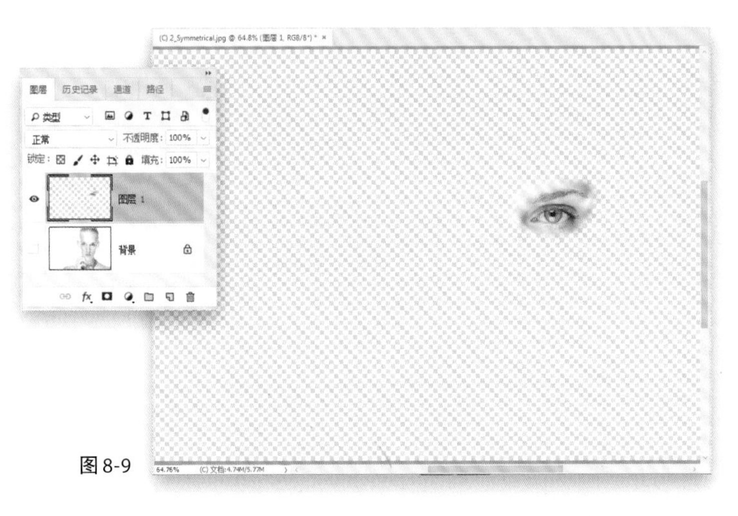

图 8-9

图 8-10

第 3 步

按快捷键 Ctrl-J（Mac：Command-J）将你的眼睛选区复制到单独的图层。这里，我隐藏了背景图层，所以你可以看到眼睛区域的样子。看到这个视图的好处是，你可以看到你的选区有柔软的边缘，而不是锋利、粗糙的边缘（棋盘格图案显示了这个图层的哪些部分是透明的）。顺便提一下，要隐藏图层（如本案例中的背景图层），请转到图层面板，然后单击图层缩览图左侧的眼睛图标。要再次显示图层，请单击眼睛图标原来所在的位置。

第 4 步

现在，切换到移动工具（V），然后按几次键盘上的向上箭头键，直到她的眼睛对齐（如**图 8-10** 所示）。在这种情况下，我必须按 12 次向上箭头键直到它们对齐。看一看**图 8-11** 修改前和修改后的图像，你会发现这个小小地移动对图像造成了什么改变。在下一页，我们将通过在她的嘴唇上使用不同（但也是非常流行）的技法来继续执行我们的面部对称项目。

图 8-11

第5步

现在让我们努力使她的嘴唇更对称。如果你放大图像[按快捷键Ctrl- +（Mac：Command- +）]，你会看到嘴唇的左边看起来不像右边那么宽，而且有点偏上，但这有一个简单的解决办法（当你看到本节最后修改前和修改后的图像时，你会发现这是值得做的）。单击背景图层将其激活，然后从工具栏中获取矩形选框工具（M），并从她的嘴唇中心到右侧嘴唇边缘的外侧（她的右侧嘴唇，如**图**8-12所示）拉出一个矩形选区。请按快捷键Ctrl-J（Mac：Command-J）将所选区域复制到它自己单独的图层上。现在我有了3个图层，接着我会用一些描述性的名字对它们进行重命名[为此，在图层面板中，只需直接单击它们的名称。这将突出显示文本，以便你可以输入新名称。重命名完成后，按Enter（Mac：Return）键锁定重命名）]。

图8-12

第6步

请按快捷键Ctrl-T（Mac：Command-T）打开自由变换（当你看到自己在图层上创建的选区周围出现控制点时，你就知道它已经启动了）。现在，用鼠标右键单击自由变换选区内的任意位置，然后从弹出的下拉菜单中选择水平翻转（如**图**8-13所示），将右半侧的嘴唇翻转到左半侧（如**图**8-13所示）。

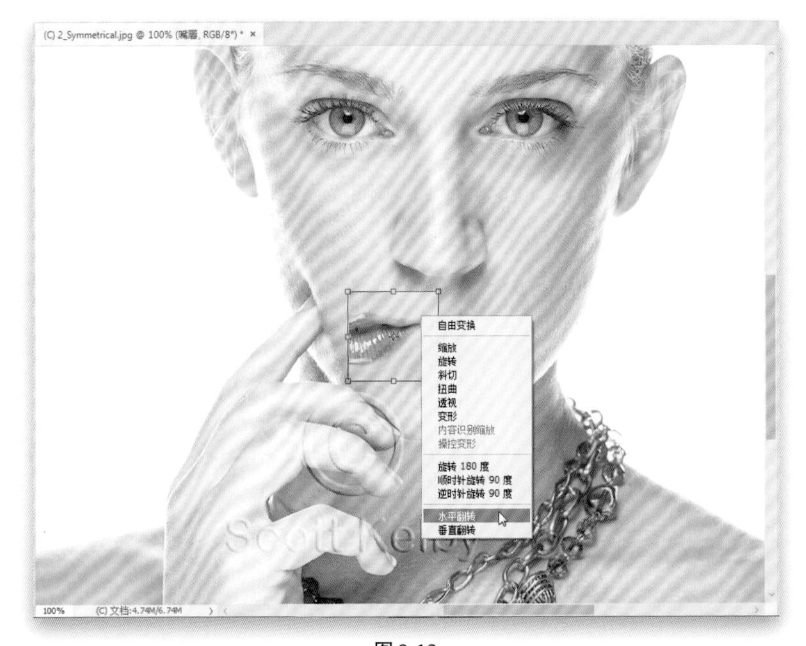

图8-13

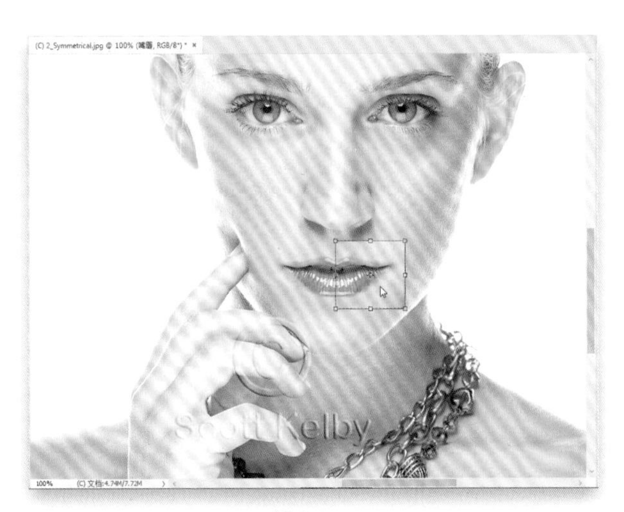

图8-14

图8-15

第7步

完成翻转后，再将鼠标光标移动到自由变换选区，但这次你只需将翻转的嘴唇图层拖动到她的左唇上方（如**图8-14**所示）。现在，只需单击选区外的任意位置锁定你的水平翻转。如果你查看一下我们刚刚翻转的区域的边缘，你会发现她嘴唇周围的皮肤比被覆盖的皮肤亮一点。因此，在下一步中，我们必须擦除那些边缘区域，这样你就看不到明显的差异。

第8步

首先单击图层面板底部的添加图层蒙版图标（左数第3个图标——它看起来像一个中间有一个圆的矩形）。如果你看一眼图层面板，你会发现在你嘴唇图层的右侧增加了一个缩览图。那就是你添加的图层蒙版，它允许我们通过使用画笔工具隐藏或显示区域（有点像非永久性的橡皮，如果你失误了的话）。现在，从工具栏中选择画笔工具（B），然后从选项栏的画笔预设选取器中选择一个柔边画笔，按键盘上的X键将你的前景色设置为黑色，接着绘制你的嘴唇翻转图层的边缘，使其与后面的原始皮肤混合。最后，在她下嘴唇的中间位置绘制一个黑色笔触，以更好地混合边缘（如**图8-15**所示），完成对称修饰。修改前和修改后的图像如**图8-15**所示。

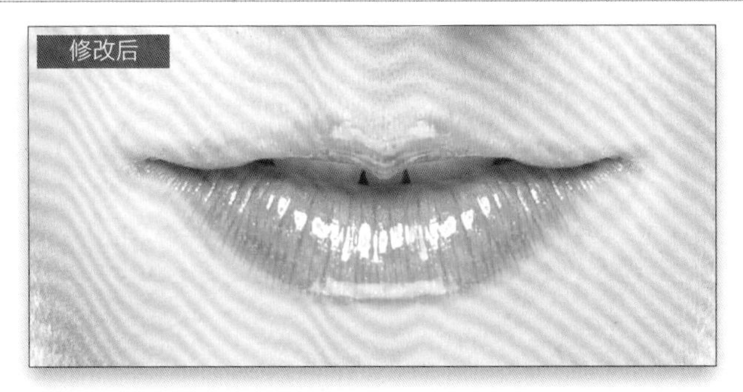

图8-16

8.3 修剪眉毛

这种修饰需要你选取图像的一部分来掩盖它的另一部分，当然，在Lightroom中没有任何办法做到这一点。不过，幸运的是，还有Photoshop。这种技术其实很简捷，在让你的拍摄对象每次都能有完美的眉毛这一点上，它会起到非常大的作用。

第1步

将你的照片在Photoshop中打开，从选择套索工具（L）开始，绘制一个看起来像是眉毛本身的形状。把这个图形画在拍摄对象眉毛的正上方（如**图8-18**所示）。

图8-17

第2步

你只需要柔化选择部分的边缘一点点，在选择菜单中的修改选项下选择羽化。当对话框出现时，输入5个像素（这刚好够添加一点点柔化边缘），然后单击确定按钮（如**图8-19**所示）。

图8-18

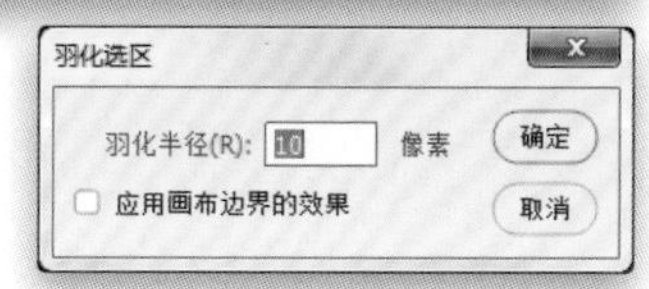

图8-19

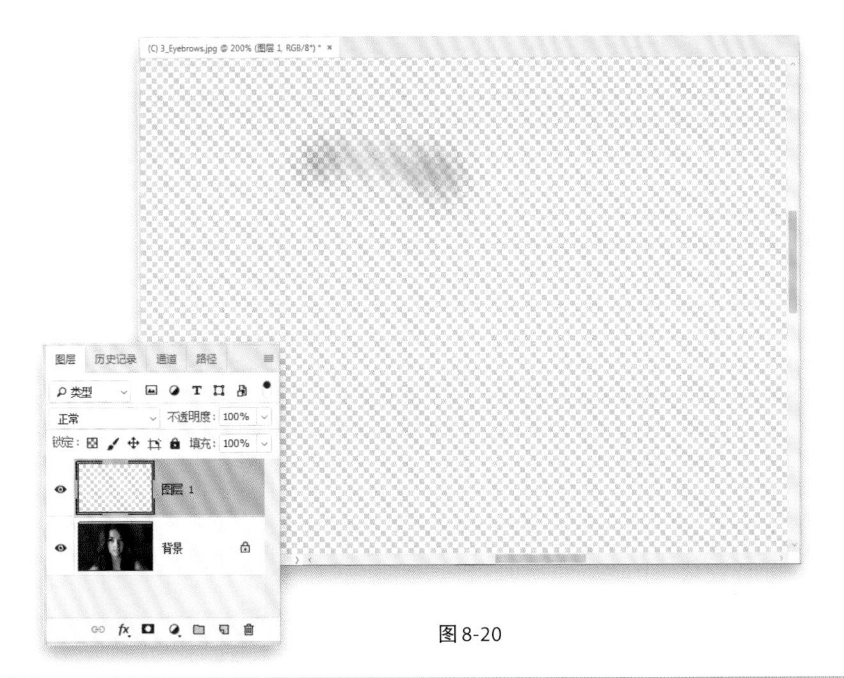

图 8-20

第 3 步

现在，按快捷键 Ctrl-J（Mac：Command-J）把所选的区域放到它自己单独的图层上。在图中，我关掉了背景图层（通过单击图层缩略图左边的眼睛图标来关闭），这样你就可以只看到刚才选定的区域和它的羽化边缘。切换到移动工具（V），单击并拖曳这个形状一直向下，直到它切掉真正的眉毛的顶部，并且完美地修剪它。然后，到图层面板中，单击背景图层，对另一个眉毛做完全一样的修整。修饰前和修饰后的对比效果如**图 8-21** 所示。

图 8-21

8.4 去掉眼睛的血丝

从技术上讲，你依然可以在Lightroom中使用污点去除工具去掉一些眼部的血丝，但如果尝试过它，就会知道这是非常棘手的，结果是……我得不说，我们几乎都会选择Photoshop 做照片修饰工作是有理由。我唯一会考虑只在Lightroom中这样做的情况是，如果你的拍照对象眼白只有一条血丝，而不幸的是这种情况很少发生，所以知道这个技巧是很方便的。

第1步

这张就是我们要在Photoshop 中进行修饰的图片。我们需要尽可能地将它放大（至少100%），这样才能看清我们需要做什么，找到缩放工具（Z）并放大右边的眼睛（你可以在接下来步骤中看到）。然后，单击建立一个新图层（图标在图层面板底部），这样就可以创建一个新的空白图层。我们要在这个空白图层中做修饰工作。所以稍后我们可以在上面添加一个滤镜，将纹理添加回我们修饰过的区域，使它们看起来更逼真。

图8-22

第2步

你要使用画笔工具删除这些血丝（临时需要吸管工具的帮助）。所以，选取画笔工具（B），然后按住Alt（Mac：Option）键，这时光标会暂时切换到吸管工具，这样你就可以得到照片中的颜色，并让这个颜色成为你的前景色。在你想要删除的血丝附近单击吸管工具（如图8-23所示，在我想要去除的血丝的正下方单击）。一个大圆环出现在你的吸管工具周围，当你单击环内侧时，其会显示出刚才采样的颜色，它的外部是中性灰，可以帮助你看清颜色而不会受周围颜色的影响。

图8-23

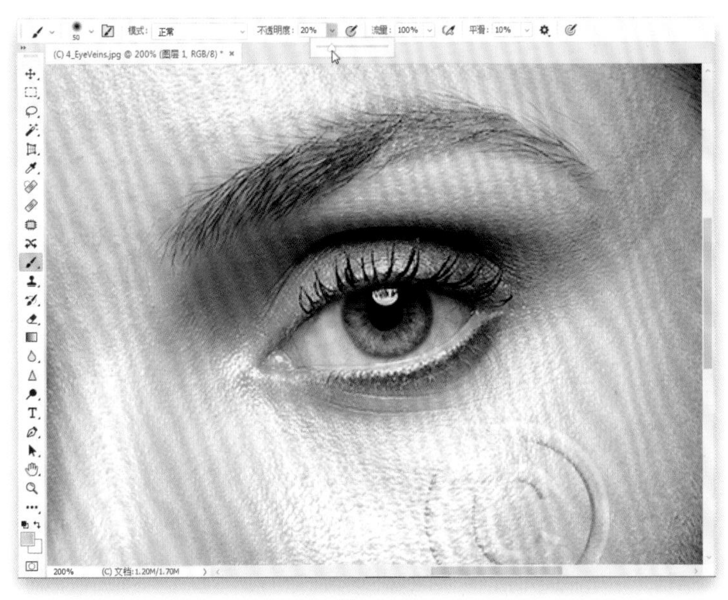

图8-24

第3步

松开Alt（Mac：Option）键返回到画笔工具，调整画笔的不透明度（在选项栏）至20%，并从画笔选取器选择一个小的、边缘柔和的画笔，只比你想去除的血丝大一点点。现在，只需要开始在血丝上画几笔，转眼之间它就会不见！请记住，20%的不透明度，颜料逐渐覆盖，当你在堆积颜料时，这样做可以使你控制好用量，所以不要害怕在相同的位置喷涂超过一次。因为眼睛本身是一个球体，当你围绕它移动时，它的阴影会发生变化，所以当你去除这些血丝时，一定确保在你喷涂的位置附近再次取样，以保证颜色和色调保持正确（在这个修饰过程中，我重新取样10～12次）。

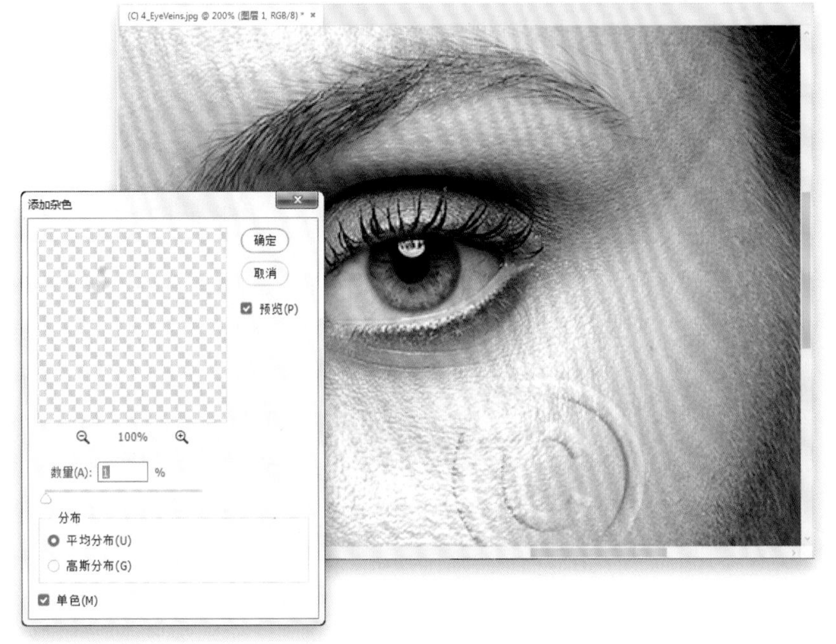

图8-25

第4步

最后，为了保持眼睛在你润饰后看起来不那么模糊，我们要给你的修饰层增加一点点杂色。所以，在滤镜菜单下的杂色选项中选择添加杂色。当滤镜对话框出现后，选择的数量是1%，单击平均分布按钮，并打开单色复选框。单击确定按钮，使这个纹理添加到你的修饰中。虽然这是微妙的，但它确实使图片有了差别。

8.5 去除脸部瑕疵

Lightroom中有一个污点去除工具，它以移除污点而得名。但是，与Photoshop出色的修复工具、污点修复工具和修补工具（它们的出现比Lightroom中十分蹩脚的污点去除工具早了一光年）相比，它并不是一个真正的修饰工具。但是，唯一让你真正体会到这些工具有多好的方法就是多使用几次，然后你就会完全“明白”为什么值得跳转到Photoshop去使用它们。

第1步

打开你想要在Photoshop中修饰的图像。这里，我主要想去除她前额、脸颊和脖子上的瑕疵。我们会用到3个“修复”工具，而且我们要修饰的种类和部位会帮助我们选择到合适工具。3个样本区域分别来自脸部的不同部位，以此作为修饰的基础。这些工具并不是完全克隆那个区域，只是帮助修复所选区域使其更逼真。污点修复画笔（在**图8-26**工具栏中用红色圆圈圈出）自动为你选择要采样的区域——使用键盘上的左、右括号键使你的画笔比瑕疵稍微大一点，然后单击。虽然它是最容易使用的，但是它在面部的修饰最不准确，因为在不同的区域，皮肤的走向是不同的。污点修复画笔有时会选择从皮肤走向错误的区域采样，最终会出现污迹。

图8-26

第2步

使用修复画笔（如**图8-27**红色圆圈所示），你可以告诉Photoshop从哪里取样——选择附近的皮肤区域进行修饰，效果会更好，但是需要执行更多操作。只需将鼠标光标移动到附近干净的皮肤区域，按住Alt（Mac：Option）键，并单击该区域以对其进行采样。接着，将鼠标光标移动到要去除的瑕疵上，使画笔略大于瑕疵，然后单击，瑕疵就消失了。

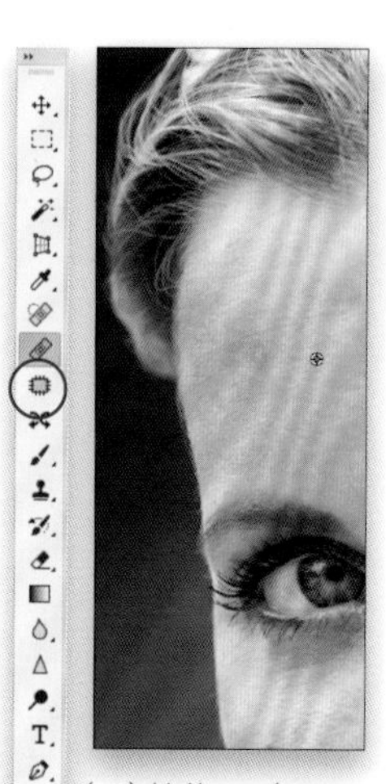

（1）按住Alt（Mac：Option）键并单击附近干净的皮肤区域

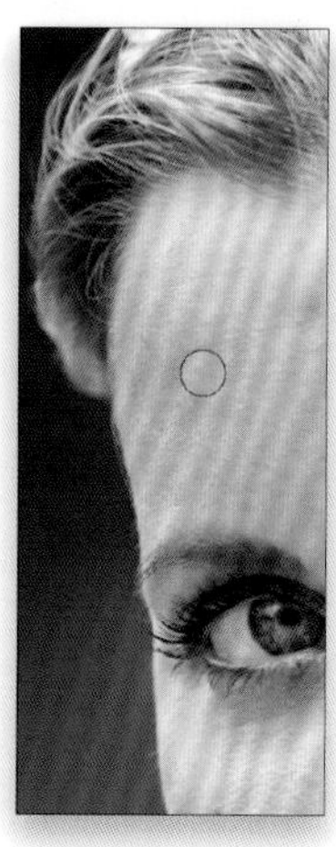

（2）将鼠标光标移动到你想要去除瑕疵的区域

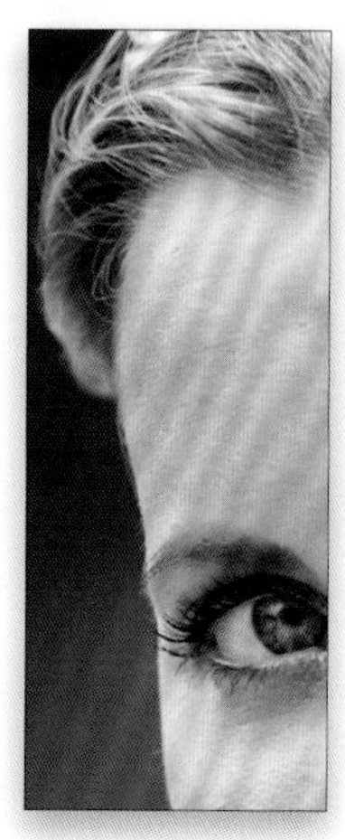

（3）单击将瑕疵移除

图8-27

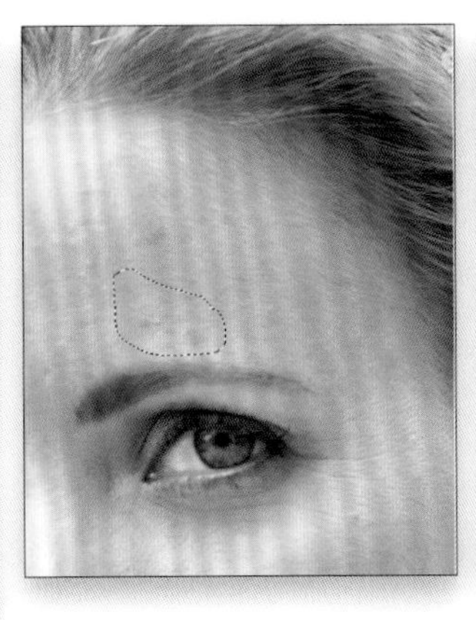
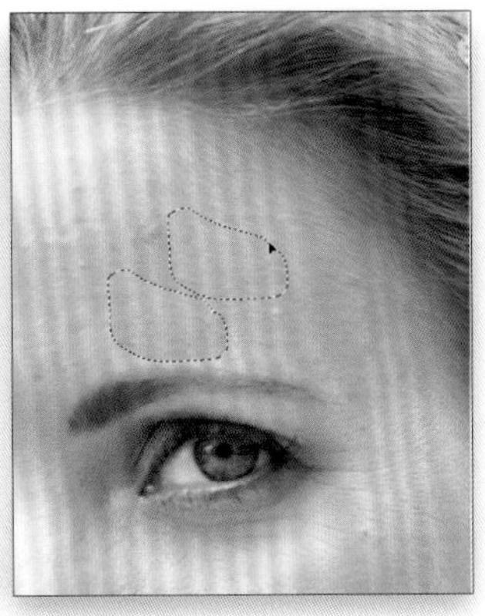

图 8-28

图 8-29

第 3 步

第 3 个修复工具是修补工具（如**图 8-28** 红色圆圈所示），通常用于去除较大的瑕疵（如手臂上的疤痕和较大的胎记），或者一次性清除附近区域的一堆瑕疵。你可以像使用套索工具一样使用它：在要去除的瑕疵区域周围点击并拖出一个选区（如**图 8-28** 左图所示）。然后，点击选区内部，将其拖动到附近干净的皮肤区域（如**图 8-28** 右图所示），你将看到修复后的预览效果。如果看起来不错，只需放开鼠标按钮，选区就会恢复原位，瑕疵也消失了。

第 4 步

最后一步是当你想减少一些东西，而不是删除它时。例如，如果你想减少一个痣，或者一块雀斑，但不能完全去掉它们。秘诀是：继续去除痣或瑕疵，但是在去除之后（在执行其他操作之前），进入编辑菜单，选择渐隐污点修复画笔（或渐隐修补选区工具，如果这是你最后使用的）。这将弹出渐隐对话框，其本质就是“在滑块上撤销”。向左拖动滑块会恢复一些瑕疵或痣（在本案例中，是她嘴唇上方的小痣），所以你是在减少它，而不是完全消除它。

图 8-30

8.6 美丽肌肤的秘密

在Lightroom中软化皮肤的问题是，它会软化过度而几乎抹掉皮肤的纹理，这样人物主体的皮肤就会看起来很假。这就是为什么一提到软化皮肤和保持纹理，我们总是会转到Photoshop中进行。我们要实施的技法叫作“频率分离”，这对于修饰不均匀、斑点状的皮肤和解决很多问题非常有用，但是不会丢失掉关键的皮肤细节。真是太神奇了。

第1步

在Lightroom中，选择你想要修饰的图像，然后按快捷键Ctrl-E（Mac：Command-E）将其在Photoshop中打开。在我们进行任何皮肤修饰之前，我们总是会先去除大而明显的瑕疵。在把图像跳转到Photoshop打开之前，你可以使用Lightroom中的污点去除工具（Q），这非常棒。从基本上来说，你可以使你的画笔稍稍比瑕疵大一点（使用键盘上的左、右括号键），然后单击一下瑕疵，它就消失了。一旦你去除了任意一个主要的瑕疵（无论是在Lightroom还是Photoshop中），你需要复制两次背景图层，因此请按快捷键Ctrl-J（Mac：Command-J）进行复制，然后再按一次复制第二份。

图8-31

第2步

单击顶部图层缩览图左侧的眼睛图标，将其从视图中隐藏，因为我们将对其下方的图层（中间的图层1）进行处理。现在，单击激活中间图层（如**图8-32**所示），然后在滤镜菜单的模糊选项下选择高斯模糊。当弹出滤镜对话框时（如**图8-32**左侧所示），我们会增加半径数值直到皮肤变模糊，看起来像是所有的色调混合到一起了。单击确定按钮，我们就暂时完成了对中间图层的处理。

图8-32

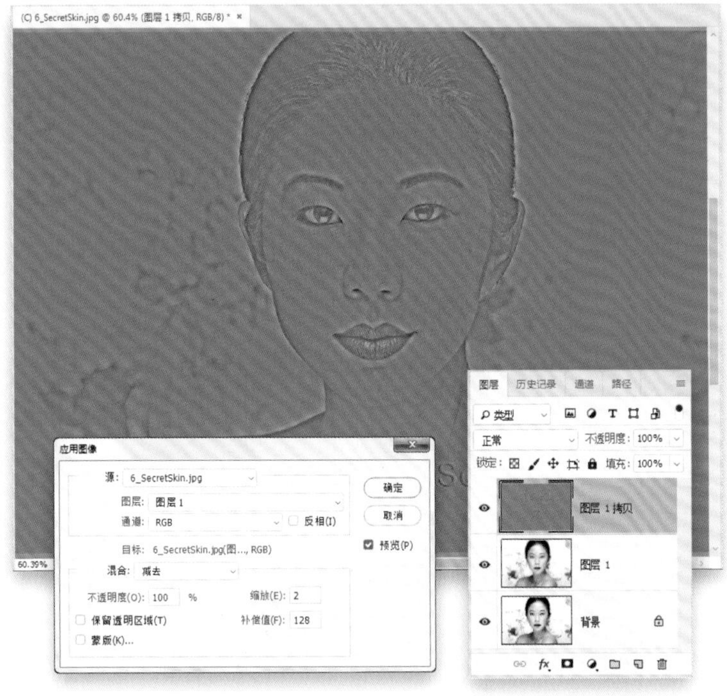

图 8-33

第3步

在图层面板中，单击激活顶部图层，然后点击眼睛图标原来所在的位置（图层缩览图左侧）使图层再次可见。然后，在图像菜单下选择应用图像。当弹出应用图像对话框时，你需要输入一些设置来实现这项技术。如果我能理解原理的话，我会详细解释这些，但我知道的是：它们会起作用，所以使用这些设置吧。从图层下拉菜单中选择图层1，从混合下拉菜单中选择减去，缩放值设为2，补偿值设为128，然后单击确定按钮（如**图8-33**所示）。你的图层应该看起来是灰色模糊图像。

图 8-34

第4步

从图层面板左上方的下拉菜单（在这里显示为正常）中将图层混合模式更改为线性光（如**图8-34**所示）。此时，图片应该看起来跟正常图像一样（没有模糊，没有灰色，只是正常的）。

第5步

你将要在中间图层执行你的工作，因此在图层面板中再次单击激活中间图层。最后，我们要开始做好事了。从工具栏中需选择套索工具（L）——这是一个可以让你绘制自由选区的工具，在主体对象皮肤不均匀的地方的周围单击并拖出一个选区。这片区域可能相当大，就好像他们的整个下巴或大部分的脸颊（如图8-35所示，我选择她左侧的脸颊），等等。

图8-35

第6步

既然我们的选区已经到位，我们将要做一些在修饰照片时经常会做的事情——柔和你刚刚创建的选区的边缘。现在，如果我们对这片区域做了任何处理，你会发现沿着你创建的选区有一个非常明显、锋利的边缘，而且可能看起来非常糟糕（而且能看出明显的修饰）。因此，我们需要柔和那些边缘使它们看起来不那么明显，但相反的是，我们在修饰部位和周围的皮肤之间得到了一种平滑、流畅的混合。它被称为“羽化”选区，为此，请你在选择菜单的修改选项下选择羽化。当弹出对话框时，我一般输入15像素的羽化半径值（数值越大，边缘越柔和，同样，如果你有5200万像素的相机或类似的东西，你应该使用20像素左右。在这种情况下，我们只需要15像素的羽化值即可），如图8-37所示。单击确认按钮柔和选区的边缘。

图8-36

图8-37

图 8-38

第 7 步

接下来，你将要对选区应用高斯模糊（我一般使用 24 像素的半径值，同样，相机分辨率越高，你需要的半径数值越大，因此试试输入 32 的效果如何），一旦你应用了这个模糊，没错，它使我们的皮肤变光滑了！它完美地融合在一起，而且也有丰富的皮肤细节纹理。这是一项相当神奇的技术。现在，你只需要对其他皮肤区域（包括脸、手臂、脸颊，等等）重复这个操作的最后一部分：（1）使用套索工具在另一皮肤区域周围创建一个选区；（2）应用 24 像素的高斯模糊完成该技术。按快捷键 Ctrl-D（Mac：Command-D）取消选区，然后在主体对象的脸部或其他皮肤区域重复上述步骤。我在**图 8-39** 中放上了修改前和修改后的图像，这样你就可以看出区别了。

图 8-39

8.7 液化功能中修饰身体部位的其他实用工具

除了面部识别滑块（我们在本章前面已经看到过），液化滤镜中还有个向前变形工具，它比听起来更实用、更简单。它能让你像浓稠液体（或糖浆）一样移动你的主体对象，而且这里有两个技巧可以帮助你更好地使用它：（1）使你的画笔略大于你想要移动的对象；（2）慢慢地推动它。不要猛地绘制大笔触，只需轻轻推动即可。完成这两项操作，你就会得到一个逼真的修饰效果，而且让人看不出来你对原图像做过什么。

第1步

在这个特定的姿势中，我们的主体对象的右肩好像有一根小骨头伸出（我在这里用红色圆圈圈出）。使用Photoshop的液化滤镜只需10秒即可修复，因此在滤镜菜单顶部选择液化（如图8-40所示）。

图8-40

第2步

当弹出液化对话框时，在左侧的工具栏中选择位于顶部的工具——向前变形工具（W；可以将物体像黏稠的液体一样移动）。我们要使用该工具消除肩膀上的肿块。记住，成功使用这个工具的两个主要技巧之一就是使你的画笔比想要修饰的区域稍大一些。你可以使用键盘上的左、右括号键（在标准美式键盘上它们位于P键的正右侧）调整画笔的大小。按左括号键可以使画笔变小，按右括号键可以使画笔变大。这里，我将画笔调整得比要修饰的区域稍大一点。

图8-41

图8-42

第3步

现在，使用向前变形工具轻轻推一下那块凸起（如图8-42所示）。整个过程只需10秒。如果出于任何原因不喜欢这个效果，请按快捷键Ctrl-Z（Mac：Command-Z）撤销你的修饰，然后在进行别的尝试。请记住第二条提示：用画笔轻推以获得最佳效果。

提示：冻结不想移动的部分

如果你正在移动一大块东西（比如某人的耳朵、侧脸、腰，等等），当你使用向前变形工具时，你总是冒着移动不想移动的东西的风险（比如他们的眼睛、脸颊或鼻子）。通过使用冻结蒙版工具（F；工具栏从底部往上数的第5个工具）。只需在那些区域上绘制，它们就会呈现出红色，表示它们已经被冻结了，无论发生什么现在都不会移动了。当你使用完向前变形工具后，你可以使用解冻蒙版工具（D；位于冻结蒙版工具的下方）擦除那些红色冻结区域。只需在红色区域上绘制，即可将其解冻。

图8-43

第4步

当我们修复好肩胛骨后，我们可以在她的胳膊和上衣接触的地方做些小调整（如图8-43所示）。请记住得到最佳效果的两个重要提示：（1）使画笔略大于你想要移动的对象；（2）用画笔轻轻地推动。

8.8 打造美丽的牙齿

如果某些人在我拍摄照片时微笑，我总是花一些时间确认他们的牙齿是不是很齐，牙齿之间有没有看起来令我们闹心的牙缝；牙看起来是不是非常尖，或跟任何一侧的牙相比显得太短；或任何使他们的牙齿看起来不够完美的地方。我们使用液化滤镜，这是因为它可以移动牙齿，一颗一颗地挪动，好像它们是黏稠液体制成的。你可以朝你需要的方向推拉它们。下面将介绍如何操作。

第1步

在Photoshop中打开我们想要修饰牙齿的图片。首先，让我们评判一下我们需要做的：左边的前牙在右下角有一个小缺口，左边的第二个牙也是。右边的前牙在左下角有一个小间隙，我会把一些牙齿的尖磨平，一般来说，只是试着把它们都弄平整一点。她的牙齿实际上是相当完美的，但这个镜头的角度使它们看起来有点歪且不均匀。因此，在滤镜菜单下选择液化。

图8-44

第2步

当液化对话框出现时（如图8-45所示，我只展示了左侧，因为我们不会接触右侧的任何滑块或控件——这都是画笔的工作，先放大图像按快捷键[Command-+;（加号；PC：Ctrl-+）几次，我放大到200%]。然后，确保你选中了左侧工具栏顶部的第一个工具[叫作向前变形工具（W），它让你可以像糖浆一样推动周围的事物]。使用液化滤镜工作的关键是做很多很小幅度的移动——不要只是选取一个大画笔工具来推动周围的图像移动。我们将从左侧的门牙开始调整。现在，使你的画笔稍大于该缺口，然后轻轻地将缺口上方的区域向下推以填充该区域，使牙齿底部变均匀。这就是你看到我在这里所做的——将缺口上方的区域向下轻推以填充该区域，这样牙齿看起来会很均匀。

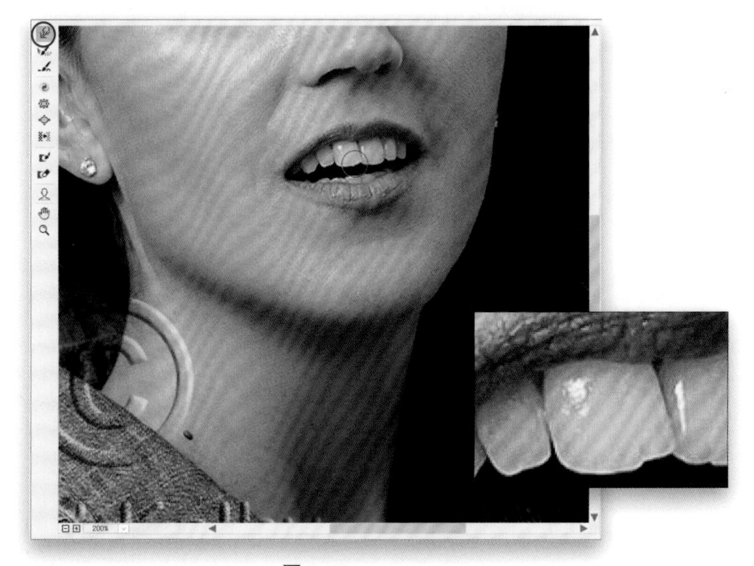

图8-45

图 8-46

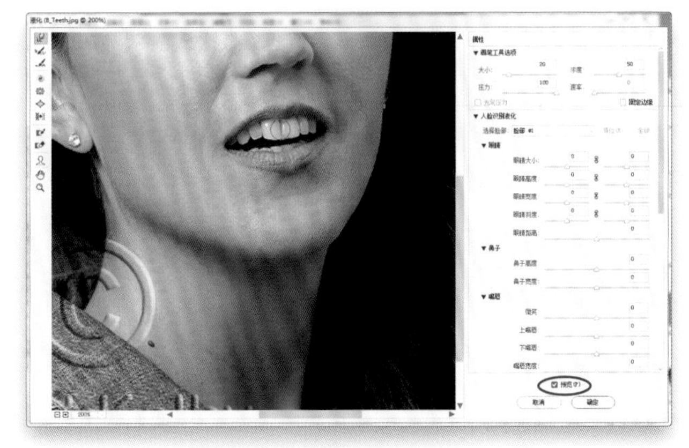

图 8-47

第 3 步

现在，让我们研究一下右边的门牙。它的左下角有一个小凹口，因此将你的画笔缩小一点，然后凹口正上方点击并轻轻地向下推动以填充凹口（如图 8-46 所示）。接下来，我们将要做更多相同的工作，所以让我们来研究左边第二颗牙齿右下角的凹口。再次将画笔的尺寸调整到凹口大小，单击凹口正上方，然后向下拖动将其填充。掌握液化修饰的一个秘技就是使你的画笔尺寸略大于你想要调整的区域。如果你遇到麻烦，很可能是因为你的画笔太大了。

第 4 步

所以，这就是基本的过程：你要一颗一颗的移动牙齿。为了使牙齿更长，单击牙齿的底部附近，并且轻微向下移动一些。在观察两颗门牙时（既然它们的底部很直），我发现左边和右边的牙齿有点重叠。因此，让我们轻轻地将左边牙齿的右边缘向左推一点，这样它们看起来不会重叠太多（如图 8-47 所示）。我的目标是让一切都完美的保持在一条线上。若要快速查看修改前后的效果，在对话框右下角勾选/取消勾选预览复选框。

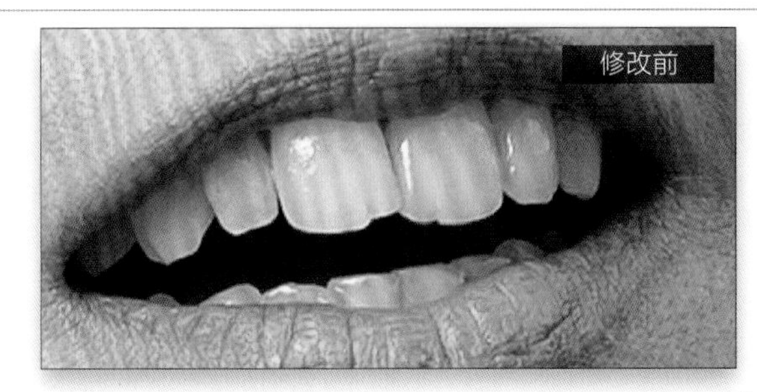

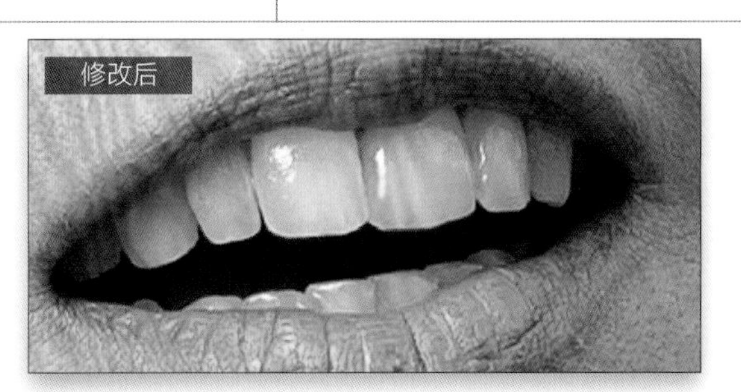

图 8-48

8.9 缩小下巴或下颌

这个人像修饰技巧通常会用在你想要让一个人变瘦，但照片里不止一个人时。它是这些技术中的一种，当你看着它时，你会认为，“这是不可能做到的。”但是，虽然只需要几秒钟，但它确实做得惊人的好。去试试吧。

第1步

在Lightroom中单击你想要修饰的人像，然后按快捷键Ctrl-E（Mac：Command - E）以在Photoshop中打开它。这里，我们要缩小他的下巴和下颌。

图8-49

©ADOBE STOCK/BIKER3

第2步

选取套索工具（L），在你拍摄对象的下巴和面部再往下两侧的位置选取一个非常宽松的范围（如图8-50所示，我放大了一点图像使你能更好地看到我选择的区域）。我避免选择他的下巴，因为这项技术也会使它更小。如果你想要的话，也可以选择下巴区域，但是在这个例子中，我认为他的下巴本身看起来和他的脸的其他部分比例合适。现在，在选择菜单中选择修改，再选择羽化，柔化选区边缘。当出现羽化选区对话框时，输入10像素，然后单击确定按钮。

图8-50

图8-51

第3步

在滤镜菜单下找到扭曲，选择挤压。当挤压对话框出现后，一直向右拖动数量滑块，直到选中的区域缩小，但又不会看起来太明显。当你拖动滑块时，你会在滤镜对话框中的小预览窗口，看到滤镜是如何影响照片中人像的效果预览图。在这个案例中，我选择了58%，但这取决于你的拍摄对象，你可能需要更多或更少——这完全取决于照片。遗憾的是，该滤镜没有在屏幕上显示预览。要想很快地看到用了滤镜的前后效果是什么，只需要用光标单击并按住预览窗口，就可以看到之前的效果，然后让我们去看看使用滤镜之后的效果。单击确定按钮，滤镜就应用到你选定的区域了（前后效果对比如**图8-53**所示）。在某些情况下，使用一次滤镜是不够的（这太微妙了），因此再次应用相同的滤镜效果，采用完全相同的设置，请按快捷键Ctrl-F（Mac：Command-F）。当你完成调整后，请按Ctrl-D（Mac：Command-D）取消选择。

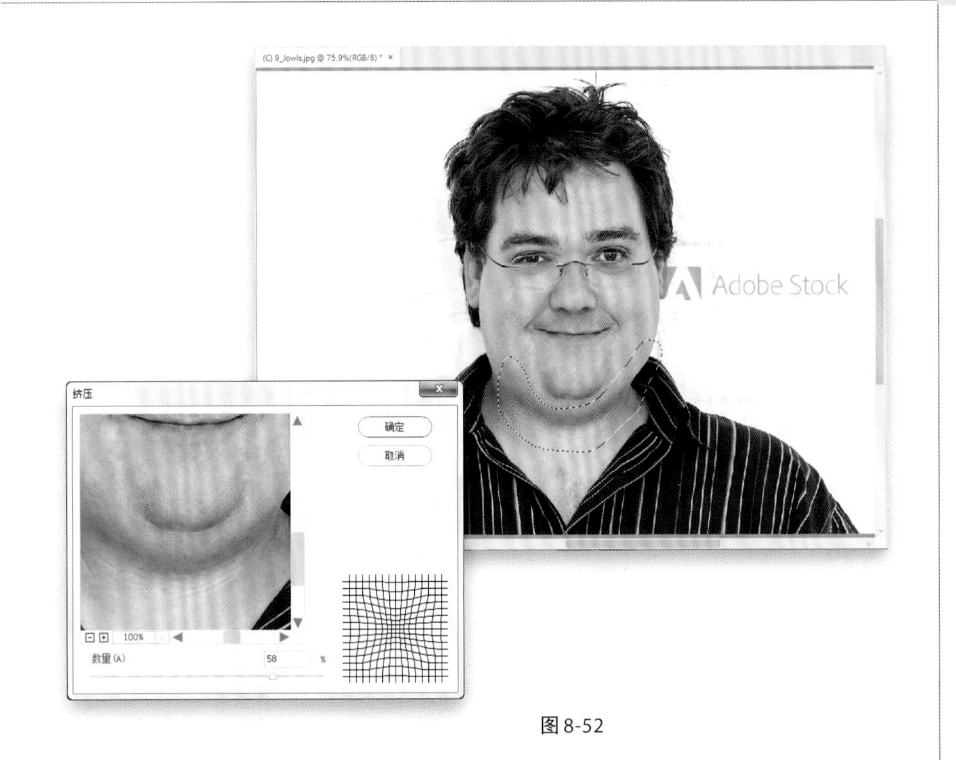

图8-52

图8-53

8.10 使用操控变形调整身体部位的位置

当你需要改变身体某个部分的位置时可以使用操控变形功能。它可以是身体的很大一部分，比如腰部以上的部分，也可以是头和肩膀，也可以是小到改变某人手和手指的位置。它非常好用，而且是一个未被充分使用和低估的修饰工具。使用一两次，你就会发现它有多强大，并且你还会想将它添加到你的修饰“兵工厂”。在这里的第一个例子中，我们要调整主体对象头部的位置，这样它就会更直立，而不是向左倾斜。

第1步

首先，选择你的主体对象并将其放在自己的图层上（如**图8-54**所示）。我通过使用快速选择工具（W）来完成这项工作，然后在选项栏中点击选择对象按钮，使Photoshop在我的主体对象周围自动设置一个基本选区。然后，我单击选择并遮住按钮，选择调整边缘画笔工具（R；在选择并遮住的工具栏中），并沿着头发边缘绘制以选择末端。接着，我将选中的主体对象放在她自己的图层。使用仿制图章工具（S），按住Alt（Mac：Option）键并通过在背景图层单击进行采样，以将其在背景图层上清除。然后在主体对象上绘制以将其复制。

图8-54

第2步

接下来，在编辑菜单下选择操控变形。你的图像上会出现一个网格（如图8-55所示）。网格一直延伸到你的主体对象的边缘，而且有时还会在它们周围形成锯齿状的边缘。因此，在选项栏中，将扩展值增加到20～25像素。这会扩大网格的外边缘，给你一些喘息的空间，这样你就不会得到那些“锯齿”。顺便提一下，对于像这样一个简单的位置变换，在选项栏中，将浓度保持为正常设置即可得到不错的效果。如果你想移动的部位更小或更细节，比如脚或手，选择较多点以得到一个更紧密的网格，又或者你想移动一个大而简单的部位，选择较少点移动到更疏松的网格。

图8-55

图8-56

图8-57

第3步

现在，我们将在不想移动的区域点击并添加锚点以将其锁定。我们先从她左侧的裙子开始添加锚点，然后继续往上，一个放在她的左肘，一个放在她的肩膀附近，一个放在她的脖子下面，一个放在她的前额（就是我们为了让她的头更直而要移动的部位）。然后，单击她的右侧添加锚点，一个在靠近肩膀，另一个在前臂外侧，另一个在裙子右侧（你可以看到我所有的锚点都用红色圆圈圈出）。尽管我们只用移动一个她的前额（这样我们可以调整她头部的位置，使其更直而不是向左倾斜），但是你可以单击并移动这些锚点中的任何一个。如果我们不接触它们，它们就会充当锚防止这些区域移动。如果你开始移动某个区域，那么周围的区域也会随之移动（如果你不想其他那些区域移动），请在附近区域单击以添加更多锚点防止这些区域移动。

第4步

当我使用操控变形时，一旦我的锚点就位，我会将网格从视图中隐藏，这样它就不会在我修饰照片干扰我拥有一个清晰的视野。要隐藏网格，请按快捷键Ctrl-H（Mac：Command-H）。隐藏网格后，剩下唯一可见的就是我们放置的那些锚点。现在，点击她前额顶部的点，轻轻向右拖动它，这样她的头就更直了（如图8-57所示）。她头部周围的区域移动非常自然，整个重新定位非常流畅。

提示：删除大头钉

要删除已添加的大头钉，请按住Alt（Mac：Option）键，然后将鼠标光标移动到要删除的锚点上，它将变为一把剪刀。请用剪刀单击取下那个大头钉。

第5步

当你完成操控变形调整后，请按Enter（Mac：Return）键锁定你的调整。我在这里展示了修改前和修改后的图像，这样你就看见在调整前，她的头是有点向左倾斜的（**图8-58**左图所示），而在操控变形后，她的头更直立（**图8-58**右图所示）。好吧，让我们再来看下一个例子，因为我真的希望你能在需要的时候使用它。

这里，她的头向左倾斜

在使用操控变形后，她的头更直了

图8-58

第6步

在这张照片中，我把相机按快了一秒，没有捕捉到她把腿弯的足够高的画面。但是，有了操控变形工具，这是个很容易解决的问题。请记住，第一步是要在你的主体对象周围放置一个选区，然后将它们放在自己的图层上，就是我在这里所做的，使用跟之前一样的技法——从工具栏中选择快速选择工具，然后单击选项栏中的选择对象按钮在适当的位置放置一个基本选区。接下来，我通过单击选择并遮住按钮微调选区，当出现选择并遮住工作区时，我选择调整边缘画笔工具在她的头发边缘绘制（如**图8-59**所示）。顺便提一下，为了让我更容易看到所选内容，在右侧属性面板顶部的视图下拉菜单中选择叠加。这会在所有未选定的区域上加上红色，而我已经选择的区域都是彩色的，如你所见。当你完成后，在靠近属性面板的底部，从输出到下拉菜单中选择新建图层，这样你选择的主体对象将出现在各自单独的图层上。

图8-59

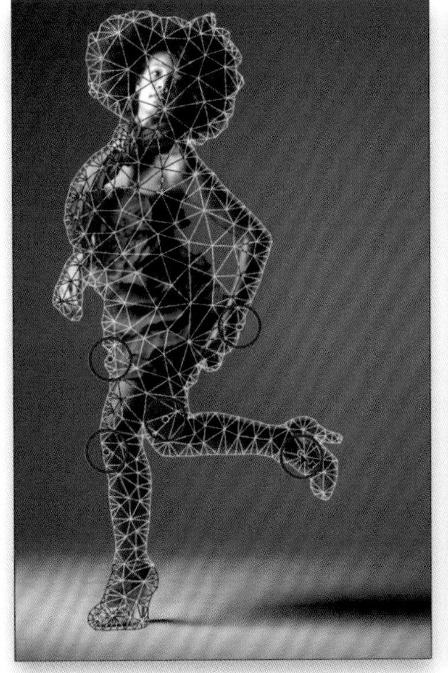

图8-60

图8-61

这是她的腿的原始位置

这里同一条腿踢得更高了

图8-62

第7步

当你的主体对象现在在自己的图层上时，在编辑菜单下选择操控变形，在你的主体对象上放置一个网格（如**图8-60**所示）。现在，请设置你的锚点（我添加到她的左手腕；她另一条腿的裙尾处；她弯曲的腿的弯曲处；她直立的那条腿的膝盖处；还有一个我想移动的锚点，我放在她左脚的顶部），它们在图8-60中都已经用红色圆圈圈出。接下来，单击脚上的锚点并向上拖动，这样腿就会向上弯曲更多，正如你在**图8-61**所看到的，我只是简单地将它向上拖动。当效果看起来不错时，请按Enter（Mac：Return）键锁定你的修改。现在，在原始图层上有了额外的一条腿。在图层面板中，单击顶部图层左侧的眼睛图标隐藏该图层，然后单击背景图层将其激活。接着从工具栏中获取套索工具（L），在你移动的那条腿的周围绘制一个宽松的选区，然后按Backspace（Mac：Delete）键，并从填充对话框的内容下拉菜单中选择内容识别，以自动使用一些灰色背景填充该区域。请单击确定按钮，按快捷键Ctrl-D（Mac：Command-D）取消选择，然后在顶部图层缩览图左侧眼睛图标的位置单击以将其重新打开。非常简单！

第8步

图8-62里是修改前和修改后的图像，左侧的是原图，右侧是对腿进行操控变形调整后的版本，可以看出她的腿踢得更高了。

8.11 掩饰工作室的错误

当我修饰人像照片时（由于我经常在工作室使用无缝的纸张背景），我经常遇到这种问题（或者类似的问题），所以我把它放在修饰的章节来讲，尽管你也可以在我们进行修复、修理、移除和覆盖操作时了解到。但是，不管怎样，它似乎应该在这里（这是一个很简单的修复方法，如果你现在学习它，你将会在其他地方用到它）。

第1步

在这个例子中，我的红色无缝卷边纸不够宽，无法覆盖背景架和其他装备，所以我们将使用一个快速修饰技巧来拓展背景。从工具栏中选择矩形选框工具（M），在问题所在位置附近的干净背景区域中单击并拖出一个选区。现在，请按快捷键Ctrl-T（Mac：Command-T）在选区周围显示自由变换边框。你在这里可以看到它在角落和每条边的中心都添加了控制点。

图8-63

第2步

当你将光标移动到控制点上时，如果仔细观察，你可以看到它变成了一个双向箭头，你可以将其拖入或拖出。所以，为了覆盖你在右边看到的所有垃圾，在我的红色无缝纸后面，抓住右边的中心控制点，然后简单地将所选区域从图像的边缘拉伸出来，这样它就覆盖了这些内容（如图8-64所示）。当你完成此操作后，只需单击边框外的任意位置以锁定转换即可，然后按快捷键Ctrl-D（Mac：Command-D）取消你的矩形选区。好了，现在我们来修复另外一边。

图8-64

图 8-65

第3步

左侧有一个小得多的缺口（但也仍然是个缺口），我们会用同样的方法修复它。通过使用矩形选框工具，在干净背景附近的区域点击并拖出一个高高的矩形选区，然后，按快捷键Ctrl-T（Mac：Command-T）在选定区域周围显示自由变换边框（如图8-65所示）。

图 8-66

第4步

现在，用同样的技术修复不同的一边。抓取左中心控制点将其一直拖曳到左侧（可以直接从图像边缘拉出）将干净的选定区域拉伸，使其覆盖间隙（如图8-66所示）。单击边框外的任意位置以锁定转换，然后按Ctrl-D（Mac：Command-D）取消选择。我告诉过你这很容易。

照片合成

- 关键技法——头发蒙版
- 混合两个或多个图像
- 为你的背景添加纹理
- 一人多次合成

9.1 关键技法——头发蒙版

近几年来照片合成（说实在的，就是将人物从背景剥离出然后放到另一个背景上）变得越来越受欢迎，因为操作流程变得越来越简单了，尤其是当遇到为随风飞舞的头发制作棘手的选区的情况时。而且，Adobe已经将一些人工智能和机器改造能力添加到Photoshop CC中，使其操作更加简单。不要被步骤的数目吓到，从而认为这项技术很难推进——它再简单不过了。本节将介绍它是如何工作的。

第1步

在Lightroom中选择你想要更换主体对象背景的照片，然后按快捷键Ctrl-E（Mac：Command-E）将该照片在Photoshop中打开（如图所示）。在我们深入进行制作选区流程之前，如果你在纯色（如灰色、棕褐色或米色等）背景上编辑照片时，将对象主体从背景剥离会很容易。在这个例子中，我使用了白色无缝纸作为背景，而且没有对其打光，因此它变成了默认的亮灰色。

图9-1

第2步

我们想要尽可能多的选中我们的主体对象，包括飞扬的头发。我们分两步进行操作：从工具栏中选择快速选择工具（W；从上往下数的第四个图标，这里用红色圆圈圈出），但不是真的要用到它。相反，我们要让Photoshop为我们的主体对象创建原始选区。请在上方的选项栏中单击选择主体按钮（如图9-2所示）。你要做的就是这些。稍等几秒，它就会为你自动创建一个基本选区（如图9-2所示）。它不包含所有那些难以选中的区域，比如她头发的外边缘，但是没关系——这是下一步要做的。

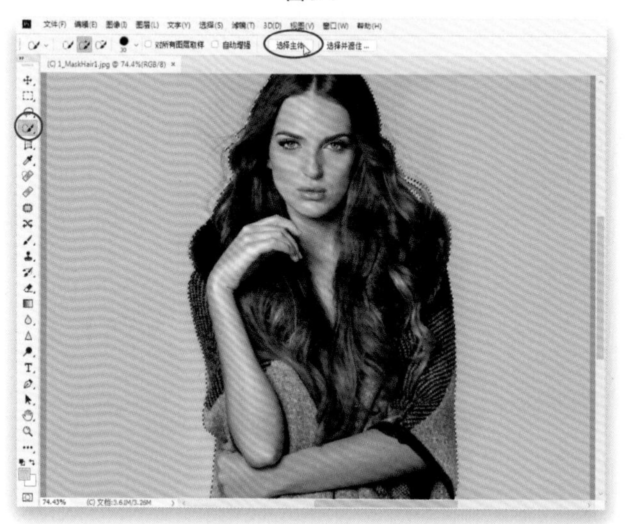

图9-2

图 9-3

图 9-4

第 3 步

一旦选择对象使你的基本选区就位（全部过程只需 3 秒），点击右侧的按钮——选择并遮住。这会为创建棘手的选区（如头发）开启一个特殊的工作区，它的使用如此简单，你将会被震惊到。在我们开始添加蒙版之前，让我们先改变一下默认视图，这样就能更容易观察到发生的改变。在工作区的右侧，属性面板顶部视图模式区域中的视图下拉菜单中选择叠加（如**图 9-3** 所示）。图中展示了已经被选中的全彩区域（如**图 9-3** 所示），但通过红色叠加，你看到的所有被红色覆盖的都是未被选中的区域。因此，由于这个色调是透明的，我们可以看到她头发的哪些区域是未被纳入选区的——基本上说，就是她脑袋左右两侧被风扇吹起的头发，以及她大衣上黑色人造毛皮领子的边缘。在下一步中，我们将告诉 Photoshop 哪些棘手的头发部分还被选中，然后它将“施展它的魔法”。

第 4 步

选择头发的秘诀是使用调整边缘画笔工具（R；工作区左侧工作栏从上往下数第二个工具）。你要做的就是拿起画笔，让它的边缘拓展你想要选择的区域（如**图 9-4** 所示，在她的头发上拓展了约 1/3 的区域），并沿着她头发的那些区域涂抹。要改变画笔的大小，请使用左、右括号键将其调小或调大。对于那些被风扇吹起来的一缕头发，也把它们涂抹上——当你在涂抹它们时，你会发现红色不见了，而且那些区域变成了彩色（如**图 9-4** 所示）。请查看在先前步骤中的那些区域——它们都被红色覆盖（而且你可以看到部分的灰色背景），但是现在红色消失了，因为它们已经是我的选区的一部分了。不要涂抹得太快——在背景中进行着一些严谨的数学计算，而且在其施展魔法时，你甚至可能看到一个小的圆形“等待”光标出现片刻。

第5步

在她右边被吹起来的头发上绘制，你可以看到，那些飘逸的头发现在是全彩色，而且也是我们选区的一部分。在这里，我在她的人造皮毛的边缘上进行绘制，它正好在皮毛上所有的小缝隙之间（这真的是“Photoshop魔法”的一部分）。如果你犯了一个错误，在开始时选择的区域太多（她已经被选中的部分开始染上红色），请切换到工具栏的下一个画笔——画笔工具（B），只需在那些着色区域上绘制，将它们恢复到全彩选区即可——可将其视为“撤销”画笔。完成对这些复杂区域的绘制后，请前往属性面板中的输出设置部分。这是在单击确定按钮后告诉Photoshop要做什么的地方。首先，我通常会勾选净化颜色复选框，以去除从灰色背景中选区的边缘上的任何颜色，它一般很好用，而且我把数量设置为100%。接下来，从输出到下拉菜单中，我通常选择新建图层（如图9-5所示）。当你的技艺得到一点提升并了解了如何编辑蒙版时，你可以选择带图层蒙版的新图层，这样在单击确定按钮后，你就可以使用画笔继续手动编辑蒙版。

图9-5

第6步

单击确定按钮后，原始背景图层会被隐藏，你选择的主体对象会出现在她自己的图层上（如图9-6所示），背景是透明的（灰色和白色的棋盘格区域代表透明区域。这就是当背景图层从视图中隐藏后Photoshop显示的透明部分）。现在，如果你仔细观察，会发现有些区域是“漏掉”的（这些区域本不该是半透明的），比如靠近皮毛部分的边缘，靠近她外套顶部的边缘，甚至她飘逸的头发也不全是显示出来了。这是个很典型的问题，但我们还没有完成——下一步就是马上修复这些区域。

图9-6

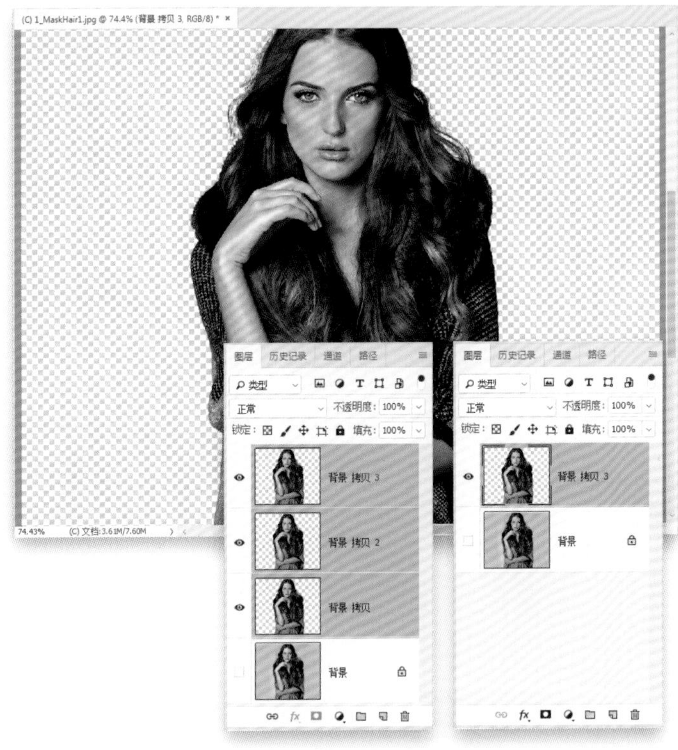

图 9-7

第7步

这是一个我几年前发现的技巧，而且对我造成了巨大的改变。这个技巧非常简单：复制两次图层。就是这样——只需按快捷键Ctrl-J（Mac：Command-J）两次即可对图层进行两次复制。它的作用是在那些边缘建立像素，并将这些区域填充得很漂亮。它填充头发的边缘，使其更厚、更醒目、更饱满一些。将此图像中的边缘和飞扬的头发与第6步中的复制图层图像对比。差别很大。完成操作后，我们不再需要3个图层了，所以我们将它们合并到一个单独的图层中。请按住Ctrl（Mac：Command）键并单击3个图层将它们全部选中（如**图9-7**所示，左下角）。现在，请按快捷键Ctrl-E（Mac：Command-E）将它们合并到一个图层中（如**图9-7**所示，右下角）。别担心，这样可以可以保持图层的完整性。接着，请按快捷键Ctrl-C（Mac：Command-C）将这个图层复制到内存中。

图 9-8

第8步

打开你想要让其显示的打开的背景图层。这是一张在西雅图拍摄的城市街景照片。

提示：填充未选中的遗漏区域

如果有一些区域已经“漏掉”了（部分是透明的），而不是有我的“拷贝两次图层”技巧修复的，那么请从工具栏中获取历史画笔工具（Y），并在那些区域上绘制。这个画笔的本质是“撤销画笔”，所以当你在那些“漏掉”的区域上绘制时，它会重新绘制回你第一次打开它时图像的外观。非常方便。

第9步

还记得在第7步中，你是如何将主体对象的合并图层复制到内存中的吗？现在让我们通过按快捷键Ctrl-V（Mac：Command-V）将它粘贴到背景图层图像的顶部。然后，请按快捷键Ctrl-T（Mac：Command-T）打开自由变换，单击并向外拖动一个脚点以调整其大小，将她移动到背景的左侧，然后只需单击边框外的任意区域锁定变换即可。现在，我们还有一些工作要做，因为颜色不太对，而且通常情况下，在你将主体图层粘贴到背景后，你会看到沿着主体图层外边缘的有一条细细的白色条纹。因此，首先，如果你看见了那个细白条纹，请在图层菜单底部的修边选项下选择去边。当对话框出现时（见**图**9-9），输入1像素并单击确定按钮。这通常会起作用。如果不起作用，请按快捷键Ctrl-Z（Mac：Command-Z）撤销去边，然后重试，但这次请尝试2像素。或者，如果你的主体对象最初是在一个非常亮或白的背景上，请从修边菜单中尝试选择移去白色杂边（如果主体对象的背景很暗，请尝试移去黑色杂边）。有时这些操作会得到意想不到的效果；有时会在主体对象的头部周围添加一个混乱的区域，如果是这样的话，只需撤销操作即可。

图9-9

第10步

在我们的例子中，去边并没有做太多的事情，但是如果它不起作用，就不会对图像造成任何损害，只需撤销操作即可。好了，现在我们让她的整体色调更好地匹配背景。要做到这一点，我们首先需要按住Ctrl（Mac：Command）键，并在图层面板中直接单击主体图层的缩览图，以把选区恢复到她周围。这将重新加载此图层的选区（如**图**9-10所示，她的选区又回到了原来的位置）。

图9-10

第11步

既然选区已经回到原位，请转向图层面板底部并单击创建新图层图标（看起来像一个折角的页面，就位于垃圾桶图标的左侧）在图层堆栈顶部创建一个新的空白图层。然后，我们要从背景中“偷”一种颜色，但不是随便一种颜色——我们想要的是一种最突出的颜色。对于我来说，圆柱上的浅蓝色比较醒目，因此切换到吸管工具（请按键盘上的字母键I），然后单击蓝色圆柱里的某个位置选择该颜色作为你新的前景色。现在，为了用这种颜色（是的，它应该仍在原来的位置）填充你的选区，请按快捷键Alt-Backspace（Mac：Option-Delete）用这个浅蓝色前景色填充你的选区（如图9-11所示）。接着，请按快捷键Ctrl-D（Mac：Command-D）取消选择。当然，填充色完全覆盖住了它下面图层上的主体，但我们会解决这个问题。

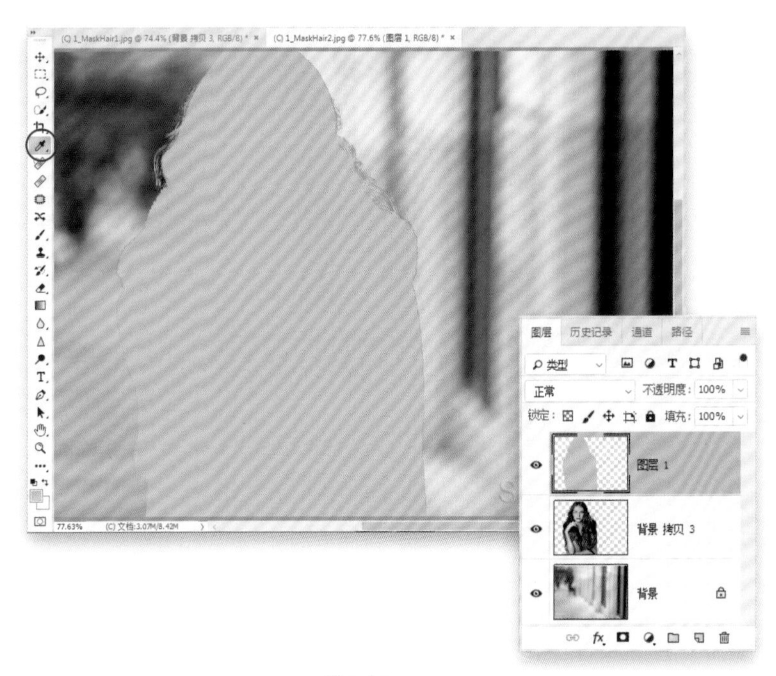

图9-11

第12步

下一步，我们要将图层的混合模式更改为那种让颜色透明而非纯色填充覆盖我们的主体的模式。因此，从图层面板左上方的混合模式下拉菜单选择颜色（如图9-12所示）。这使得蓝色填充色变得透明，而且现在它更像是一种色调。当然，现在她看起来是蓝色的，但这是朝着正确的方向迈出的一步（我们将在下一步对此进行调整）。

图9-12

第13步

你将要再次返回图层面板，但是这次你要在靠近右上方处降低蓝色图层的不透明度设置，直到它恢复一些原始颜色，但保留顶部的蓝色会更匹配背景场景。这里我把不透明度降低到42%，现在和背景匹配多了（如**图9-13**所示）。然后，我们在图层堆栈的顶部创建一个新图层，看起来像是我们把图像展开了（去掉了所有图层）。这将允许我们对整个图像应用效果（而不仅仅是将效果应用到当前图层）。要执行此操作，请按快捷键Ctrl-Alt-Shift-E（Mac：Command-Option-Shift-E），然后在图层堆栈的顶部创建一个新图层，该图层看起来像展开的图像（如**图9-13**右下角所示）。现在我们准备好下一步了。

图9-13

第14步

我总是在Lightroom修改照片模块和Photoshop中的Camera Raw滤镜中执行一些收尾操作结束我的合成（它们的工作方式完全一样，做的事情也完全一样，因此这里选择Photoshop还是Lightroom全凭个人喜好罢了）。这次我选择在Photoshop中进行调整。首先，我觉得非常重要的一点是使我们的主体对象看起来像是在那个背景下的，所以我们需要对整个图像应用某种效果。这样做在视觉上统一了它。在滤镜菜单下选择Camera Raw滤镜。然后，在Camera Raw基本面板的右上方附近，单击配置文件下拉菜单右侧的四个小框图标，打开配置文件浏览器（如**图9-14**所示）。向下滚动到艺术效果配置文件并选择一个应用到你的图像。我选择艺术效果 04，它在整个图像上添加了一种漂亮的、对比度高的蓝色色调，并把它很好地结合起来。

图9-14

第15步

为了好玩，让我们尝试一种不同的外观，这样你就可以看到将这些效果应用于图像的合并版本时会如何影响整体合成。这里，我选择了艺术效果02的配置文件，它在整个图像上涂上了一种红色/棕色的色调，有助于将主题与背景统一起来。在配置文件浏览器中完成操作后，单击右上角附近的关闭按钮。

图9-15

第16步

我的最后一步（同样，在Lightroom的修改照片模块的效果面板中也可以这样做）是单击效果选项卡（fx图标），位于Camera Raw面板区域的顶部。然后，我转到裁剪后晕影部分，将数量滑块向左拖动（如图9-16所示，在这里我将其拖动到-15），从而使图像的外部稍稍变暗。到此该案例的调整就结束了。

图9-16

9.2 混合两个或多个图像

Lightroom没有一种功能可以让你拍摄一幅图像并将其平滑地混合到另一幅图像（或多幅图像）中。但是从艺术摄影师到商业摄影师都希望有这样的功能。这是Photoshop诞生的另一个原因。这个过程非常简单，甚至很有趣。它使用了图层蒙版，一旦你学会了怎么做，你就很难放下画笔了（可以这么说）。

第1步

我们首先在Photoshop中打开第一幅图像。在Lightroom中选择它，然后按快捷键Ctrl-E（Mac：Command-E）将其在Photoshop中打开。这就是我们将要在其上构建拼贴的图像。

图9-17

第2步

在Photoshop中打开第二幅图像。我们要在该图像周围放置一个选区，将其复制到内存，然后把它粘贴到我们打开的第一幅图像的顶部。因此，先在选择菜单下选择全部或者按快捷键Ctrl-A（Mac：Command-A）在整个图像周围放置一个选区。然后，在编辑菜单下选择拷贝[如**图9-18**所示，或者按快捷键Ctrl-C（Mac：Command-C）]。

图9-18

第3步

现在，单击第一幅图像（窗边的新娘肖像）并按快捷键Ctrl-V（Mac：Command-V），将五线谱图像粘贴到我们的新娘图像顶部（它会出现在自己独立的图层上）。获取移动工具（V；工具栏顶部的第一个工具），然后单击该图像并向右拖动一些（如图9-19所示）。这个想法是将这些图像混合，因此你能看见最右侧的五线谱，但是越靠近新娘，它就会渐渐消失。现在，完全不是这样做的。根本没有混合——画面中左边有一个非常明显、粗糙的边缘。但是，我们很快就会解决这个问题。

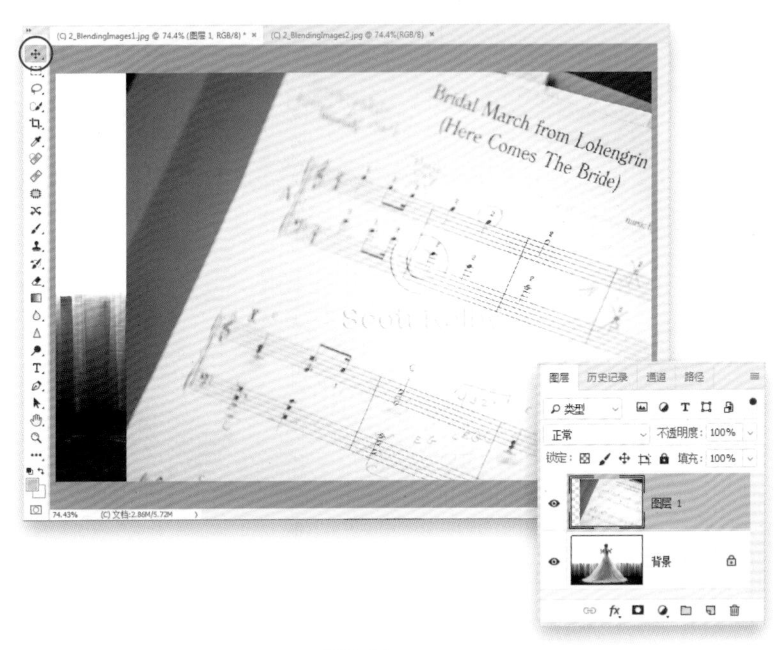

图9-19

第4步

要混合两张图像，我们第一步是单击图层面板底部的添加图层蒙版图标（从左数第3个图标，有红色圆圈圈出）。这会在你的五线谱图层右边添加一个白色图层蒙版缩览图。从工具栏中获取渐变工具（G；就是那个看起来像由黑到白渐变的矩形图标，你知道的），然后在上方的选项栏中，单击渐变缩览图右侧朝下的小箭头打开渐变选取器，选择黑色、白色渐变（顶行左数第3个）。在渐变缩览图最右侧是五种不同的渐变样式。单击第一个样式，就是那个标准线形渐变。现在，选取渐变工具，单击并将其从五线谱图像的左侧边缘向右拖动（如图9-20所示，顺便提一下，这里我添加了带箭头的红线帮助你了解拖动的路线。当你拖动渐变工具时，你只需要在红线的正上方画一条细线即可），这会在两个图像之间创建渐变混合（如图9-20所示）。你将渐变工具拖动得越远，图像实体部分和透明部分之间的过渡越长。

图9-20

第5步

让我们在Photoshop打开另一张图像。这次是一个上面有一颗用软木塞做成的爱心的香槟酒杯。原始颜色版本见**图9-21**左图，但我们可能会希望将此图像变为黑白，以便更好地与其他两个黑白图像混合。如果你只是使用Photoshop的去饱和命令（在图像菜单的调整选项下选择去饱和）删除颜色，它只会删除图像中的所有颜色，并且通常会留给你一个看起来很平淡的黑白图像（如**图9-21**右图所示）。这种不饱和版本使软木心看起来很黑，但幸运地是，我们可以应用黑白配置文件得到更好的效果（在软木不那么黑的地方）。所以，在滤镜菜单下选择Camera Raw滤镜，调出Photoshop版本的Lightroom修改照片模块，它们是以相同的滑块，以相同的顺序，做同样的事情。在靠近基本面板顶部右侧的位置，单击配置文件弹出菜单右侧带有四个小方框的图标，打开配置文件浏览器（如**图9-20**所示）。向下滚动到黑白配置文件，找到一个你觉得不错的配置文件（我在这里选择了黑白04，软木塞看起来变亮了不少。好极了！），然后单击确定即可。

图9-21

图9-22

第6步

一旦它变成黑白的，我们就可以选择所有，然后复制粘贴这个香槟酒杯以及带有用软木塞制成的爱心的图像到新娘和五线谱的黑白图像上。一旦粘贴好了图像，请切换到移动工具并将粘贴的图像向左拖动一点（如**图9-23**里看到的），这样就不只是覆盖整个图像。同样，它不会混合你右边粗糙的边缘，所以我们要做的就是“添加一个图层蒙版，获取渐变工具，然后从边缘内侧向外侧点击并拖动”来实现平滑的混合过渡。

图9-23

图 9-24

第 7 步

单击添加图层蒙版图标向该图层添加图层蒙版。然后，再次使用渐变工具（它仍将设置为黑色、白色渐变和线性渐变样式）。但是，这一次，你将淡出右边粗糙的边缘，所以你将单击右边的渐变工具，并向左拖动（如**图 9-24** 所示）。我在这里画了另一条带箭头的红线，显示你从哪里开始（在红圈处），在哪里拖到左边。你在我的红色箭头上方可以看到的那条细黑线，也是你拖动渐变工具时出现的那条线。当你拖动时，它会逐渐消失在香槟玻璃层的边缘。

图 9-25

第 8 步

最后一步是让香槟玻璃图层更透明一点，这样就不会把观者的注意力从我们中间的新娘上离开。所以，靠近图层面板的右上角，将图层的不透明度降低到 60% 左右。我还切换回了移动工具，并将此图像向左移动了一点。最后的图像显示在这里。

9.3 为你的背景添加纹理

如果拍摄对象的背景是纯色的（如浅灰色、米色、棕褐色等），而不是将对象从背景中拉出并粘贴到另一个背景上，则通常可以使用这种恰恰相反的超级快速的技巧——将新的背景放在主体对象的顶部，然后使用图层混合模式将纹理添加到你当前的背景上。它就像一个混合过程，只是更简单。

第1步

在Lightroom中选择你想要添加背景纹理的图像，按快捷键Ctrl-E（Mac：Command-E）将其在Photoshop中打开。如果你的主体对象处于某种纯色的背景（灰色、棕褐色、米黄色等）中，使用该技法效果会更好。在那种类型的背景（比如这里的灰色无缝纸）下拍摄你的主体对象，这种方法会非常有效。

图9-26

第2步

下一步，打开你想要添加的图像中的背景纹理。打开后，请按快捷键Ctrl-A（Mac：Command-A）选中整个图像（实际上就是在整个图像周围放置一个矩形选区），并通过快捷键Ctrl-C（Mac：Command-C）；我们要执行一个标准的复制粘贴操作将其复制到内存中。

©ADOBE STOCK/VLNTN

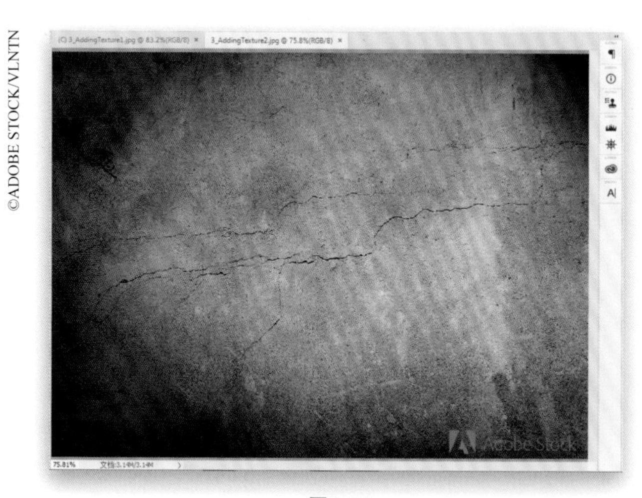

图9-27

图 9-28

第 3 步

返回到你的人像照片，然后按快捷键Ctrl-V（Mac：Command-V）在单独的图层将你的纹理图像粘贴到该文件上。现在，你要改变这个图层的图层混合模式（从图层面板左上方附近的下拉菜单中选择），因此它会混合到人像照片中。添加背景纹理有3种通常比较好用的图层混合模式：（1）叠加看起来是最一致的，因为它既混合了背景又添加了对比度；（2）柔光的效果也一样，但它并没有添加太多对比度，因此该效果看起来更微妙；（3）在我尝试过叠加和柔光之后，如果背景看起来太亮，我会选择正片叠底（我通常会以该顺序尝试）。这里，我选择叠加。在添加纹理方面它的效果很好。

图 9-29

第 4 步

接下来的部分听起来可能有点难，但其实非常简单。留在该纹理图层并单击图层面板底部的添加图层蒙版图标（左数第3个）。从工具栏中获取画笔工具（B），按D键，然后按X键将你的前景色设为黑色，然后在你的主体对象上绘制。当你用黑色绘制时，纹理会被遮住（如图 9-29所示，我在她左侧的头发上绘制）。现在，你可能想知道如何得到不错的头发边缘，尤其是哪部分飞扬的棕色头发。这是最棒的部分——你并不想知道。事实上你并不担心那些问题。在那小部分头发上，纹理效果还不错，你没有注意到它，这使得我们的工作流程更加快速和简单（这是你必须亲自尝试才能看到的）。靠近头发边缘，但不要试图一直延伸到外部边缘。我在Lightroom的修改照片模块中要做的最后一件事就是转到配置文件浏览器并选择Modern 07配置文件统一两幅图像（如图 9-29所示）。

9.4 一人多次合成

这项技术的最终图像使其看起来比实际困难得多（尤其是因为它一点也不难）。任何初学者第一次尝试就可以做到，只需遵循一个简单的规则——只移动你的主体对象。你可以在室外、室内操作，只要背景不移动就没有关系（如果背景中有什么东西移动就更难了），然而在别方面确是小事一桩。只要记住，使用三脚架拍摄。

第1步

正如我之前所说，在三脚架上拍摄这张照片会非常简单。这个想法是把你的三脚架放在拍摄对象的正前方（就像你平时做的），然后在拍摄过程中不要移动你的三脚架 。拍摄第一张照片，然后让你的主体对象在画面中移动——最好离拍摄原始图像的地方几英尺远，这样你主体对象的其他图像就不会重叠（如果不重叠操作起来会更方便）。另外，不要改变你的布光。就像三脚架，一旦设置好就可以放着不管了。在拍摄时唯一需要移动的就是你的主体对象（是的，你可以使用自然光在室外操作，但不要移动太阳。只是看看你是否注意到了）。我在这里展示了一些幕后拍摄的照片，这样你就可以了解我在说什么。

图9-30

第2步

下一步，打开你想要添加的图像中的好的，在Lightroom中选择第一张图片，并按快捷键Ctrl-E（Mac：Command-E）将其在Photoshop中打开。一般来说，我会选择主体对象最靠近画面中间的图片（如图9-31所示），而且我会以此为基础进行扩建。

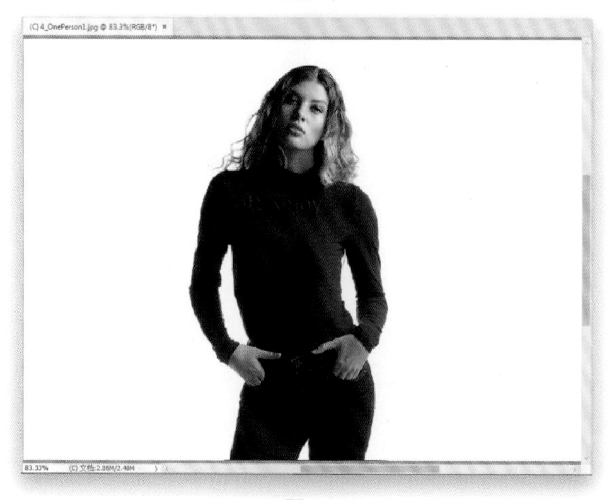

图9-31

图9-32

第3步

打开第二张图片（你的主体对象已移动到画面中的其他位置），然后按快捷键Ctrl-A（Mac：Command-A）在整个图片周围放置一个选区。现在，按快捷键Ctrl-C（Mac：Command-C）将图片复制到内存中。切换回原始图像文档，然后按快捷键Ctrl-V（Mac：Command-V）将此图像粘贴到原始图片的顶部（它将显示在自己的单独图层上，命名为图层1）。在图层面板的右上角附近，将粘贴图层的不透明度降低到80%，这样您就可以看到背景图像（如**图**9-32所示）。现在，获取移动工具（V），单击并将此图层拖到右侧，将其定位，以便在她的两个版本之间留有一些空间（如**图**9-32所示），然后将这个图层的不透明度提高到100%。

图9-33

第4步

要将背景图层上的图像带到我们可以再次完全看到她的位置，请直接双击顶部图层的缩览图，在弹出的图层样式对话框中显示混合选项。之所以让这个对话框出现，是因为要使用底部中间的混合颜色带选项（如**图**9-33所示）。你需要做的就是将右上角的滑块向左拖动，背景图层上的图像将完全可见，就好像它穿过另一个图像一样（如**图**9-33所示）。单击确定按钮。

第5步

现在打开第三张图片。你将使用此图像执行整个“全选并复制/粘贴”流程，因此继续选择全选并将此图像复制到内存中。

注意：我在这个项目中只使用了三张图片，但是你可以让你的主体对象出现四五次，几乎是你在画面中有空间的次数。如果你想让你的拍摄对象出现更长的时间，你只需要把你的三脚架向后移得更远（这样你就能得到更宽的图像），或者使用更宽视角的镜头，这样你就可以在同一画面中容纳更多的镜头。切换回我们正在处理的文档并粘贴此图像（它也将显示在自己的图层上，在图层堆栈的顶部），然后降低不透明度以查看此版本的图像如何与其他两个图像匹配。在这个例子中，她把中间的图像重叠了一点。

图9-34

第6步

使用移动工具，将此图层拖到左侧，直到左侧的版本和背景图层中间的版本之间留出一点空间（如**图9-35**所示）。然后可以将该图层的不透明度提高到100%。

图9-35

第7步

接下来，你将要再次使用混合颜色带技巧。因此，在图层面板中，双击该顶部图层的缩览图（图层2）以再次显示图层样式对话框，并在混合颜色带区域中，单击并将顶部的白色滑块向左拖动一点，直到看到下面图层上的其他两个图像出现（如图9-36所示）。单击确定按钮，就这些了。

图9-36

第8步

可选技术：混合颜色带的滑块工作得很好，因为我们拍摄的是白色背景。但是，如果你要拍摄另一种颜色，你需要一种不同的技术（这很简单）。不是使用混合颜色带的滑块，而是在每个镜头中擦除或删除主体对象旁的所有额外的空间。在这个例子中，我会使用矩形选框工具（M）拖出选区，并把它拖到主体对象右边的所有空白处（如图9-37所示），然后点击Backspace（Mac：Delete）删除多余的空间，这将显示下面图层的两个图像（当然，我也会删除中间层她左边的多余部分）。这是最快的方法，但是你也可以在两个顶部图层中添加图层蒙版（我们在最近的项目中使用了这样的图层蒙版），然后用画笔工具（B）绘制空白空间，将你的前景色设置为黑色，它会显示靠下图层的主体对象。

图9-37

在Photoshop中创建特殊效果

- 替换得到更美的天空
- 创建秋天的色彩（Lab颜色模式）
- 添加光束
- 让照片一键成油画
- f/1.2焦外成像背景效果
- 创建镜面反射
- 添加镜头光晕
- 长时间曝光拍摄建筑物外观

10.1 替换得到更美的天空

没有什么能比万里无云的天空更破坏一张图像了，但幸运的是，用更好的天空来代替平淡的天空实际上非常容易，这要归功于Photoshop混合选项的混合颜色带滑块。它们为我们做这项工作，使我们不必创建非常复杂的蒙版。真的只需几秒就可以完成了。

第1步

我们将从在Lightroom中选择该图像开始——在光线暗淡、万里无云的天空下拍摄的图像，并按快捷键Ctrl-E（Mac：Command-E）在Photoshop中打开它。我很惊讶我让任何人都能看到这个图像，但这仅仅是因为我感觉它即将会看起来更好一些。

图10-1

第2步

这是另外一张有一些云的图像，是几天前在同一个小镇拍摄的。由于它不是那种“晴朗和蔚蓝”的天空，我认为它看起来和另一张图像的剩余部分正好合适。请按快捷键Ctrl-A（Mac：Command-A）选中整个图像，然后按快捷键Ctrl-C（Mac：Command-C）将它复制到内存。切换回没有云的图像，并按快捷键Ctrl-V（Mac：Command-V）将其粘贴到该文档，它会出现在单独的图层上。接下来，我们需要将背景图层转换为常规图层，因此在图层面板中单击“背景”文字右侧的锁形图标（如图10-2所示）。这会解锁背景图层并将其转换为常规图层。

图10-2

图 10-3

第 3 步

现在，在图层面板中单击没有云的图像并将其拖动到图层堆栈的顶部（如**图 10-3** 所示。城市照片现在位于顶部，有云的图像位于其下方的图层）。直接双击顶部图层的缩览图，以在弹出的图层样式对话框中显示混合选项（如**图 10-3** 所示）。在底部中间是混合颜色带滑块（下方带有三角形滑块的渐变条）。默认情况下，混合颜色带下拉菜单设置为灰色，但由于我们要替换天空，因此需要切换到蓝色通道。现在（这一点非常重要），我们要将右上角的滑块向左拖动，但在拖动之前，我们要按住 Alt（Mac：Option）键，因为如果不这样做，当拖动滑块时，我们将无法平滑地混合新的天空。相反，我们会得到看起来相当糟糕而且粗糙的结果。因此，按住 Alt 键，将右上角的滑块向左拖动，你会注意到它将滑块旋钮拆分为两半，从而创建平滑的混合。滑块拖动得越远，底部图层的蓝色天空就越通透（如**图 10-3** 所示）。当你完成后，请单击确定按钮。

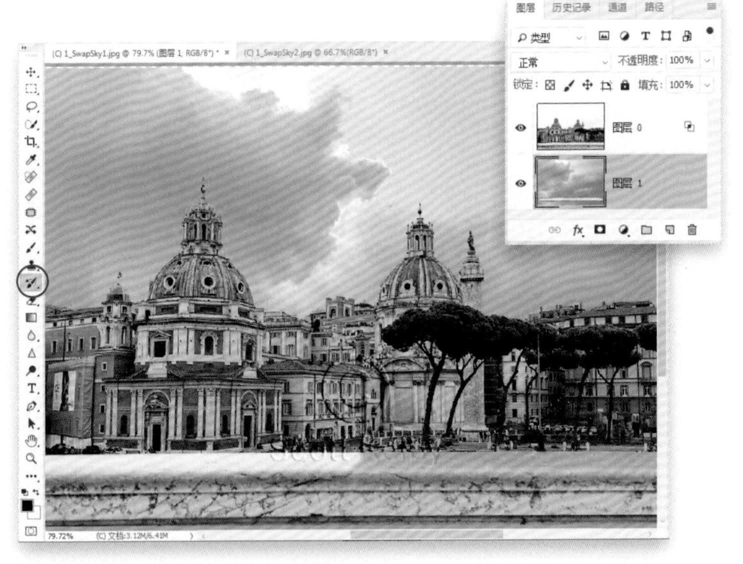

图 10-4

第 4 步

图像中很可能会有一些区域的色调与天空相似，比如图片底部的大理石栏杆，如果你查看栏杆的右侧，你仍然可以看到一些天空的色调显示出来。要把那些不需要的地方去除掉，只需点击图层面板中的云层图层，然后从工具栏中选择历史画笔工具在这些区域上擦除即可（如**图 10-4** 所示，我从栏杆的左侧开始擦除），只需几秒即可完成。可选操作：在混合图层之后，如果觉得天空的色调太浅，请转到 Camera Raw 滤镜稍微降低曝光值。

10.2 创建秋天的色彩（Lab颜色模式）

这个效果让你从常规的RGB颜色模式转到Lab颜色模式，但不用担心它会把任何东西弄乱（事实上，当你进行转换时，你的图像看起来是一样的，但是它可以让我们在10秒，最多15秒内将夏天的绿叶变成秋天的颜色）。

第1步

在Lightroom中，选择你想要应用秋天颜色的图像，并按快捷键Ctrl-E（Mac：Command-E）将其在Photoshop中打开。首先通过快捷键Ctrl-J（Mac：Command-J）复制背景图层。在后面会变得非常方便（你会在第4步知道原因）。

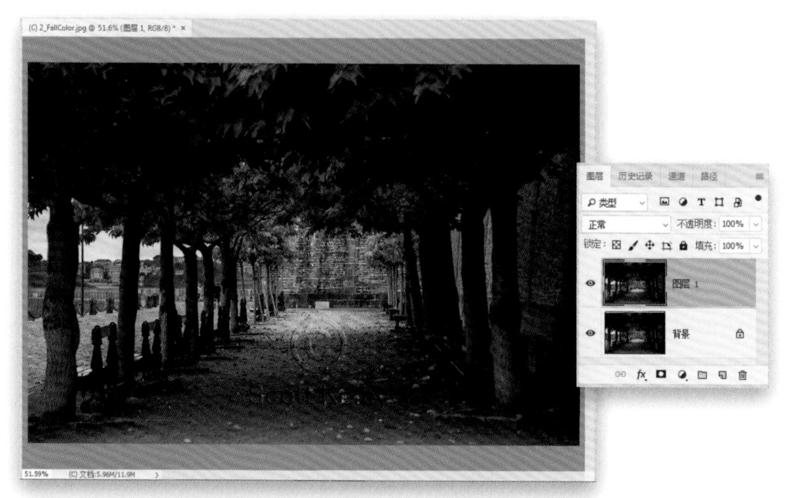

图10-5

第2步

在图像菜单的模式菜单下选择Lab颜色。在弹出的对话框中，点击不合并按钮。此时你不会注意到任何变化，图像看起来都是一样的，但是如果你在通道面板（在窗口菜单下找到）中查看，你会发现图像不是由红色、绿色和蓝色通道组成的，而是被分开的，因此亮度（细节）是一个通道，而其他两个是名为“a”和“b”的颜色通道。仅供参考。

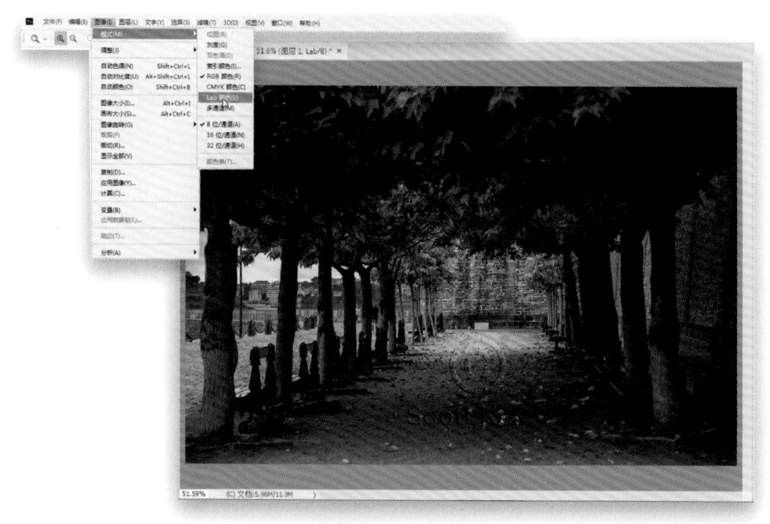

图10-6

图 10-7

图 10-8

第 3 步

下一步，在图像菜单下选择应用图像。从通道下拉菜单中选择 b，从混合下拉菜单中选择叠加（如图 10-7 所示），你将立即看到图像中出现秋季效果。如果效果太强，请降低不透明度（如果要更改，你必须输入一个数字——次对话框中没有滑块），直到它合适为止。完成后，请单击确定按钮。

第 4 步

让我们再回到图像菜单的模式选项下，选择 RGB 颜色，将图像转换回常规的 RGB 颜色模式。再次在弹出的对话框中单击不合并按钮。现在我们的图像恢复到正常模式，但很可能部分图像看起来太偏橙色、黄色或蓝色。我们知道这是可能的，这就是为什么我们在第 1 步创建了这个复制图层。因此，转到图层面板的底部，单击添加图层蒙版图标（左边的第 3 个图标）。从工具栏中获取画笔工具（B），按 D 键，然后按 X 键，以确保前景色设置为黑色，然后在任何看起来太蓝的区域（或者，如果图像中有人，他们的皮肤可能太偏橙色）上绘制，它将恢复这些区域的原始颜色。在这里，我在右边的墙上画画，以恢复它原来的颜色，左边树木之间的区域也一样。如果不想复制图层，则另一种方法是从工具栏中获取历史画笔工具（Y），并在这些区域上绘制以恢复原始色调。（注意：在转换回常规的 RGB 颜色模式之前，你不能使用此工具。）

10.3 添加光束

想要为你的图像添加一些戏剧性的光束吗？这里有6种方法可以做到，但大多数技法会让你创造出一种有许多斑点的画笔笔触，然后添加一些渐变模糊使那些斑点变成光束。在该版本中，我们要使用Photoshop中已有的“斑点”画笔，因此我们要做的就是将其缩放，为其添加蒙版，这样就完成了。

第1步

打开你想要添加光束的图像。我们要再次使用预设画笔，将其转变成我们的光束。我们要在该图层上完成这项操作，因此在图层面板底部单击创建新图层按钮（右边第二个）创建一个新的空白图层。这就是我们创建光束的地方。

图10-9

第2步

现在，从工具栏中获取画笔工具（B），然后打开画笔面板（你可以通过在窗口菜单选择打开）。你可以在这里找到许多不同的画笔集，我们要查找的画笔集在特效画笔文件夹中。在这个文件夹里，你会找到Kyle的喷溅画笔-喷溅Bot倾斜（画笔工具）（如图10-10所示，找到一个大小是284像素特殊效果的画笔——这个信息将帮助你快速找到它）。单击该画笔使其成为激活的画笔笔尖。

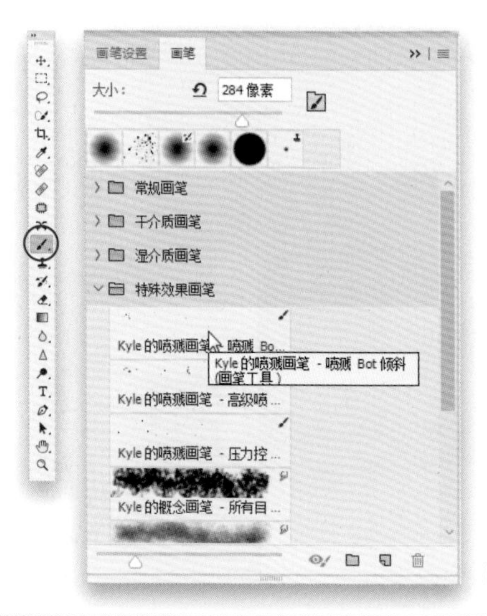

图10-10

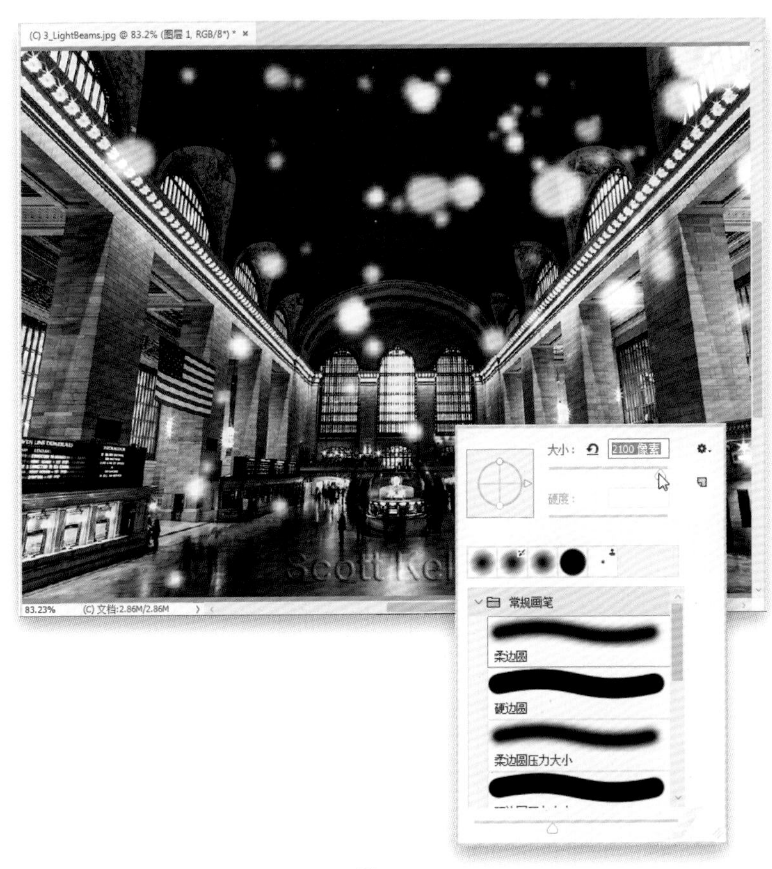

图 10-11

第 3 步

284 像素的大小对于高分辨率的照片来说非常小，就像你从今天的相机中得到的一样，所以转到选项栏，单击画笔缩览图，它将显示画笔预设选取器（如**图 10-11** 所示）。请大幅度增加画笔的大小（我将大小滑块增加到 2100 像素，几乎是默认大小的 10 倍）。按键盘上的字母键 D，然后按 X 键，将前景颜色设置为白色，然后单击图像，按住鼠标按钮几秒钟，它将绘制出不同大小的斑点，正如你在**图 10-11** 处看到的。或者，你可以单击几次——这并不重要——我们只是想要一堆大小不同的点。这就是我们要找的（顺便提一下，这不是唯一能用的画笔，任何有很多斑点或形状的画笔都能用）。

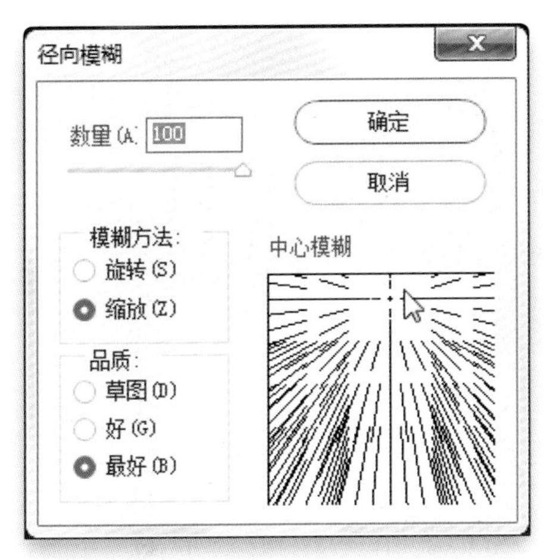

图 10-12

第 4 步

接下来，在滤镜菜单的模糊选项下选择径向模糊。当对话框弹出时，将数量设置得非常高（我使用 100），模糊方法选择缩放，品质选择最好。现在，用你的光标单击缩放中心模糊的中间，然后将中心向上拖动到那个小预览方块的顶部（如**图 10-12** 所示）。这将使模糊的中心向上升高，并将大部分的缩放效果向下瞄准，这就是我们想要的——从高处打下的光束。单击确定按钮将径向模糊缩放应用于白色斑点图层。这个滤镜可能需要一段时间才能完成它的工作，所以请耐心等待。

第5步

这会创建我们最初的光束，而且你可能会想，“斯科特，这看起来并不那么棒，”我同意，但仅仅是因为我们还没有完成。我们必须使光束更亮，然后将它们放置在正确的位置，然后移除所有我们不希望在图像中看到的剩余部分。所以，把这看作是初稿吧，会好起来的。

图10-13

第6步

为了使光束更加明亮和清晰，只需复制光束图层[Ctrl-J（Mac：Command-J）]。仅仅复制这个图层就有一种“堆积”的效果，因为半透明的像素在后面堆积，看起来更好更亮。现在，让我们将这两个图层合并为一个单独的图层。单击图层面板中的顶部图层，然后按快捷键Ctrl-E（Mac：Command-E）将顶部的光束图层与位于其下方的原始光束图层合并。还没有完成。

图10-14

图 10-15

第 7 步

切换到移动工具（V），单击并向下拖动光束，将其定位到车站窗口的底部。现在，转到图层面板的底部，单击添加图层蒙版图标（左边的第3个图标），将图层蒙版添加到光束图层。切换回画笔工具，然后再次打开画笔预设选取器，切换到一个圆形的柔边画笔，确保它是一个真正的大画笔。请按D键，然后按X键，将前景色设置为黑色，然后在光束顶部绘制以隐藏不希望看到的部分（窗口上方的光束；如**图 10-15** 所示），剩下的只是看起来像是从窗口照进来的光束。如果光束看起来太亮，请在靠近图层面板的右上角降低光束图层的不透明度（就像我在这里做的那样）。此外，如果光束看起来太尖锐或边缘太硬，请单击光束图层的缩览图（而不是图层蒙版，是常规缩览图），然后在滤镜菜单下的模糊选项下选择高斯模糊。在光束图层上应用少量的模糊以使其柔化——5个像素左右，但同样，只有当它们看起来太锋利或太硬时才需这样做。

图 10-16

10.4 让照片一键成油画

这是一个非常受欢迎的修图效果，尤其对于给婴儿、新娘、宠物和可爱的东西拍照的摄影师。此外，它可用于风景拍摄、旅行拍摄，并且还有很多。你只需要在任何一幅你想让它看起来像是油画的图像上尝试一下，因为它非常简单，非常值得尝试。这个滤镜包含了很多算法，因此在显示更改时它不是最快的（你可能需要在更改后等待几秒才能重新绘制预览）。幸运的是，滤镜对话框中的预览会在你进行更改时立即更新。提前告知你一下。

第1步

在Lightroom中选择一幅你想要转换成油画效果的图像，然后请按快捷键Ctrl-E（Mac：Command-E）将其在Photoshop中打开。这是一张在法国北部圣米歇尔山拍摄的旅行照片，我们将一键把它变成一幅油画。

图10-17

第2步

在滤镜菜单的风格化选项下选择油画。打开油画滤镜对话框，图像会马上应用默认设置。因此，一旦你选择了它——砰！——你得到了一幅油画。要想真正看到绘制效果，你可能需要放大到100%，但你会发现它在保持细节的同时仍然保持着非常出色的绘画效果。当然，在这一点上，你只需单击确定按钮就可以完成，但实际上你对你的油画外观有很强的控制力。让我们从第一个滑块开始——风格化。从技术上讲，这可以控制它所绘制的画笔的样式，并且将此滑块向右拖动得越远，效果就越强烈，因为画笔笔触越长，效果就越平滑（在数值较低的情况下，它使用小而硬的画笔笔触）。如果你一直向左拖动这个滑块，油画效果看起来会消失很多，看起来就像你在图片上放了一个画布纹理。尝试将风格化滑块拖动到9.0，你将获得更平滑的梵高风格的外观。

图10-18

图 10-19

第 3 步

下一个滑块是描边清洁度，用于控制细节（其实，他们也可以将它命名为细节滑块，这样就省了我们很多麻烦）。如果你想让笔触更清晰，细节更明显，那么就让这个滑块保持靠近左侧的位置，要是想要一个较软的，更多绘画效果的图像（如**图 10-19** 所示），请将滑块向右拖动（我拖动到 8.2）。

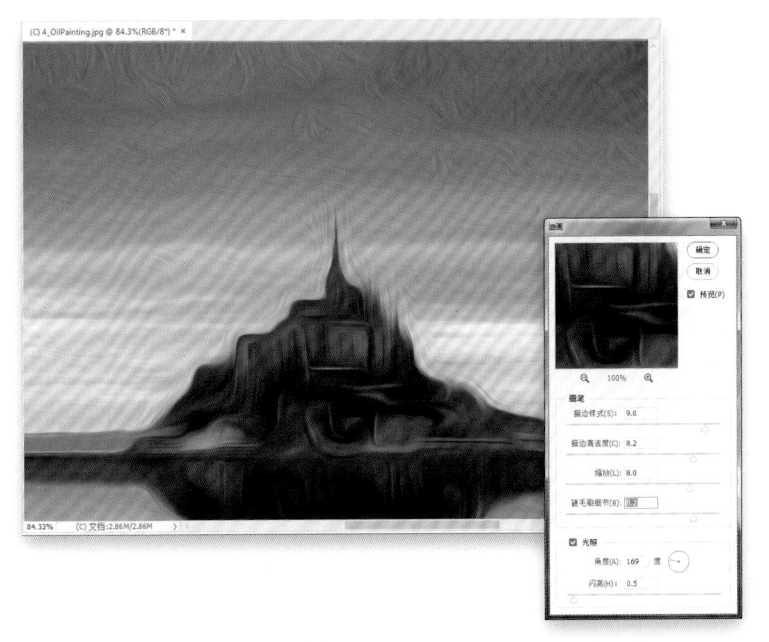

图 10-20

第 4 步

缩放滑块控制画笔的大小。把它一直拖动到左边，你的图像就像是用非常小的画笔画的；一直拖到右侧，就看起来会使很厚实的笔触。那肯定会创建出一个完全不同的风格。简而言之，你想要大笔触绘制的外观效果吗？只需向右拖动缩放滑块即可（与第 3 步图像中的天空相比，你会发现笔触大小的不同）。

第5步

好吧，对于硬毛刷细节滑块来说，一个更好的名字应该是锐度滑块。对画笔毛刷的调整可以使得画面整体外观形象更加清晰或柔和。把它拖动到左侧可以取消笔刷的细节，所以它会变得非常柔软、光滑和模糊；向右拖动会使笔触更硬、细节更详细，让图像看起来更清晰，就好像笔触中毛刷的痕迹。将**图10-21**左图（硬毛刷细节设置为1.0）与右图（硬毛刷细节设置为10.0）的天空对比，你会发现它的笔触更清晰，细节更丰富。

图10-21

第6步

在画笔控件下方的光照部分，角度设置控制光照在画上的角度，当你从0°到360°拖动滑块时，光照就会发生变化。

图10-22

提示：得到好的效果

我讨厌被这样说：“只要拖动滑块，直到对你来说效果看起来刚好合适。”不过，我可以告诉你，我已经使用过这个滤镜足够多次，知道它作用在不同的图像上看起来是非常不同的，如果你将每个滑块都来回拖曳几次，你就会发现某一个点，对这张特定的照片来说非常合适，而你只要停在那里就可以了。这听起来好像站不住脚，但说实话，这就是我如何使用它的。

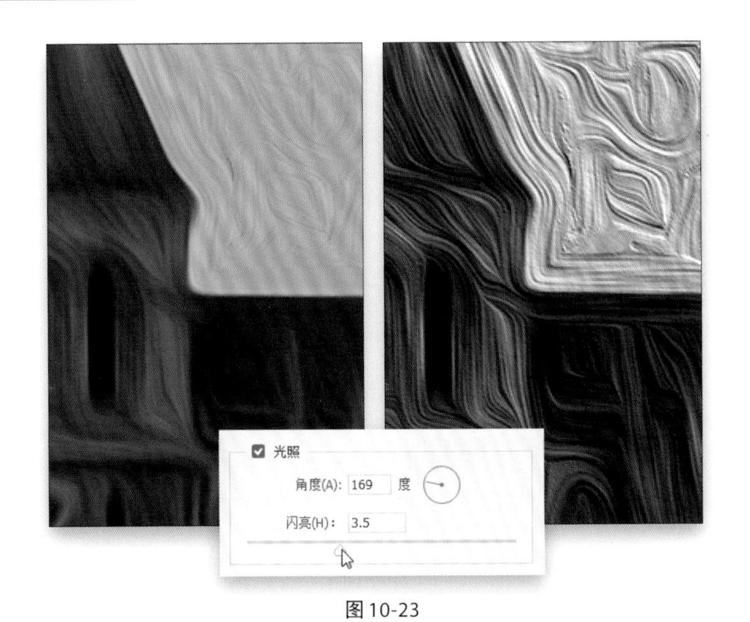

图 10-23

第7步

这个对话框的最后一个控件是闪亮，它可以控制光的反射：将它拖动到左侧，可以让你的图像看起来非常平坦；拖动到最右侧（如**图10-23**所示）可以增加高光阴影部分的对比度，使油画颜料看上去更厚重，像是浮雕一样。**图10-23**中左图的闪亮数值设为0.5，右图则提高到3.5（你可以想象如果你把它提高到10图像会是什么样子，对吗？）。**图10-24**是对图像进行最终设置的效果对比图。

提示：在油画布上绘制

如果你真的想“出售”使用油画滤镜绘制过的图像，请做以下两件事：（1）签名；（2）在油画布上打印出来。

图 10-24

10.5 f/1.2焦外成像背景效果

这是一个非常酷的滤镜效果，因为它可以让你在图像中添加一个超浅的景深，可以让你在任何地方设置焦点、模糊。这是一种模拟软焦点的设计，使用大光圈的远摄镜头拍摄的浅景深（当你有明亮的背景区域时创造一个焦外成像效果）。

第1步

在Photoshop中打开图像，然后在滤镜菜单下的模糊画廊选项下选择场景模糊。这将打开模糊画廊工作区，并在图像上放置模糊大头针。我们要做的是使用大头针来保持图像的一部分清晰（比如我们的拍摄对象中离相机最近的部分），然后给其他区域添加一个巨大的模糊，包括我们的拍摄对象的一部分，这部分会有点失焦，比如她的耳朵和头发的后部。

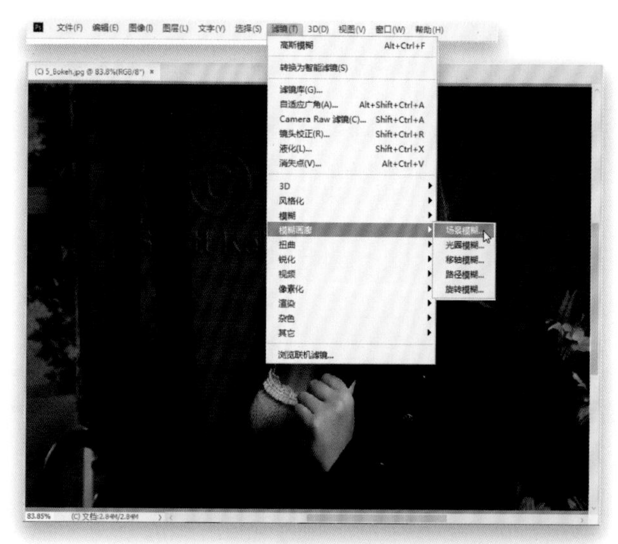

图10-25

第2步

首先，拖动滤镜添加到离相机最近的那只眼睛上的模糊大头针，然后转到右上角的模糊工具面板，在场景模糊部分，将模糊滑块拖动到0像素。这样可以防止该区域模糊。单击图像添加另一个大头针，并在主体对象上与其靠前的那只眼睛位于同一平面的部位也执行同样的操作。在这个例子中，我觉得夹克的一部分也需要聚焦，因为它与模特靠前的那只眼睛几乎处于同一个平面上。因此，我在那里添加了一个大头针，并将模糊的数值设置为0以删除该区域的模糊。然后我在她手上执行了同样的操作。现在请添加模糊。

图10-26

图 10-27

第 3 步

单击图像，在我们的主体对象右侧添加另一个大头针，并将模糊的数值设置得非常高（在本例中，我增加到 227 像素）以使该区域变得非常柔和。我喜欢使用这些场景模糊大头针，因为你可以重新调整它们的位置。你甚至可以离拍摄对象的脸很近，而且我们在她眼睛上方移动的第一个大头针将保护这个区域。因此，当你试图让她的耳朵和头发后面有些失焦时，它能给你很大的支配权。当你自己尝试的时候，你就会明白我的意思了。

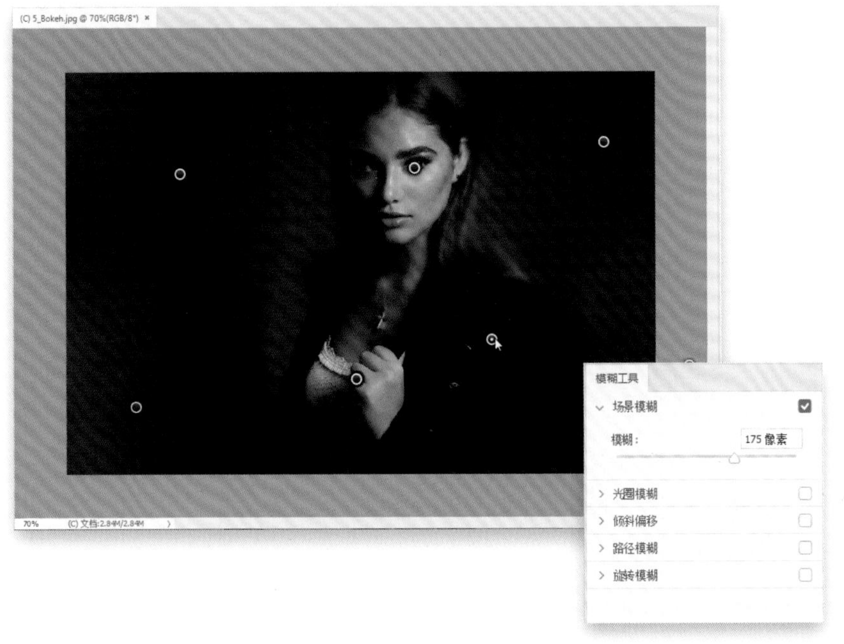

图 10-28

第 4 步

继续单击图像以添加更多大头针。一旦我有了更多的大头针，我觉得背景看起来太模糊了，所以我单击了每一个大头针，并将模糊的数值降低到约 175 像素。我还把她夹克上的大头针向右移了一点（如**图 10-28** 所示），这样她的胳膊和肩膀就不会有那么模糊了。我喜欢使用场景模糊的另一个功能是，你可以将一个大头针移动到图像区域之外，移动到画布区域，这样你就可以在图像中得到边缘的效果（正如我在这里所做的，**图 10-28** 右下角）。顺便提一下，我们已经在这里使用了模糊滑块，但是你也可以通过单击并拖动活动大头针周围的圆环来控制模糊的数值。当你拖动时，圆环将变为灰色以显示你已经拖动了多远，而实际的模糊数值将显示在圆环顶部的一个小弹出窗口中。

10.6 创建镜面反射

没有什么能像波澜起伏的水一样破坏一张摄影作品了。我把它囊括在我的“摄影七宗罪”里，它对旅行照片来说是相当致命的。下面将介绍一个简单的技术，可以让水面变得平静，拥有玻璃的反射镜像。你可以将这个技术止步于这里，或者你也可以采取更多的操作，让它看起来更真实一些。这是你的选择（而且它取决于图像，有时候镜像效果看起来最好）。

第1步

我们先在Photoshop中打开图像。在这次修图中，我们用的是一张拍摄于挪威罗弗敦岛的照片，水面起伏得非常厉害。从工具栏中获取矩形选框工具（M），从水面上方（海堤上陆地和水交界的地方）一直到图像的顶部拖出一个选区（如**图10-29**所示）。现在，请按快捷键Ctrl-J（Mac：Command-J）复制所选中的建筑和天空部分到一个独立的图层中。

图10-29

第2步

下一步，让我们把这个图层翻转过来。请按快捷键Ctrl-T（Mac：Command-T）调出自由变换，然后用鼠标右键单击图中自由变换边界框内部的任意地方。从弹出的下拉菜单中选择垂直翻转（如**图10-30**所示）以翻转颠倒这个图层，只需单击图中自由变换边界框外部的任意地方即可锁定你的转换变形。

图10-30

图 10-31

第 3 步

现在你的图像位于上下翻转的图层。这就是我们用来制作镜像反射效果的素材。

图 10-32

第 4 步

从工具栏顶部选取移动工具（V），然后按住 Shift 键，将该翻转图层一直向下拖动至翻转图像的底部，与海堤的底部连在一起（如**图 10-32**所示）。按住 Shift 键拖曳可以让图像排列整齐，当你拖动它时可以保持它在向右或向左滑动时保持平直——这是我们所需要的，可以让一切完美匹配。现在，你可以在这里结束，因为它看起来很不错了。不过，我还是会做另一些处理（只是为了更真实），你做不做取决于你。

第5步

我做的第一件事就是将翻转镜像调暗，这样它就和原始图像不同了，我是用色阶调整做到这一点的［请按快捷键Ctrl-L（Mac：Command-L）］。当色阶对话框出现时，我向右拖动中间的输入色阶中性色调滑块（直方图下方正中间的滑块）将翻转镜像整体变暗（如**图10-33**所示，我拖曳到0.70）。这将中间调变暗了（类似于Lightroom中曝光滑块的功能），但如果它看起来还是有点亮，你也可以向左拖动白色的输出色阶滑块（位于渐变条下方，如**图10-33**所示），这应该会起作用。这样，镜像反射就不会引起太多的注意，而且随着它变暗，观者的目光将被吸引到岸上更明亮的房子。

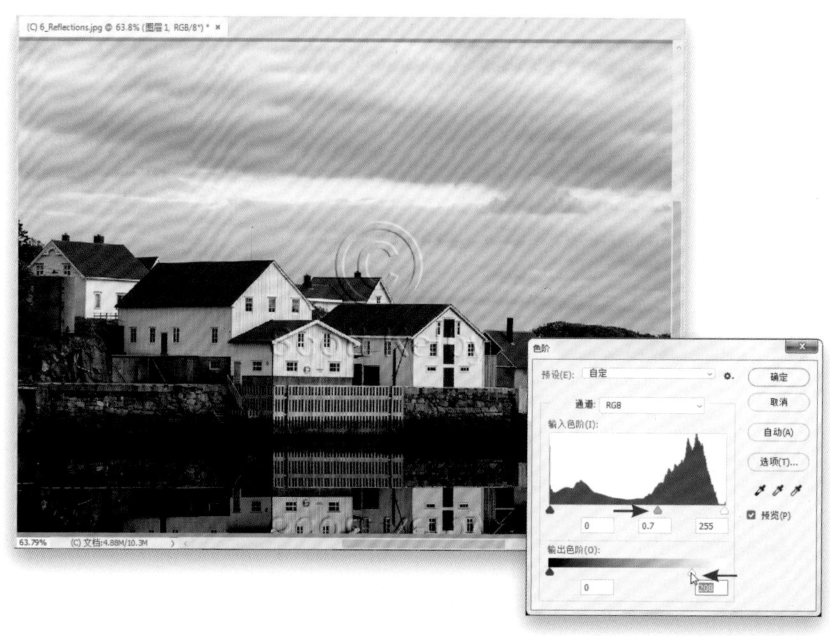

图10-33

第6步

我要做的下一件事（再次声明，这不是必须要做的，但我几乎总是做这个额外的步骤）是应用一点动感模糊。这样，水面仍然有倒映效果，但它不是绝对的镜面反射，而更像是在许多情况下的真正的水面反射（尽管在现实生活中完全可能得到真实的镜面反射效果，这取决于水的位置，比如湖泊、河流或大海——你早上必须起得很早，在风把一切都吹乱之前）。要添加该模糊，请在滤镜菜单中的模糊选项里，选择动感模糊。当对话框出现后（如**图10-34**所示），设置角度为90°（直上直下），然后向右拖动距离滑块，直到它看起来是你希望的样子（换句话说，它看起来不完美）。

图10-34

图 10-35

第 7 步

我的最后一个步骤是降低图层面板顶部这个反射图层15%的不透明度（这里我降低到80%），让原本的水面透一点儿出来，使图像看起来更真实。**图 10-36** 是对修改前和修改后的效果对比图。

图 10-36

10.7 添加镜头光晕

这是一个让你既爱又恨的效果，如果你不喜欢它，那很可能是因为你（我们）已经花费了很长时间尽最大的努力避免在你的室外人像照片中出现镜头光晕。我们还购买了纳米涂层镜片和笨重的镜头罩以避免镜头光晕，而现在我们正要学习如何将其添加到我们的图像中。这个“外观”现在非常流行，所以……不要攻击信使（尤其是即将教你如何损坏，我的意思是“增强和美化”图像的信使）。

第1步

如果你能从一张合适的照片入手——在阳光明媚的天气逆光拍摄主体对象（如**图10-37**所示），这会有所帮助。在大橡树的阴影下，或者在阴天的环境下，这是一个很难完成的任务，因此记住这些也是拍摄技巧的一部分。首先我们从Lightroom中选择照片，然后按快捷键Ctrl-E（Mac：Command-E）将其在Photoshop中打开。在图层面板底部单击创建新图层图标（右数第二个）添加一个新图层，所以现在在你的图像之上就有了一个空白图层。

图10-37

第2步

按键盘上的字母键D将前景色设为黑色。然后，通过按快捷键Alt-Backspace（Mac：Option-Delete）用黑色填充空白图层。

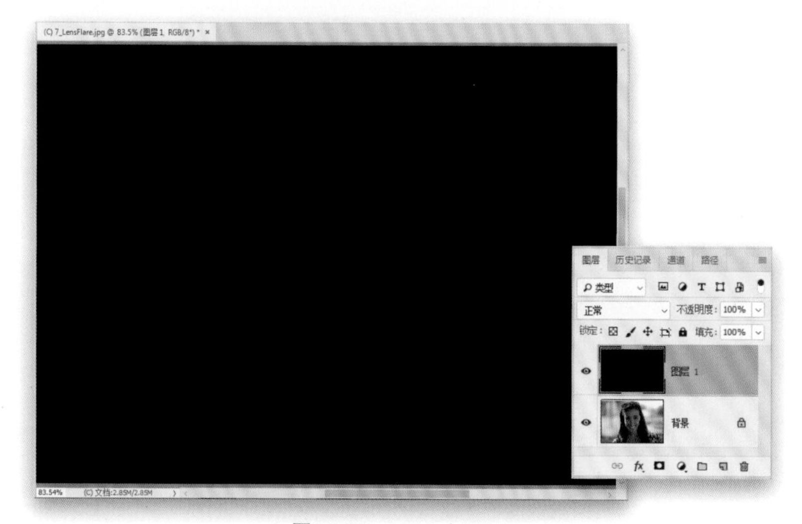

图10-38

第3步

现在，在滤镜菜单的渲染选项下选择镜头光晕。当镜头光晕对话框出现时，调高亮度，然后移动光晕的位置，在滤镜预览窗口中点击并将其拖动到所需位置。我尝试了好几次才将光晕放置到她头发的边缘，就在画面右侧太阳出现的地方。我不得不应用它，撤销它，然后再次尝试。你能做的就是单击滤镜对话框中的确定按钮，然后再靠近图层面板的右上角，稍微降低这个黑色镜头光晕图层的不透明度，这样你就可以在下面的图层中看见你的拍摄主体了。通过该方式，你可以了解为了让镜头光晕恰好处于合适的位置上你需要做些什么。你将会多次尝试，但不会浪费太长时间。只需试试——应用滤镜，降低不透明度，如果你发现你需要重做，只需按快捷键Ctrl-Z（Mac：Command-Z）撤销即可，然后转到滤镜菜单下再次尝试。一旦你将光晕放置到合适的位置，请将镜头光晕图层的不透明度调回100%。

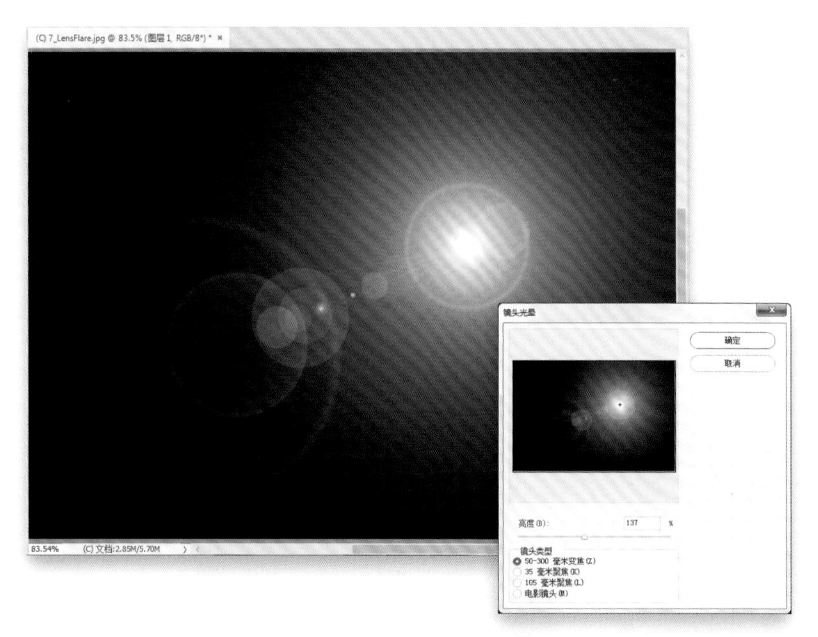

图10-39

第4步

现在，为了完整地看到应用到你图像上的效果，请在图层面板左上方附近将图层的混合模式由正常改为滤色（如图10-40右下方所示）。如果你需要重新调整光晕的位置，请从工具栏中选择移动工具（V）并将其拖动到你想要的位置。但是，如果这样做，你很可能会看到镜头光晕图层的边缘，因此你可能需要向其添加一个图层蒙版，然后选取一个柔边的大画笔工具（B）在边缘上绘制将其隐藏（我们在本章前面介绍了图层蒙版）。如果你认为图像需要更多的黄色或橙色才能更受观者喜爱，请在图层面板底部点击创建新的填充或调整图层图标（左数第4个），并从弹出菜单中选择照片滤镜。接下来，在属性面板中，从滤镜弹出菜单中选择加温滤镜（81）并增加一点浓度完成该效果。

图10-40

10.8 长时间曝光拍摄建筑物外观

这通常是一种需要花费很多时间才能实现的技术，但我想出了一个非常快速的方法来获得这种受欢迎的长时间曝光、日光和建筑外观，看起来像夜晚，只有一丝光线进入。这不会取代顶级建筑摄影专业人士使用的长时曝光方法，但也许它会让你“进入正轨”，在某种程度上你会得到一些不错的效果，这将使你想要深入挖掘并学习那些先进的技术。

第1步

这是在伦敦金融区拍摄的原始照片，这是关于世界各地旅游摄影拍摄地点的一系列课程中的一个。我将图像转换为黑白图像（使用Camera Raw中的黑白配置文件——在Lightroom中也是如此）。那是一个灰暗沉闷的日子，所以我将天空几乎变成了纯白色。然后我增加了白色和高光滑块的数值，直到它变成白色。

图10-41

第2步

首先，让我们选择图像中的天空。我在这里使用了多边形套索工具（在工具栏中选择它或通过按快捷键Shift-L获取它），因为它可以进行直线选择，并且在这张图片中有很多线条相当直的物体。当多边形套索工具到达建筑中心右侧的那条曲线时，我画了很多小线条，这样我就可以很好地围绕该区域弯曲。如果你错过了某个区域，你可以通过按住Shift键来添加该区域。如果你选择了不想选择的区域，请按住Alt（Mac：Option）键并将其删除。选中天空后，转到图层面板，单击面板底部的创建新图层图标（右数第二个图标），添加新的空白图层（如图10-42所示）。

图10-42

第3步

按键盘上的字母键D将前景色设置为黑色，然后按快捷键Alt-Backspace（Mac：Option-Delete）将所选天空填充为纯黑色（如图10-43所示）。按快捷键Ctrl-D（Mac：Command-D）取消选择，然后按快捷键Ctrl-E（Mac：Command-E）将此图层与背景图层合并，使其仅成为一个图层（背景图层）。

图10-43

第4步

再次转到图层面板，并添加另一个空白图层。再次按快捷键Alt-Backspace（Mac：Option-Delete）用黑色填充新的空白图层。

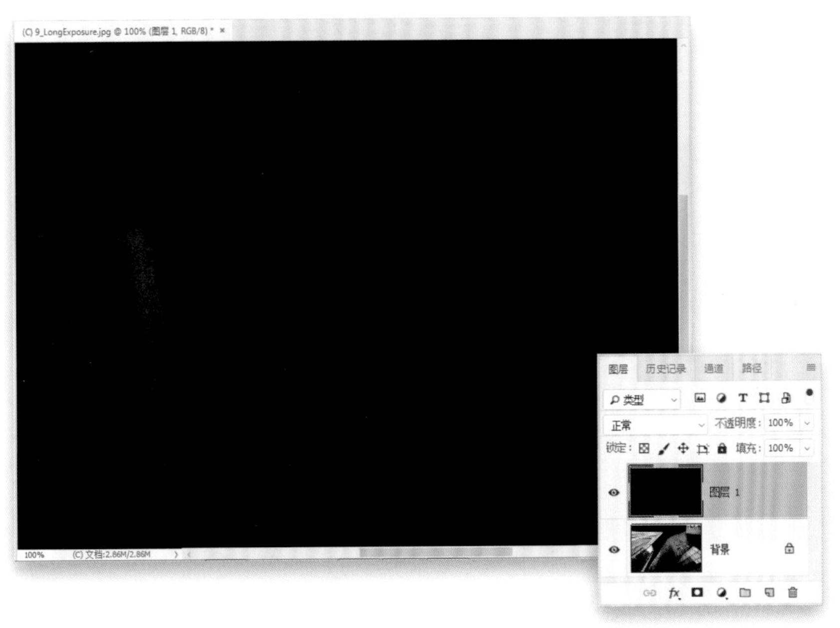

图10-44

第5步

我们将把这个全黑图层的图层混合模式改成一个看起来和我们的图像很匹配的模式，并使它看起来很暗和富有戏剧性，但是有一点光线仍然落在建筑物上。在这种情况下（在我见过的大多数情况下），它是覆盖的。通过靠近图层面板的左上角，单击图层混合模式的下拉菜单，并将光标向下移动到混合模式菜单，可以知道哪一个看起来最好。当你移动到每一个屏幕上时，你会在屏幕上看到一个实时预览。以下是更改为覆盖时图像的效果。我们开始有我们想要的效果。现在，再次按快捷键Ctrl-E（Mac：Command-E）将此图层与背图景层合并。

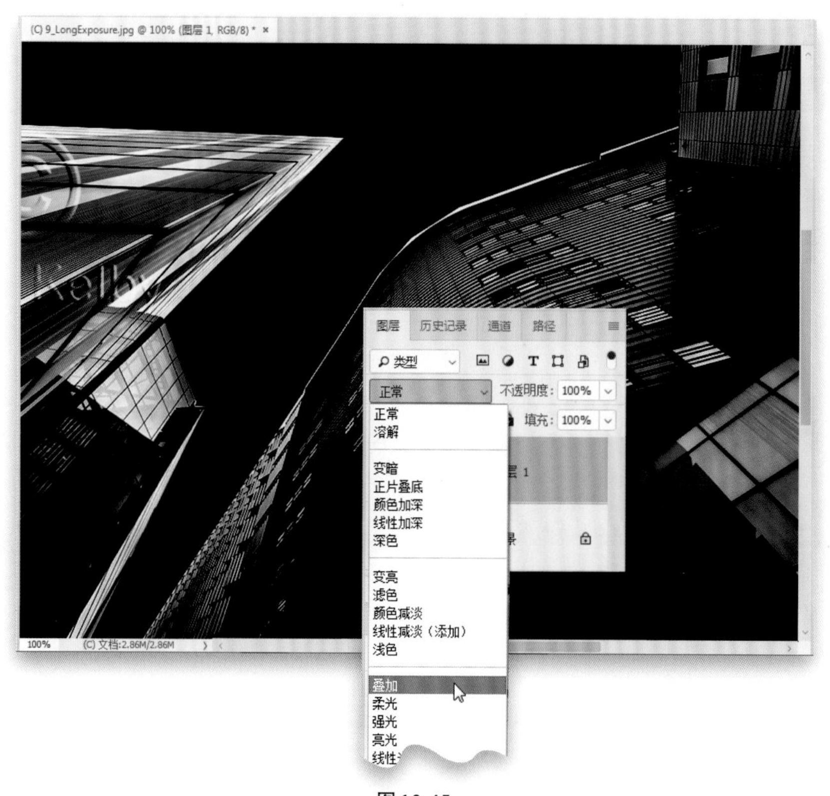

图10-45

第6步

接下来，我们将使用Camera Raw使图像周围的边缘变暗。所以，在滤镜菜单下选择Camera Raw滤镜。当对话框打开时，单击效果选项卡（单击直方图下方靠近右上角的fx图标），然后单击并将裁剪后晕影滑块几乎一直向左拖动。我还降低了一些中间点滑块，这使得边缘上的变暗延伸到图像的更远。单击确定按钮。

图10-46

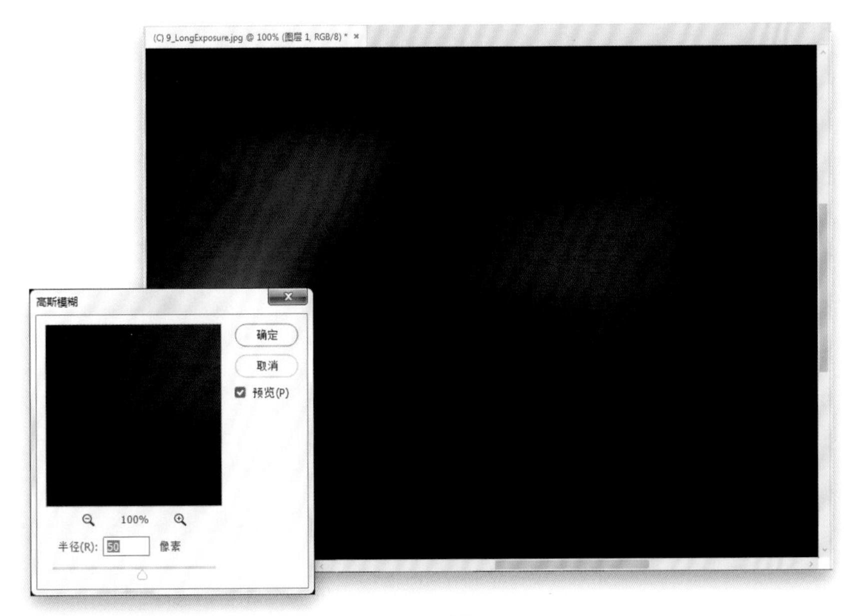

图 10-47

图 10-48

第 7 步

对于下一步，我们要将图像软化成一束，我们需要复制背景图层（这样我们可以稍后更改其混合模式）。所以，按快捷键Ctrl-J（Mac：Command-J）复制它。然后，在滤镜菜单的模糊选项下选择高斯模糊。当弹出对话框时，输入50像素作为半径（这样你的图像就很好并且很模糊，如**图 10-47** 所示），然后单击确定按钮。

第 8 步

现在，我们将把这个模糊图层的混合模式从正常改为柔光（或者叠加，因为这取决于图像），它会使图像变暗一些，使剩余的光更具戏剧性。当你看到原始图像（如**图 10-48** 所示）时，你可以看到我们已经调整了多少。再说一次，这是这种效果的“欺骗”版本，但它要快得多，而且会让你走得更远。

锐化

- USM锐化滤镜（锐化的实用工具）
- 更智能的智能锐化
- 高反差保留锐化
- 修复因相机抖动而模糊的照片
- 用于创意锐化的锐化工具

11.1 USM锐化滤镜（锐化的实用工具）

既然Lightroom在修改照片模块的细节面板中有自己的锐化功能，那为什么人们那么喜欢在Photoshop中锐化呢？主要原因是我们在Photoshop上看到的锐化效果比在Lightroom上看到的要好得多。我相信有一些技术上的原因，在Lightroom里你必须100%地观看你的图像才能真正看到锐化，但不管是什么，在Photoshop中都更容易观察到（放大任何倍数）。另外，你还有更多的方法来锐化图像（从细微到过度）。我们将从当今世界上使用最多的锐化滤镜开始——USM锐化。

第1步

在Lightroom中选择你想要锐化的图像，并按快捷键Ctrl-E（Mac：Command-E）将其在Photoshop中打开。然后，在滤镜菜单的锐化选项下选择USM锐化（如图11-1所示）。别让这个名字吓唬住你了——这是传统暗室时代的遗留物。我将这个锐化添加到已经应用于Lightroom中的原始图像或相机中的JPEG图像的锐化之上。这被称为捕捉锐化，旨在恢复捕捉阶段（换句话说，在相机中）发生的锐度损失。我们在这里添加的这个额外的锐化更像是一个随意的锐化，目的是使我们的图像看起来更清晰。事实上，我们在Photoshop中添加的所有锐化操作都属于任意或创造性锐化操作。

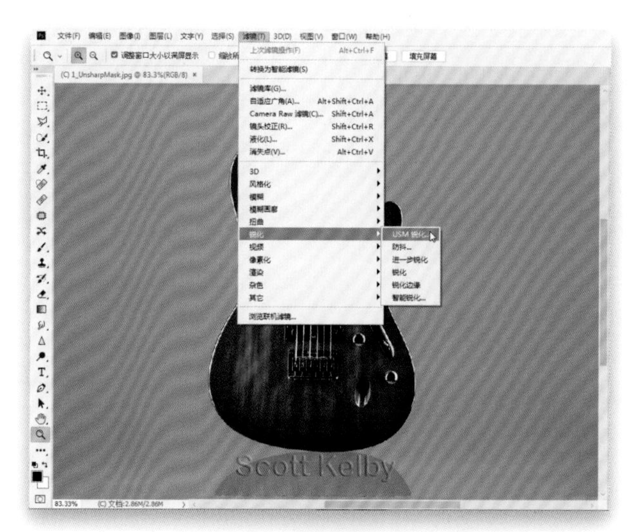

图11-1

第2步

在USM锐化对话框中，数量滑块决定了应用到照片上的锐化数量；半径滑块决定了锐化将影响到的边缘的像素数；阈值滑块决定了在将像素视为边缘像素并通过滤镜锐化之前，像素必须与周围区域有多大的不同。那么，你输入了什么数值？我将分享最近使用最多的5种设置。第一种设置（如图11-2所示）产生了一个很好、很清晰的锐化效果，在这5种设置中，它可能是我使用最多的：数量120、半径1、阈值3。如果你使用的是超高分辨率相机，你可能需要将半径增加到1.1或1.2。

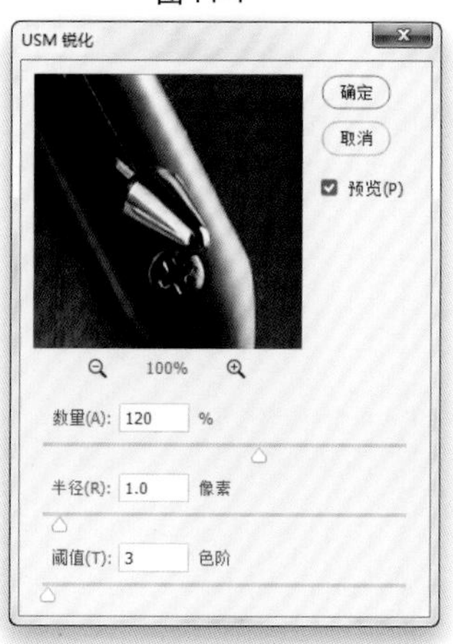

（#1）GENERAL SHARPENING

图11-2

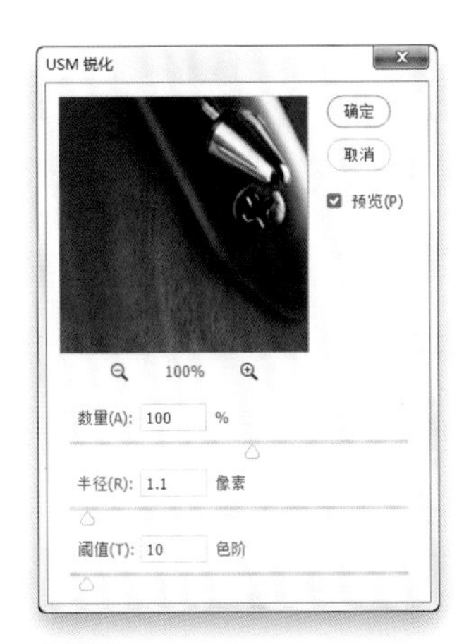

人像锐化

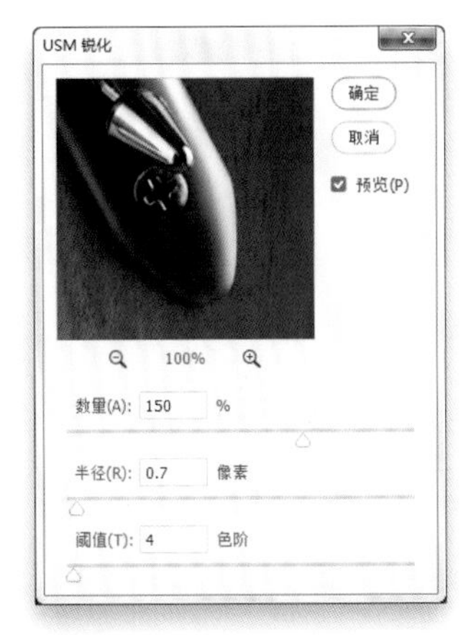

风光锐化

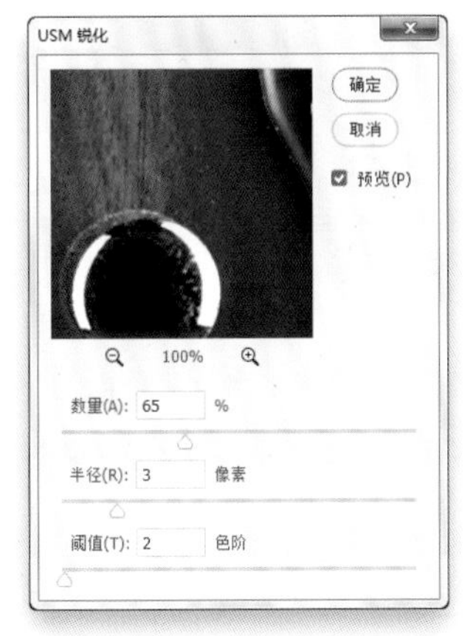

厚重锐化

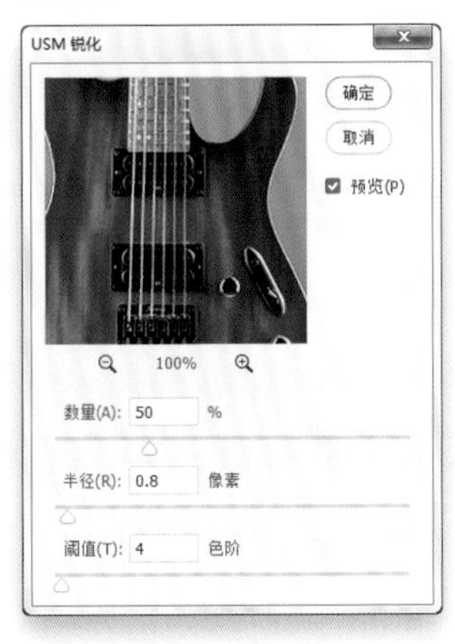

网页照片锐化（调整大小后）

图 11-3

第3步

下面是我常用的另外4种设置。

#2：数量100、半径1.1、阈值1.1。主要应用于锐化细节区域，比如眼睛、嘴唇、眉毛等，但对皮肤锐化效果也不错。

#3：数量150、半径0.7、阈值4。高数量和低半径值非常适合风光照片。

#4：数量65、半径3、阈值2。如果你的主体对象有很多细节，而且你真的很想把这些细节展现出来，不妨试试这组设置。

#5：数量50、半径0.8、阈值4。如果我要调整一张图像的大小以便发布到网上，并且能分辨出图像看起来不那么清晰时，我只使用该参数设置。这是一个微妙的锐化量，但它可以迅速恢复在调整图像大小时丢失的一些锐度。

提示：锐化预览

当你使用USM锐化滤镜时，会有两个锐化预览：（1）拖动滑块时，你会在屏幕上看到图像中的效果；（2）在对话框的小预览窗口中，你会看到锐化是如何影响图像的放大预览。点击这个窗口并保持，可以获得图像修改前（未锐化）的视图；释放鼠标按钮以查看修改后的视图。

图 11-4

11.2 更智能的智能锐化

这一个命名恰当的锐化滤镜，它使用了比USM锐化更好的数学算法（顺便说一下，它从1.0版开始就存在于Photoshop中），它可以让你使用更多锐化，而且减少画面中与之相关的坏东西（增加的噪点，出现在物体边缘的光晕，或者小的斑点或艺术效果）。那为什么有人会使用USM锐化呢？因为这是经典的锐化，它一直存在，人们知道如何使用它而且不喜欢改变（即使更好的锐化，有更多的控制，只是在锐化菜单上的一个点）。

第1步

你可以在USM滤镜附近找到智能锐化滤镜——在滤镜菜单下的锐化选项下选择智能锐化，打开如**图11-5**所示的对话框。

提示：将你的设置保存为预设

如果你找到了非常喜欢的预设，你可以在对话框顶部的预设下拉菜单下选择保存预设。给它取个名字，然后点击保存，现在你的预设以及那些设置将会出现在下拉菜单中，非常方便。

图11-5

第2步

锐化的缺点之一是，如果你应会用了很多锐化，边缘周围会形成“光晕”（那些亮线），但是智能锐化的算法允许你在光晕出现之前应用更大的锐化量。那么，你怎么知道你能把锐化量推到多远呢？Adobe建议你首先将数量滑块增加到至少300%，然后开始向右拖动半径滑块，直到开始看到边缘周围出现光环。当它们出现时，将滑块往后拉一点（直到光晕消失）。顺便提一下，我有没有提到智能锐化对话框可以调整大小？是的，只需单击并拖动对话框的右下角即可将其尽可能变大（正如我在下一步中所做的）。

图11-6

图 11-7

图 11-8

第 3 步

设置半径数值后，返回到数量滑块并开始将其向右拖动（高于 300%），直到你觉得锐化看起来不错（或者出现光晕，但你必须先将滑块拖动一段时间）。我最终设置为 300%。还有，你看到移去弹出菜单了吗？请确保设置为镜头模糊（这是这里唯一的好选择）。顶部的选项（高斯模糊）基本上提供了与 USM 锐化相同的数学算法，所以你没有得到“更好的数学算法”的优势。底部的选项（运动模糊）是为那些百万分之一次的机会，你可以确定运动模糊的确切角度，并尝试通过输入模糊的角度来抵消它。

第 4 步

锐化容易让噪点变得更明显，这就是为什么这里有一个减少杂色的滑块是很好的原因。这个滑块的目的不是减少噪点，而是让你在不增加噪点的情况下增加很多锐化。应用锐化后，将向右拖动此滑块，直到照片中的噪点看起来与锐化前的噪点差不多。最后，当你在这个滤镜上变成专家，单击阴影/高光以显示渐变滑块——向右拖动它们以减少高光或阴影区域的锐化程度。

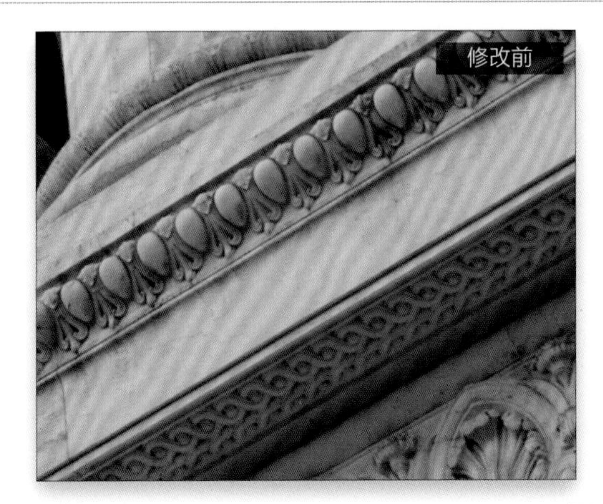

图 11-9

11.3 高反差保留锐化

这是一个非常高水准的锐化，非常受风光摄影师、城市风光摄影师、HDR摄影师和拍摄细节很多的照片的人的欢迎，因为它突出了照片中的所有边缘，这些边缘的突出，可以真正给人一种超级锐化的印象。

第1步

在Photoshop中打开你想要锐化的图像（这是西班牙瓦伦西亚的一个食品市场，使用超广角镜头拍摄的）。首先从复制背景图层开始，按快捷键Ctrl-J（Mac：Command-J），然后在滤镜菜单下的其它选项下，选择高反差保留（如图11-10所示）。

图11-10

第2步

在高反差保留对话框中，首先将半径滑块一直向左拖动（屏幕上的一切都变成灰色的），然后将其向右拖动，直到你开始清楚地看到图像中对象的边缘。滑块拖动得越远，锐化的强度就越大，但是如果拖动得太远，你就会得到这些巨大的光芒，而且效果就会开始瓦解，所以不要太激动。我通常会在1～3像素之间结束，但是如果你有一个真正的高达兆万像素的相机，你可能需要半径提高到4像素或更高才能让边缘清晰可见。

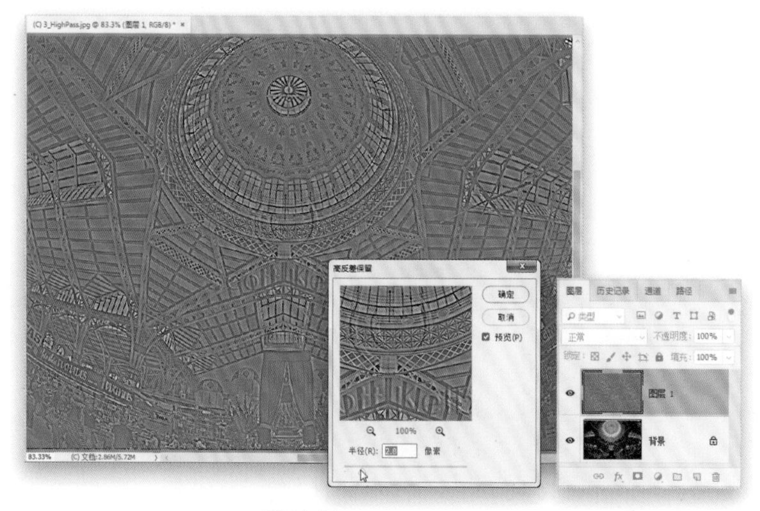

图11-11

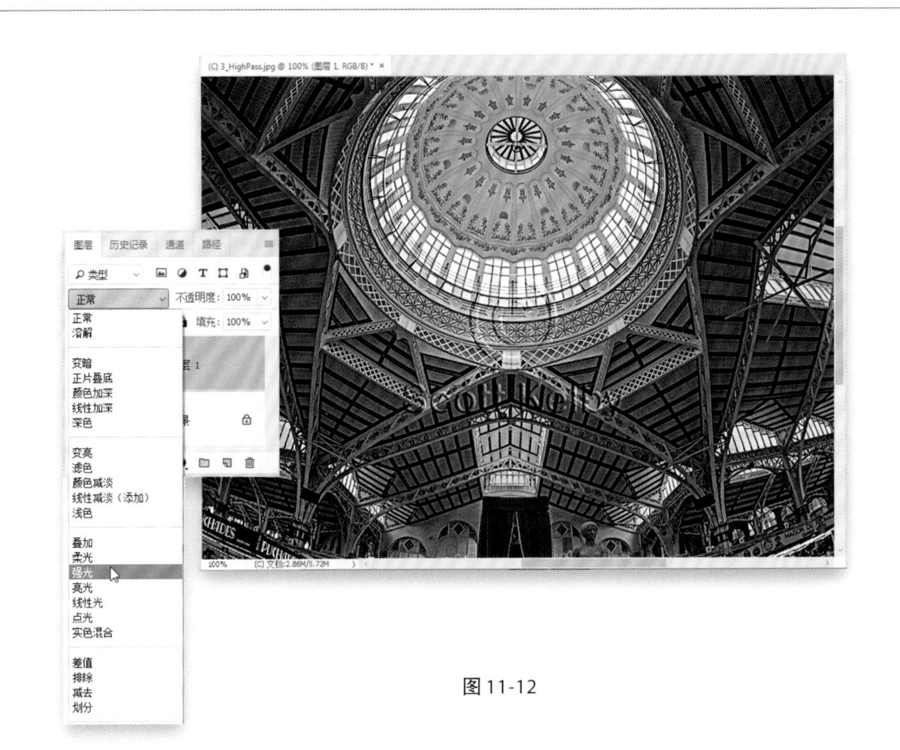

图 11-12

第3步

为了锐化图像，我使用了3种常用图层混合模式中的一种，它们是：（1）硬光，这会为你提供最强烈的锐化量；（2）叠加，这是非常有力的锐化，通常是我的第一选择，如果我尝试它后想要更多锐化，我只需切换到硬光模式即可；（3）柔光，这是这3个高能模式中最微妙的一个。要从这3种中选择一种混合模式（使填充在图层上的灰色消失），在图层面板左上方附近将该图层的混合模式由正常改为你想要的任何一种。这里我们会尝试硬光，因此你可以看见其效果如何——它应用了一些严谨的锐化。试试将混合模式更改为叠加，然后是柔光，这样你就能发现锐化数量的差异。此外，如果使用这些工具进行锐化的效果过于强烈，你可以在图层面板右上角附近通过降低复制图层的不透明度来降低锐化的数量。或者，只需尝试将混合模式更改为叠加（这会降低锐化的强度）或柔光（甚至更强烈）。

图 11-13

11.4 修复因相机抖动而模糊的照片

如果你有一张因相机抖动而模糊的图像（快门打开时的任何运动，通常是在手持拍摄时，在曝光时间较长的光线较低的情况下会变得更糟），那么有一个Photoshop滤光片可以帮助保存它。此滤镜不会修复那些因移动而模糊的图像。另外，这个滤镜对那些没有太多噪点，整体曝光也相当不错，而且不使用闪光灯的图像效果最好。所以，虽然它不适用于每个图像，但当它确实适用时，它绝对是一个镜头保护程序。

第1步

打开拍摄时相机运动造成的模糊图像（阅读上面的简介，了解这种模糊减少的类型）。我正沿着威尼斯的一条街道走着，这时我在一扇开着的窗户里看到了这束美丽的花，但它有点阴暗，而且我拿不稳相机，拍不出一张漂亮而清晰的照片。这张照片看起来不错，但是当你放大（就像我在下一步所做的那样），你会很清楚地看到模糊的问题。

图11-14

第2步

这是放大后的图像，你可以真正看到相机大幅度抖动。因为花不会动，很明显是我的错——我没有让相机保持足够的稳定来适应光线条件。但是，我们可以解决这个问题。进入滤镜菜单下的锐化选项下，选择防抖（如图11-15所示）。

图11-15

图11-16

图11-17

第3步

当对话框打开后，它立即开始分析图像，从中间开始（最模糊的地方）并向外搜索。你将看到一个小进度条出现在对话框右侧的小预览的底部附近（它被称为“细节放大镜”）。一旦它完成了数学运算，它就向你展示了它的自动模糊校正，正如你在这里看到的，它在保存照片方面做了一个相当惊人的工作。它不是完全100%锐利，但原始的几乎是不可用的。对我们大多数人来说，这就是你需要做的：打开滤镜，让它做它该做的事情，然后就完成了。

第4步

如果某些特定区域的默认减少没有修复，可以添加其他模糊评估区域（用于确定修复的矩形区域）。单击左上角的模糊评估工具（默认选中），然后将其拖动到有相当大对比度的区域上（此处，我在左上角再拖出两个，一个在灯笼上）。你也可以通过单击任何区域的中心点，将其重新定位到您想要的位置来移动该区域，它将自动重新分析该区域。完成后，单击确定按钮。还有一件事：在这个滤镜变得更清晰之后，我通常还使用锐化蒙版来完成。

图11-18

11.5 用于创意锐化的锐化工具

这是应用创造性锐化的另一种方法（你可以随意锐化以吸引观众的注意力，或锐化特定区域而不过度锐化图像的其余部分）。这种技术最好的一点是它使用了所有Photoshop中最复杂巧妙的锐化方法，在Photoshop的锐化工具中可以找到这种锐化的数学原理。

第1步

在Photoshop中打开要添加创造性锐化的图像（这里，我们正在锐化自定义切碎器背面的一张照片），然后从工具栏中选取锐化工具（如**图11-19**中红色圆圈所示，它的图标看起来像一个高高的三角形）。

图11-19

第2步

先按快捷键Ctrl-+（**加号；**Mac：Command-+）放大（这将帮助您在应用时更好地看到锐化效果）图像。此外，在选项栏中扫视一下，确保你勾选了保护细节复选框（否则，你将使用“旧的算法”——它是多年前更新的，现在只要勾选了该复选框，就可以获得更好的结果）。现在，使用画笔在你想要锐化的地方绘制（在这里所示的例子中，我在自行车侧面的铬合金标志上画了几笔，你可以看到我的画笔笔尖的轮廓在字母“d”和“o”的上半部分，但我绘制的是进入平面的部分，包括每侧的螺栓）。使用这个工具时，你必须小心，因为它功能强大，而且很容易过度锐化，并在图像中引入噪点。这就是为什么至少放大50%是很重要的，这样你就可以看到工具的效果，看看物体是否变得过度锐化或出现噪点。

图11-20

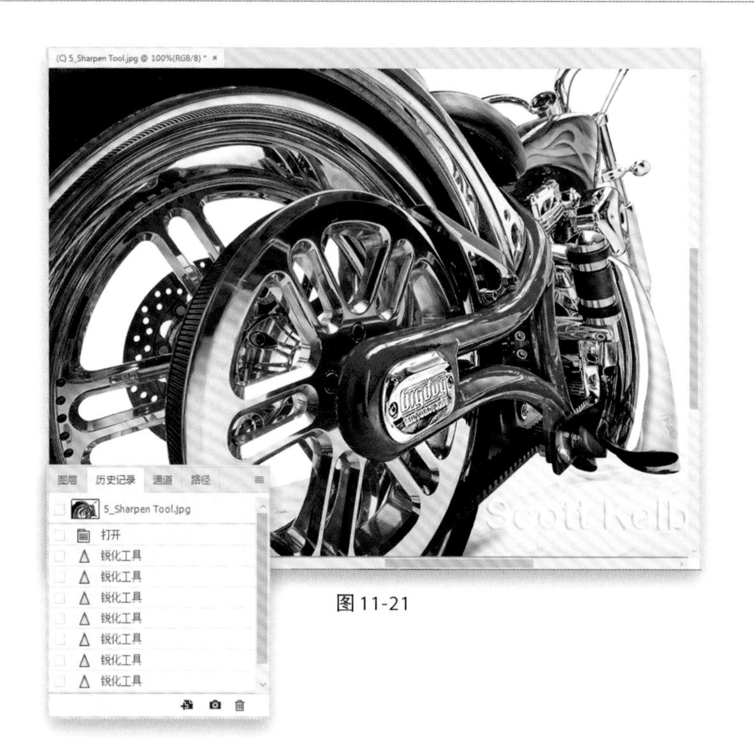

图 11-21

第 3 步

这里的想法是在感兴趣的小块区域上绘制，把它们拉出来。这使得整个图像看起来更加清晰，因为这些重要的细节现在更清晰了。尤其是，我在任意一个文本上的绘制。此外，在类似这样的摩托车照片中，我可能会在任何好看的铬耳螺母上绘制，正如像在这里做的。没有明确的规则来规定应该锐化什么，因为图像与图像之间并不相同。但是，我认为选择有趣的部分进行锐化很重要，因为锐化的区域会吸引观众的眼球。当然，知道这些有助于你用这个点锐化技术来引导他们的视线。我在**图 11-21** 中展示了修改前和修改后的图像，这样你就可以看到点锐化的不同之处了。此外，如果您想快速查看修改前后的效果，请转到 Photoshop 的历史记录面板（如**图 11-21** 所示；该面板位于窗口菜单下），然后单击顶部的打开以查看首次打开时的图像，然后向下滚动并单击最后一条历史状态（它应该是锐化工具——你将看到一堆历史状态，所以单击底部的一个即可）可以看到修改后的效果。

图 11-22

如何移除画面中的干扰物

- 使用Photoshop移除照片中的游客
- 克隆令人分心的物体
- 使用修补工具移除较大的对象
- 移除较大干扰物的另一种方法
- 使用内容识别填充移除物体
- 高级内容识别填充

12.1 使用 Photoshop 移除照片中的游客

这更多的是一种“Photoshop 魔法”，如果你把相机的部分处理好了，Photoshop会处理好剩下的部分，在几秒内将你拍摄场景中的游客全部移除。幸运地是，相机的部分很简单：保持静止（或者最好使用三脚架）每10～15秒拍摄一张。总共拍摄10～12张照片。就是这样，该技法有个“陷阱”：Photoshop所做的是分析场景，如果它看见某物从一帧移动到另一帧，就会将其删除。因此，如果某人在你所有拍摄的照片中刚好站在同一位置，并且没有移动，Photoshop就不会将其删除。我的解决方法就是，让一个朋友走过去，友好地让他们移动位置。

第1步

在 Lightroom 中选择你想要移除游客的图像（阅读以上内容了解你需要使用的拍摄技法），按快捷键 Ctrl-E（Mac：Command-E）将它们在 Photoshop 中打开。在顶部窗口中，它们都将以单独的标签栏打开（如果你仍然保留了默认设置），并且只展示一幅图像。但是，我希望你能多看到几幅，因此，这里我在窗口菜单的排列选项下选择六联，将你的6幅图像自动平铺排列（我总共拍摄并打开了12幅图像，但不幸地是，这里并没有十二联选项）。

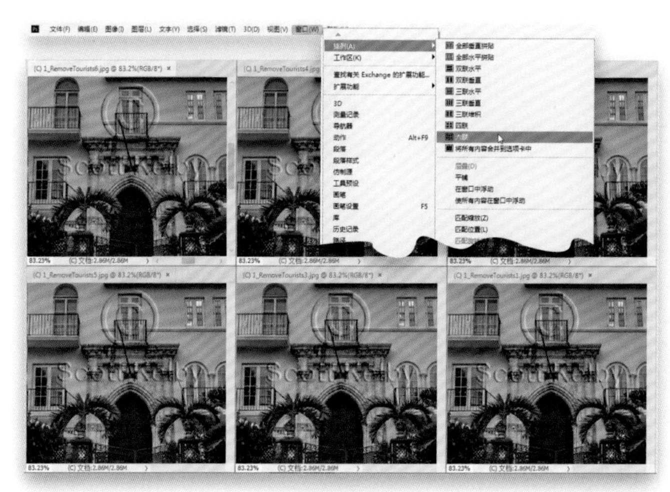

图 12-1

第2步

在 Photoshop 中打开所有的图像后，你要前往一个难以置信的地方：在文件菜单的脚本选项下选择统计（如图 12-2 所示）。在这里，你只需稍加调整，就可以将该功能从一个乏味的算法对话框变成旅行摄影师的好朋友。顺便提一下，你可以在这整张放大显示的图片中看到我在两辆停着的汽车之间拍摄时纳入画面的行人和车辆，我使用了三脚架，沿着迈阿密南海滩的海洋大道拍摄。这座房子总是吸引很多人的原因是，它是著名的卡苏阿瑞纳别墅。

图 12-2

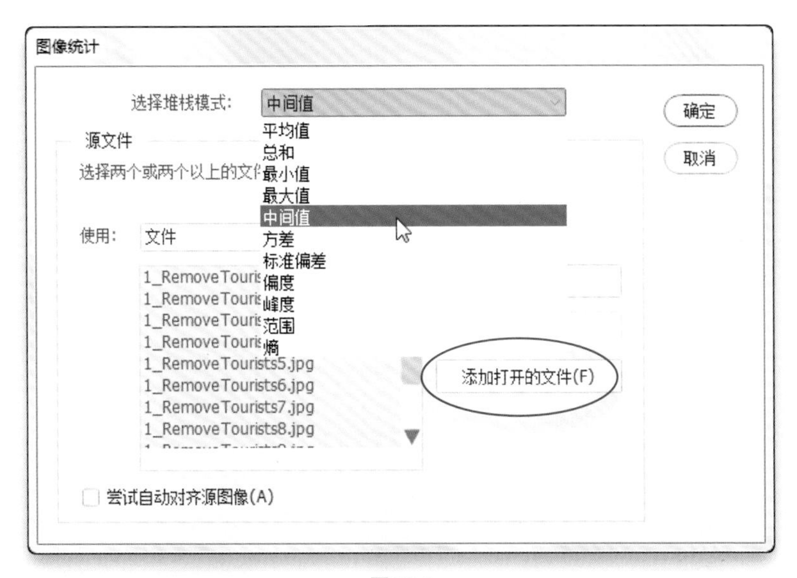

图 12-3

第 3 步

当弹出图像统计对话框时（如**图 12-3**所示），先单击添加打开的文件按钮（如**图 12-3**中红色圆圈所示）。这样，它会使用你刚刚从Lightroom中带过来的图片。然后，在对话框顶部的选择堆栈模式下拉菜单中选择中间值（如**图 12-3**所示）。还有一个复选框你可能需要，但只有在手持拍摄时才需勾选尝试自动对齐源图像复选框。如果你这样做了，所有的图像会在彼此对齐时关闭，因此勾选该复选框可以为你自动对齐它们——只是增加了一些额外的时间来完成该项工作。在本例中，我使用三脚架拍摄，因此没有必要勾选该复选框。

图 12-4

第 4 步

单击确定按钮，几秒后（对于相当高像素的图片，可能需要几秒钟以上）就会出现一个包含你图片的新文档，且图片中没有游客。它总是运行得出乎意料的好，但是同样，我在前面的引文中提到了“陷阱”。还有一点：如果它留下了一些东西（偶尔会），你可以使用修复画笔工具（按快捷键Shift-J直到选中该工具）或仿制图章工具（S；有关这些工具更多的信息将在本章中介绍）移除那些小的区域。但是，在你这么做之前，你必须现在图层面板的弹出菜单（位于面板右上角）中选择拼合图像。现在你可以仿制、修复，或者执行其他操作。

12.2 克隆令人分心的物体

Photoshop的仿制图章工具是一个非常有用的工具——它可以魔法般的修复、覆盖、复制和删除画面中所有让人分心的事物。你有一张建筑物的窗户被打破的照片吗？你可以克隆那个坏掉的窗口附近的区域，没有人会知道它已经修好了。照片中墙上有两盏灯，但你想变成三盏灯？是时候使用仿制图章工具了。想要修补墙上的一个洞，或者修复照片被撕破的边缘，或者几乎想要修复任何东西？这个强大的工具几乎无所不能。很难相信它从Photoshop 1.0版本（25年前）就存在于Photoshop中了，但我们仍在使用它。

第1步

首先，如果你真的了解“克隆”的概念是关于什么的话，会对之后的操作有所帮助。使用这个工具，你不仅仅能复制东西（添加更多的东西），而还能修复、覆盖和修补东西。因此，我们将从常规的克隆开始。在这里的图片中，让我们复制一下——我的意思是，把右边的警卫克隆到左边的警卫室。这比听起来容易。首先从工具栏选取仿制图章工具（其图标看起来像橡皮图章），然后按住Alt（Mac：Option）键并单击警卫的肘部（如**图12-5**所示）。这设置了采样点，也就是我们仿制起点。所以，如果你现在在这幅图中的任意地方绘制，那个警卫的肘部（或者说你手臂上肘部对侧的那一部分）都是我们绘制的起点。如果你把画笔移动到右上角的那扇窗户上开始绘制，它就会开始在那里绘制警卫，从那只手肘开始。

图12-5

第2步

要使他出现在另一侧的警卫室，你要在与右侧差不多的高度和位置进行绘制。将光标移到另一个警卫室的右侧，你会注意到，在圆形画笔笔尖光标内，你会看到要绘制的内容的预览。这比听起来更有用，因为你可以通过这个画笔提示的实时预览，把他的手臂放在几乎完全相同的位置。

图12-6

图 12-7

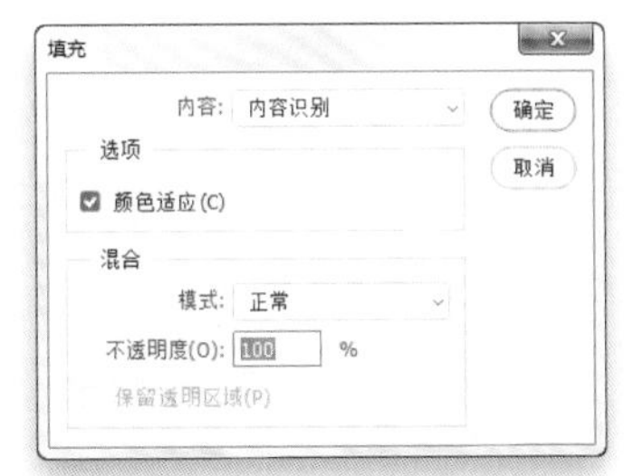

图 12-8

第 3 步

一旦预览内容看起来和另一个守卫的肘部差不多高时，就可以开始绘制并克隆警卫的剩余部分。看看原来的警卫，你会看到一个小的+（加号）光标（称为“十字线”光标；在**图 12-7** 中用红色圆圈圈出）。这将向你显示先前按住 Alt（Mac：Option）键并单击采样时的位置。圆形画笔显示你要克隆到的位置。在这里，我在几秒钟内把警卫绘制好了。你不想绘制太多警卫体形之外的区域，因为你要复制右边的十字线光标穿过的东西。这就是这个方法的基本原理：按住 Alt（Mac：Option）键并单击你想要克隆的东西，然后在需要克隆的目标区域使用你的画笔。现在，让我们把仿制图章工具放在现实世界中需要使用它的地方。

图 12-9

第 4 步

在我们这张自然光人像中，我们想要去除右侧的建筑物。最简单的方法就是使用套索工具（B）在整个建筑物（栏杆等）周围放置一个选区。然后使用 Photoshop 的内容识别填充功能将其移除。现在，从工具栏中获取套索工具（L）并进行选择，然后在编辑菜单下选择填充，然后从填充对话框的内容弹出菜单中选择内容识别（如**图 12-9** 所示）。

第5步

单击填充对话框中的确定按钮。完成填充选区后，按快捷键Ctrl-D（Mac：Command-D）取消选择。所以，这几乎把整栋建筑都拆掉了，但是在这个过程中栏杆却被弄坏了。奇怪的是，内容感知填充通常可以很好地替换栏杆之类的东西，但我认为，因为它后面的建筑太模糊了，所以有点适合它。没问题，仿制图章工具非常适合这样的修复。

图12-10

第6步

选择仿制图章工具，然后使你的画笔变小一些（如**图12-11**所示；你可以通过按左括号键使其变小，按右括号键使其变大）。现在，按住Alt（Mac：Option）键并单击栏杆看起来美观又笔直的部分，然后开始在栏杆缺失的部分绘制。使这变得如此简单的是，预览显示在画笔光标内。在你开始克隆之前，你可以在预览中把栏杆排成一条直线。另外，请看一下左边的十字线光标，它显示了克隆的来源，右边的圆形画笔笔尖光标就是正在克隆的内容。你实际上是将左边的栏杆绘制到右侧栏杆的空隙上。底部的栏杆仍然一团糟，更糟糕的是，那里没有可复制的直线区域。不过，不用担心，我们有一个简单的解决办法。

图12-11

图 12-12

图 12-13

第7步

由于底部栏杆上没有可克隆的区域（请参见第6步），所以我们将从顶部栏杆的边缘克隆到底部栏杆的位置（如**图12-12**所示）。我们不仅可以像这样轻松地从一个区域克隆到另一个区域，甚至可以从一个文档克隆到另一个文档。因此，如果你有另一张栏杆完好的图像，你可以打开该图像（并在该过程中保持其打开状态），按住Alt（Mac：Option）键并在其栏杆上单击，然后切换到该文档并将那个文档中的栏杆克隆到该文档中。

第8步

让我们把上面的栏杆克隆到下面的栏杆，直到它到达图像的边缘（如**图12-13**所示）。还有一件事：如果你在这样一条直线上进行克隆，突然间它开始看起来很奇怪或停止克隆，那么你的十字线光标很可能已经到达了它可以克隆的终点，并且它开始超越你克隆的区域。就像《盗梦空间》一样——你不能克隆那些还不存在的东西。因此，停止克隆一秒钟，在栏杆上再向后移动一点，对该区域重新取样，然后再次开始克隆。如**图12-13**所示，这是建筑物消失和我们的栏杆修好后的最终图像。这是我们使用仿制图章工具所做的典型工作。

12.3 使用修补工具移除较大的对象

污点修复画笔和常规的修复画笔非常适合解决小问题——从清除污点到电源线，有时你可以用这些画笔移除较大的物体。但是，你可以通过使用一个专为更大类型的琐事设计的工具——修复工具来节省时间和麻烦。它对于更大的清理工作非常有效，并且它有一个选项可以帮助您处理修复画笔和污点修复画笔的最大弱点，即当你要删除的部分沿着图像的边缘时，它会变得模糊。

第1步

如果你想要移除的物体比较大，那就需要用到修补工具了。它和Lightroom中的污点去除工具有点像，如果和Photoshop中的套索工具合并的话。接下来介绍它的工作原理。在这个例子中，我们想要移除那只船和图片左侧边缘漂浮的船坞。因此，从工具栏中选取修补工具（按快捷键Shift-J直到选中该工具；它的图标很像一个补丁）。现在使用该工具在你你想移除的整个物体周围绘制一个宽松的选区（如**图12-14**所示），就跟套索工具的使用方法一样。确保你选择了倒影和阴影——如果你不想留下任何东西被移除后的痕迹。

图12-14

第2步

确定好你的选区位置后，单击选区内部并将其拖动到附近干净的区域（如**图12-15**所示，我将选区拖到右边——你可以看到左边的原始选区，以及我在右边拖动的选区副本）。修补工具最棒的一个功能是，当你拖动该选区时，你会在原始选区看到一个实时预览，显示如果你释放鼠标按钮“修补区域”将会是什么样子。这个实时预览可以很容易在你的照片中选择一个点并将其修复得很完美。试试将它拖动到右侧稍大一些的船上，你就会明白我的意思——当你将实时预览放在船上时，松开鼠标按钮会使你的修补变得很糟糕。通过该预览，你可以轻轻松松地为你的修补找到一个适合的点。

图12-15

图12-16

图12-17

图12-18

第3步

当你查看原始选区的预览并觉得不错时，只需释放鼠标按钮，选区就会恢复到原来的位置，并基于你将选区拖动到的位置的纹理、色调和颜色移除掉船和船坞（如**图12-16**所示，船和船坞都没了踪迹）。现在，请按快捷键Ctrl-D（Mac：Command-D）取消选择。如果得到的结果不是很完美（遗漏一个细小的物体、一条可见的线条或其他东西），只需在遗漏物体周围放置一个新的修补工具选区，然后将其拖动到其他地方，这可能会起作用。当我们进行到这一步时，回头查看一下第2步中图像的左下角，看到那艘船的引擎了吗？让它消失吧。请在它周围放置一个修补选区，单击选区内部，然后将其拖动到附近一个干净的区域（如**图12-16**所示），并释放你的鼠标按钮。

提示：如果弄脏了画面怎么办

如果你想要移除的物体靠近图像边缘，使用修补工具很可能在边缘留下很大的污迹。发生这种情况时，请按快捷键Ctrl-Z（Mac：Command-Z）撤销操作，然后在顶部的选项栏中，从修补下拉菜单中选择内容识别，然后再次尝试。这通常会起作用。同样，也可以试试另一个技巧，使用仿制图章工具（S）沿着边缘部分克隆，然后一旦边缘和你想要一处的物体之间出现了一条缝隙，你就可以再次使用修补工具，将选项栏中的修补选项设置为正常。

第4步

在大船正前方的倒影下面还有一个小区域，所以我在它周围放置了一个选区，将它拖动到附近干净的区域，释放鼠标按钮，它就消失了。这个工具非常好用，因此我会预测它会是你经常使用的工具之一，尤其是你想要移除的东西比使用污点修复工具或修复工具处理的物体更大的时候。

12.4 移除较大干扰物的另一种方法

如果在我的图像中有一个大的干扰物，我首先要做的就是寻找图像中的另一部分区域——我能够复制并拖动该区域直接覆盖在干扰物上。在本节的例子中，我想使用右侧干净的黄色墙壁覆盖左侧有绿色裂纹的墙壁。因此，计划跟往常一样简单：在图像中寻找我们可以复制并覆盖糟糕区域的另一部分。

第1步

我们将从在Photoshop中打开图像开始，因此在Lightroom中选择该图像，然后按快捷键Ctrl-E（Mac：Command-E）将其在Photoshop中打开。看到图像左侧墙壁上的裂纹了吗？那就是我们需要用右侧干净泛黄的墙壁覆盖的位置。

图12-19

第2步

从工具栏中选取矩形选框工具（M），在右侧墙壁上拖出一个选区（如图12-20所示）。确保你的选区是从顶端拖动到底部。

图12-20

图 12-21

第 3 步

请按快捷键Ctrl-J（Mac：Command-J）将该选区放到它自己单独的图层上（参见**图**12-22中的图层蒙版）。当它位于单独的图层上后，我们需要水平“翻转它”，以便可以用它覆盖另一侧，这意味着我们要用到自由变换工具。因此，请按快捷键Ctrl-T（Mac：Command-T）开启自由变换边框。一旦边框出现，用鼠标右键单击边框内的任意位置，从弹出的下拉菜单中选择水平翻转（如**图**12-21所示）。

图 12-22

第 4 步

将你的光标移动到自由变换边框内，它会变成一个黑色箭头。现在，单击并将这个翻转后的墙壁拖动到左侧，完全覆盖有裂纹的那面墙壁。

提示：如何将物体完美对齐

对于本节的图像来说，这项操作没有什么必要，但如果你拖动照片中的一小部分覆盖别的区域，有时降低你要移动的图层的不透明度会有助于你看到其下方的原始图层。这只在你要试着对齐的时候有所帮助（而且没错，即使自由变换边框仍在图像中时，你也可以在图层面板降低该图层的不透明度）。

第5步

如果你查看第4步中的图像，你会注意到图像底部的调节并不是很吻合，这个糟糕的修饰将会出卖整个图像。因此，我们必须修复这个问题。你的自由变换已经就位，修复起来就很简单了——只需抓取底部中央的控制点并笔直向下拖动，稍稍拉伸图像以使台阶对齐（如**图12-23**所示）。当你完成操作后，只需单击边框外的任意位置锁定变换即可。

图12-23

第6步

当然，你会在我们的翻转墙壁图层上看到一个生硬的边缘，因此我们要轻轻地把边缘涂掉，这样你就发现不了新墙、旧墙分别是从哪里开始的。要擦除这种边缘，我们不用橡皮擦工具（它太棘手了，而且默认使用硬边画笔）。对于像这样的工作（隐藏边缘），我们在图层面板底部单击添加图层蒙版图标（左数第3个图标）添加一个图层蒙版。这样，如果我们在涂抹掉边缘时犯了错，我们可以将前景色切换为白色并涂抹掉错误。按D键，然后按X键确保将前景色设置为黑色，从工具栏中选取画笔工具（B），从选项栏的画笔拾取器中选择一个柔边的大画笔，然后在硬边上绘制将其遮住（如**图12-24**所示）。

图12-24

第7步

最后两个步骤只是使我们的修复看起来更逼真一些。第一个步骤是在左下方的台阶上绘制，以显示原始台阶。这样，左侧的台阶不会沦落得看起来是右侧台阶的精确复制——因此，你使用右侧的墙，但是使左侧的原始台阶保持可见。这就是我在这里执行的操作——我用黑色绘制那些台阶，以显示背景图层中的原始台阶。

图 12-25

第8步

最后一个步骤使用了相同思路，即使这面翻转的墙看起来不像是右侧墙壁的一个精确复制。首先，在图层面板右上角的弹出菜单中选择拼合图像，将图层蒙版和背景图层合并到一个单独的拼合图层。现在，从工具栏中选取污点修复工具（J），并移除掉左侧墙壁上的一些污点和斑点（右侧墙壁上的污点和斑点也在完全一样的位置），只是它们看起来有点不一样。使你的画笔比那些污点稍大一些，将画笔移动到污点上，然后单击将其移除（这就是我对左侧墙壁执行的操作），这样我们的“覆盖”工作就完成了。我把原始图像放在这里，这样你就能知道覆盖的效果有多好了。

图 12-26

12.5 使用内容识别填充移除物体

修复画笔非常适合去除斑点、皱纹等，修补工具非常适合去除较大的物体。但是，所有覆盖、移除、修复和隐藏工具中的“万人迷”都是内容识别填充——它使用了一些令人惊叹的技术，并且使用简单。除非只是一个污点或斑点，否则我会先想到内容识别填充（甚至在修补工具之前），它特别适合填充图像的角落或边缘上的间隙，这些间隙有时会在镜头校正后留下，或者当你将图像拼合在一起时留下。内容识别填充非常适合这些情况，因为它处理起来更快、更简单和更干净。在这里，我们只会做一个简单的内容识别填充，然后我们将研究一个更高级的技术，它允许您在提交之前调整结果，所以得到的结果是非常干净的。

第1步

在这里，我们要移除最右边的窗户和柱子，从照片底部弹出的杂草，以及窗台左侧的小边缘。这个功能被称为“内容识别”填充，因为它知道你要移除的对象周围是什么，它会分析周围的区域，并尽其所能智能地填充它。因此，首先从工具栏中选取矩形选框工具（M），然后在窗口和柱子周围拉出一个选区——从上到下（如**图12-27**所示）。

图12-27

第2步

如果你的图层在背景图层上（像这个一样），就非常简单了——只需按Backspace（Mac：Delete）键打开填充对话框，在内容下拉菜单中，内容识别是被默认选中的（如果不是，只需选择即可）。现在，单击确定按钮，内容识别填充就会完成接下来的工作，右侧所有的干扰物就会消失（如**图12-28**所示）。如果你想要移除的物体在背景图层上方的图层，则无需按Delete键，而只需单击编辑菜单下的填充即可。仍然会显示你在这里看到的填充对话框；这只是一个额外的步骤。继续按快捷键Ctrl-D（Mac：Command-D）取消选择。然后，让我们从工具栏中选取套索工具（L），并在图像底部围绕它们绘制一个宽松的选区来除去这些杂草（如**图12-28**所示）。

图12-28

图 12-29

图 12-30

第 3 步

一旦你选中了这些杂草，按Backspace（Mac：Delete）键弹出填充对话框（同样的，如果你在背景图层执行操作，就像我们在这里一样）。单击确定按钮那些杂草就不见了！取消选择并移到左边的小窗台上，在它周围放一个套索选区，打开填充对话框，单击确定按钮，它就不见了。顺便提一句，我将颜色适应复选框保持勾选状态，因为它有助于与周围的颜色混合在一起。

提示：当内容识别填充不起作用时

如果您选择了一个区域应用内容识别填充，而它要么根本不起作用，要么做的很差劲，只需按快捷键Ctrl-Z（Mac：Command-Z）撤销，然后再次尝试应用它。它会随机化它所选择的区域，你第二次尝试时可能会得到更好的结果。

第 4 步

正如你在这里看到的，内容识别填充不仅很好地去除了右边的窗户，而且也很好地去除了所有其他分散注意力的东西。这是一种内容感知填充效果最好的类型——修复天空、墙壁、树木、背景之类的东西。将此图像与第 1 步中的原始图像进行比较。总共花了30秒。它总是让我吃惊，它的工作效率比不工作的时候要高，但在某些情况下，根据图像和您试图删除或填充的内容，它不会删除整个内容。如果效果看起来不太好，问问你自己："它至少修复了它的一部分，甚至大部分？"如果它甚至解决了一些问题，那么你就没有那么多使用修复画笔和仿制图章工具处理的工作了。另外，另一种方法可能是使用一些高级内容识别填充材料。它可以帮助你预览从中取样的区域，这样你就可以影响它选择的位置以获得更好的结果。这真的很有帮助，但在我无法使这个方法起作用之前，我不会进入那个步骤。

12.6 高级内容识别填充

在上一节中，你学习了简单、直接移除物体的方法——使用内容感知填充。但是，由于这是如此重要的技术，Adobe为它创建了一个完整的工作区，并提供了更高级的功能来帮助你获得更好的结果。它的主要优点是，你可以调整内容感知填充从图像中提取的“修复”区域。因此，它不仅在采样位置上做出了更明智的选择，而且还提供了翻转、旋转等功能，使内容感知填充更加强大。在尝试使用简单方法处理上一个案例之前，不要使用这个方法，但是如果你像我一样执行这些操作，那就回到这里。

第1步

首先，在这张图像中，我们想要移除左侧的管道和红白相间的墙壁，使画面看起来更干净。因此，我们将从使用常规的内容识别填充开始，就像你在前面几节中所学的。从工具栏中选取矩形选框工具（M），在图像左侧我们想要移除的管道和红白相间的墙壁上拖出一个选区（如**图12-31**所示）。

图12-31

第2步

因为图像位于背景图层上，你只需按Backspace（Mac：Delete）键打开填充对话框即可。请确保在内容下拉菜单中选择了内容识别，然后单击确定按钮。现在，你可以看到出现的问题——内容识别从窗口周围的白色木框拖曳出了它的“修复”区域。所以我们看到的不是纯蓝色，而是一堆重复的白色框架区域。这只是一个从糟糕的区域（不是该区域糟糕，而只是进行了一个糟糕的修复）进行内容识别采样的例子。因此，为了帮助内容识别填充挑选到一个更好的采样点，请按快捷键Ctrl-Z（Mac：Command-Z）撤销填充（确保你的选区仍然在原来的位置），然后我们从编辑菜单下选择内容识别填充（如**图12-32**所示），就可以进入此功能的完整编辑工作区。

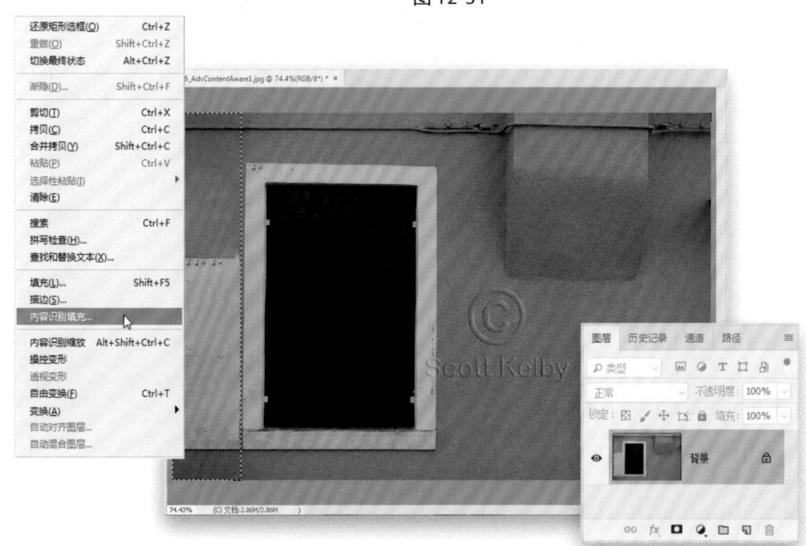

图12-32

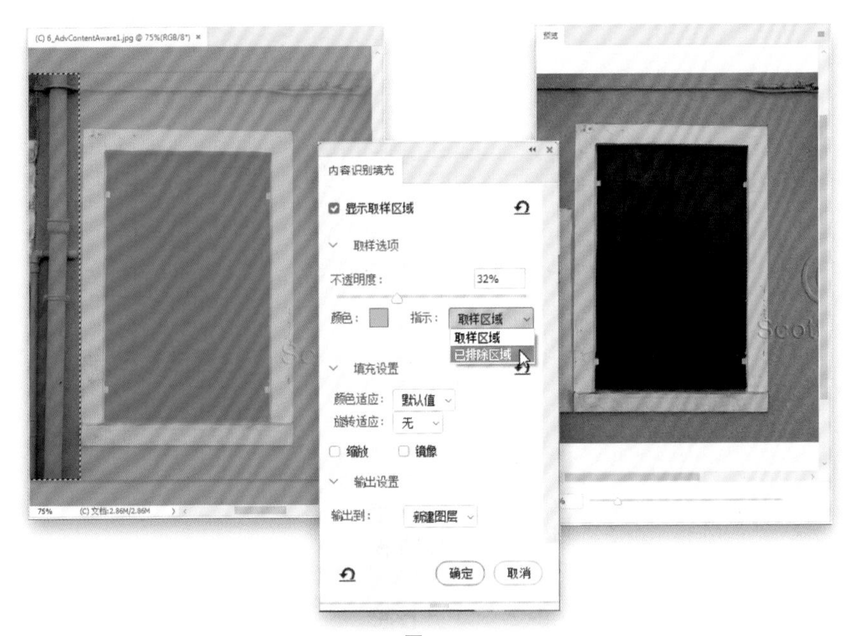

图 12-33

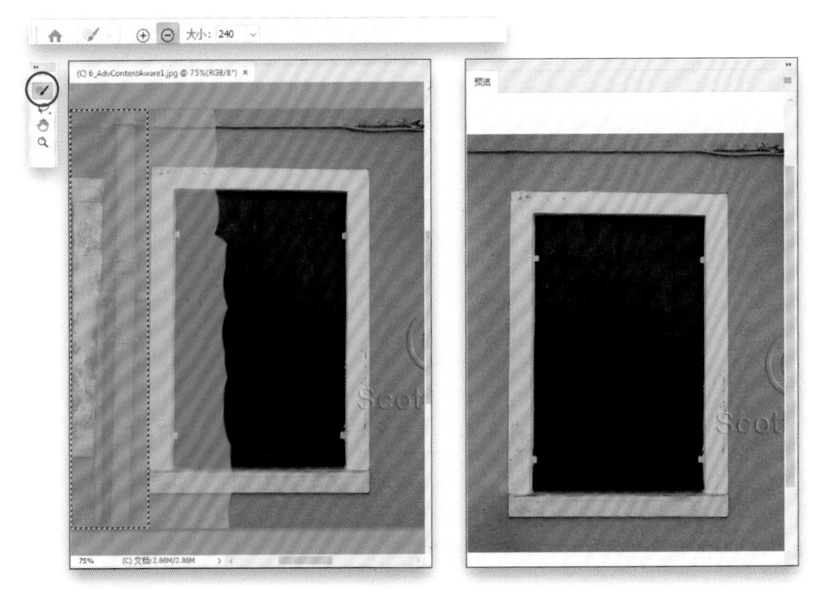

图 12-34

第 3 步

当你从编辑菜单中选择内容识别填充时（就像我们刚才所做的那样），它会显示一个新的工作区：左侧有一个工具栏，然后是图像窗口（选区外的区域为绿色），然后是在其自己预览面板中的“内容识别填充”的修复预览（使用面板底部的滑块更改预览大小），然后是右侧的内容识别填充面板（如**图 12-34** 所示）。现在，除了打开这个新的工作区，我们什么都没做，所以它看起来和以前一样——它仍然从那个白色的窗户框架中拉出补丁，而且看起来仍然很糟糕。在这个工作区开始工作之前，我要转到内容识别填充面板中的取样选项部分，然后从指示下拉菜单中选择排除区域（如**图 12-33** 所示，在下一步中也可以看到）。这样，我可以在不希望使用内容识别填充的任何区域上绘制，并以绿色标记查看这些区域（顺便提一下，如果你不喜欢绿色作为显示要排除区域的颜色，请单击颜色样本并选择其他颜色）。你也可以使用不透明度滑块更改色调的不透明度。

第 4 步

因为我们可以看到它正在从白色的窗户框架中提取修复区域，所以我们需要从内容识别填充样本中排除该窗口区域。因此，从工具栏中获取采样画笔工具（B），通过单击选项栏中的添加图标（加号）或按住 Alt（Mac：Option）键切换到添加画笔，然后在窗户的该侧绘制（如**图 12-34** 所示）。在你绘制时，预览面板中的内容识别填充修复将会更新。你可以看到，它现在不再从白色的框架中拉出，因为我们排除了它作为修复样本的选项。这个即时反馈使这个工作区如此强大。如果你在某个区域上绘制而使情况变得更糟，请切换回橡皮擦画笔（在选项栏上），然后擦除该区域。

第5步

如果你在第4步中查看图像，修复时其实将窗户上方的那条线延伸到了画面的左上角，而不是将其移除。那是因为我们没有让内容识别填充排除那个区域。因此，使用采样画笔工具在窗户上方的线上绘制，现在内容识别填充知道不要使用它来修复——你可以在预览面板中看到，这里它不再延伸该线条。好吧，让我们切换到另一个图像，来查看这个新的内容识别填充工作区中的一些其他选项。

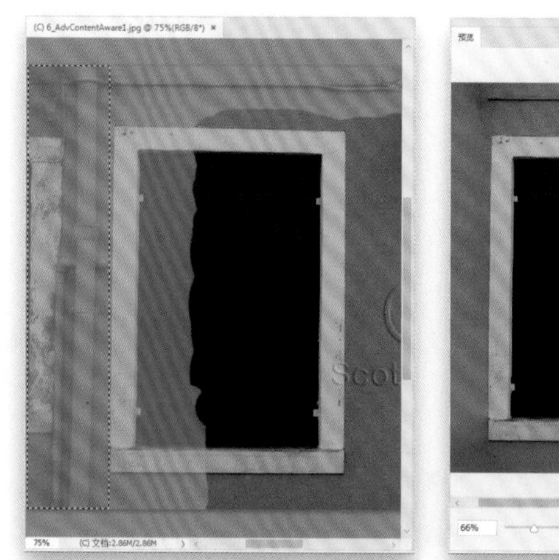

图12-35

第6步

这是一幅存在不同问题的图像（解决方法也不一样）。在内容识别面板的填充设置部分，有一个叫作旋转适应的选项，当需要影响内容识别填充如何从圆形对象中选择其修补区域时，可以使用该选项。这里，在顶部，右边的绿色盘子上有一个明亮的高光，这使得盘子底部的细节变得杂乱无章。所以，我用套索工具（L）选择了它，然后打开了内容识别填充面板。在左下方，你可以看到默认内容识别填充修复的结果（非常糟糕）。从旋转适应下拉菜单中选择高后（这正是针对此类问题的选项），你将得到在图中看到更好的结果。你应该尝试每一种旋转，看看你最喜欢哪一种，因为它们都很不错，但是这里的得到结果有点不同（我认为完全选项对于这张图片来说也很好，但是我选择了高）。

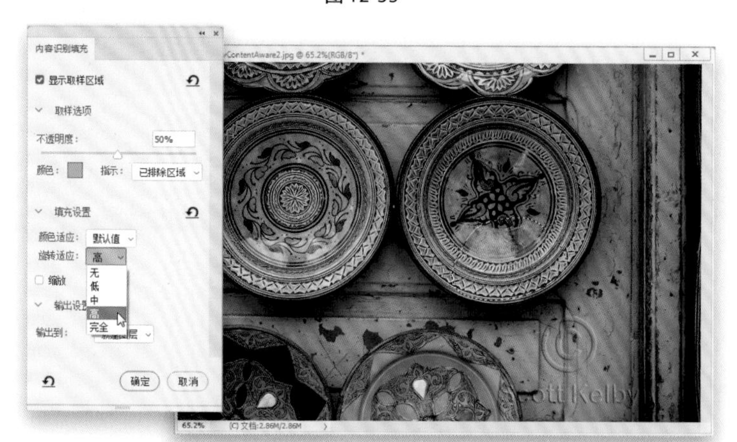

图12-36

默认修复效果

图12-37

将旋转适应设置为高得到的效果

图12-38

图 12-39

默认修复效果

图 12-40

勾选镜像复选框，效果虽不完美，但好多了

图 12-41

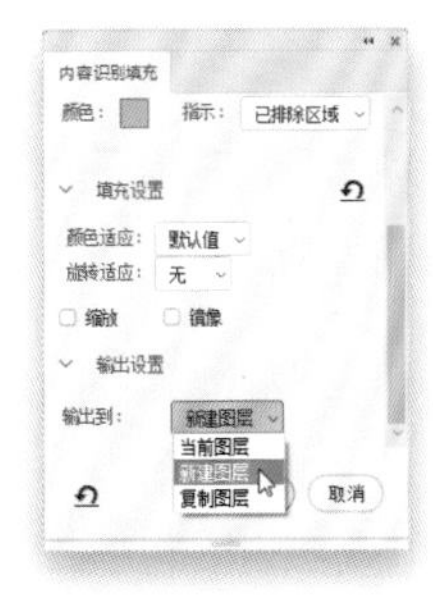

图 12-42

新图层

图 12-43

复制图层

图 12-44

第7步

这又是另外一个问题。在这个例子中，我想把芹菜从装有无骨鸡翅的盘子里移除。你可以看到我用套索工具选择了芹菜，所以这个区域呈现绿色。当内容识别填充完成它的工作时，你可以看到结果（左下方）差强人意。若要查看是否可以获得更好的结果，请转到填充设置部分，然后尝试勾选镜像复选框，该复选框允许内容识别填充在补丁认为它可以做得更好时翻转补丁。虽然在这里勾选镜像复选框并不能使它变得完美，但确实能使它变得更好。本部分中的另一个选项是颜色适应，我在上一个例子中提到过，但是这里你可以选择不同的级别（从无到非常高）。这对我们的鸡翅照片没有帮助，但你会想知道它在这里是一种选择。缩放复选框允许内容识别填充更改补丁的大小，如果它认为这样可以获得更好的效果的话（如果地板或背景上有重复的图案，就特别有用）。

第8步

在填充设置部分下面是输出设置。在这里，你只需决定完成操作后你想发生什么。你是否想要将此修复直接应用于我们正在处理的图像层（您可以从输出到下拉菜单中选择当前图层）；你是否想要将这些更改出现在图像上方各自独立的图层上（选择新图层）；或者你是否想要为你的图层创建一个新的复制，但将更改直接应用于此复制图层上（选择复制图层）？哪一个才是正确的选择？这里并没有一个“正确的选择”。这完全取决于你（我只是直接将我的修复应用到当前图层，就像你使用常规的内容识别填充一样，但那只是我自己的选择）。

常见数码照片问题处理

- 缩放图像的局部而不破坏它
- 去除边缘的“光环”
- 修复镜头的反光
- 修复群体合照

13.1 缩放图像的局部而不破坏它

我们已经很多年没有使用过胶片相机了，但为了确认，我去网络上寻找了图片的相框，可以确认的是，它们仍然适合旧的35mm胶片尺寸（8英寸×10英寸、11英寸×14英寸，等等）。我有点惊讶它们是如此的落后于时代（不只是Target，而是整个相框行业）。幸运地是，Photoshop有一种方法可以使你的图像适合这些传统尺寸，而不必裁剪它们，或者因为你缩放了图像的一部分以填充调整大小后留下的空白而破坏它们。

第1步

在这里，我将一张数码图像拖到一个传统的8英寸×10英寸文档中。当你将它调小使其适合文档而不裁剪图像的部分时，你可以看到它在图像的顶部和底部留有空白（如**图13-1**所示）。为了解决这个问题，我们将使用内容识别缩放，它可以让你扩展图像区域，而且不必像太妃糖那样拉伸你的拍摄主体、完全破坏你的图像。因为它知道图像中的主体对象，所以它做了一个“智能扩展”（这是我自己的术语，不是官方的名字），只移动不包含拍摄主体的部分。因此，我们首先进入编辑菜单，选择内容识别缩放（如**图13-1**所示）。

图13-1

第2步

图像周围会显示自由变换控制点。不过，在开始拖动之前，你可以让Photoshop知道图片中有人，这样它就知道如何拉伸图片，从而获得更好的效果。你只需单击保护肤色图标，就可以在选项栏中完成这项工作（如**图13-2**中红色圆圈所示，看起来像个小人）。完成操作后，单击图像顶部中心的控制点并直接向上拖动以填充该空白空间。你会注意到，在这里，它只扩展了天花板和她头上的墙壁，它根本没有伸展或扭曲我们的新娘，这是内容识别缩放的魔力和神奇之处。

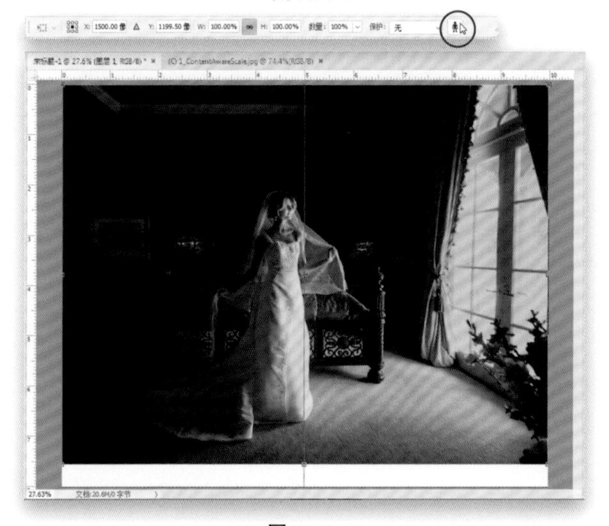

图13-2

图 13-3

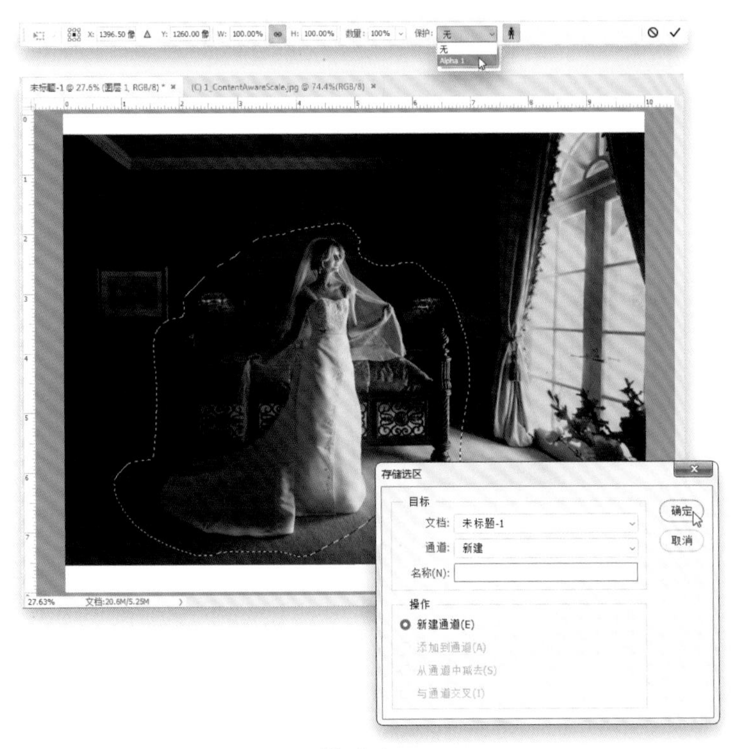

图 13-4

第3步

现在对照片底部执行相同的操作，抓住底部的中心点向下拖动，直到它智能地填补空白，而且不拉伸我们的新娘。完成后，按Enter（Mac：Return）键锁定缩放比例。你现在已经填满了空隙，而且你的新娘（和整体形象）看起来仍然很棒。这只是使用内容识别缩放的一种方法（这对我的Instagram图像有帮助），但可能还有6种方法可以使用此功能。现在，重要的是要注意，这种方法不会对每个图像都有效（我不确定我是否知道对每个图像都有效的任何效果），并且在它自己无法控制并且开始拉伸主体之前，你可以拖动多远是有限制的。但是，在下一步我还有另外一个建议，如果你不想的时候它确实开始拉伸某个东西（或某人），那可能会有所帮助。

第4步

如果你意识到拉伸物体是不应该做的，请按快捷键Ctrl-Z（Mac：Command-Z）撤销操作，然后从工具栏中选区套索工具（L），在缩放时不想移动的区域周围绘制一个松散的选区（如**图13-4**所示，在这里我在新娘和床的周围绘制一个松散的选区。这些地方真的不能搞得一团糟）。接着，在选择菜单下选择存储选区。在弹出存储选区对话框后，由于我们不需要做任何修改，只需单击确定按钮，该选区即会存储为Alpha通道。现在，在编辑菜单下选择内容识别缩放，但当你开始缩放前，从保护弹出菜单中选择Alpha 1（如**图13-4**上图所示）。这就告诉Photoshop你之前用套索工具选择的区域是要被保护的，并且只在紧急情况下拉伸（不管是那时候，还是你拉伸得太过的时候）。这是为了在你开始拉伸之前给Photoshop一个提示，这样你会得到更好的效果。

13.2 去除边缘的“光环”

光环是指出现在图像边缘的明亮线条，是编辑图像的的祸根。它们有时在自然界中自然出现，但大多数时候它们是我们后期处理的副产品。当你应用大量的色调对比、大量的清晰度，或者只是在处理HDR图像时稍微增加一些东西时，这些可怕的闪光在画面中会更加明显。虽然在Lightroom中没有很好的方法可以去除这些，但对于Photoshop来说这是很容易的工作，且主要归功于两种工具的协同工作。

第1步

这是我们处理过的图像，你可以看到在前景的岩层外边缘有一圈宽而柔和的光晕。当我们放大时，你会沿着边缘看到一圈更亮、更薄、更硬的白色光晕。两种情况都很糟糕，但这很容易修复。

图13-5

第2步

在这里，我放大了图像，这样你就可以真正看到边缘的冷光。现在，我们要确保当我们去除这种光晕时，不会意外地弄乱岩石的边缘。要做到这一点，我们要在需要处理的区域周围放置一个选区——直到边缘——当选区就位，我们就无法意外地绘制出选区外。就好像我们在它周围围了一圈篱笆，把要修理的东西留在里面。最容易设置此“围栏”的是快速选择工具（W）。只需沿着边缘区域的外部进行绘制，它就会在绘制时捕捉到岩石的边缘（如图13-6所示，我正在沿着岩石的右侧进行绘制）。你可以像更改其他画笔一样更改选择画笔的大小——按键盘上的左括号键使其变小；按右括号键使其变大。

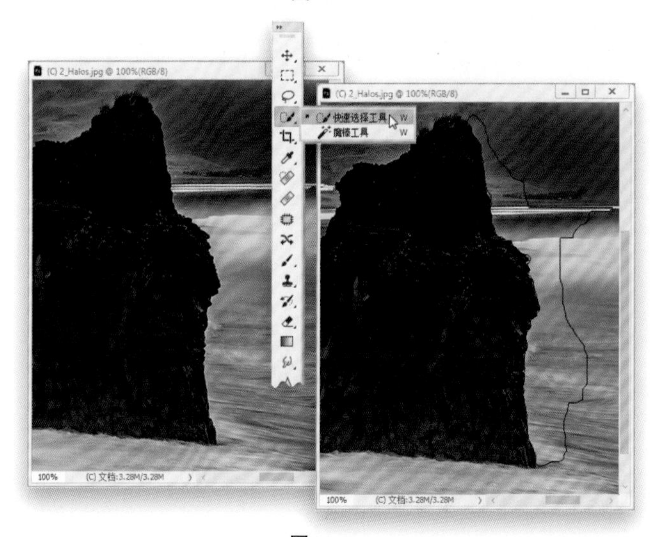

图13-6

图 13-7

第 3 步

现在切换到仿制图章工具（S）使你的画笔又小又精致。在选项栏中降低你的流量数值为25%（这样，你的笔触就会在你绘制的时候堆积起来。所以，如果你在边缘上绘制时没有完全移除它，你可以再次在它上面绘制，这样它就会堆积起来）。现在按住Alt（Mac：Option）键现在，单击岩石右侧的1/4左右处，对没有光晕的区域进行采样，然后沿着边缘移动画笔（如**图13-7**所示），并在其上开始克隆。如果你仔细观察这里，你会看到一个小的+（加号）十字光标就在我的画笔光标的右边。这是我从中取样的区域 [按Alt（Mac：Option）键并单击]，复制到我的光晕上。如果你的光晕比沿着边缘的更宽，你将使用同样的技术，但是要使用更大的画笔，你不会像我在这里做的那样靠近边缘采样，你需要在你看到光晕的区域之外采样。就是这样。

图 13-8

13.3 修复镜头的反光

我遇到过很多询问如何解决这个问题的人，可能比询问其他混合模式的人数都多，原因是它太难解决了。如果你幸运的话，你要花费一个小时或者更多的时间拼命地修复。在许多情况下，你只是坚持了下来。不过，如果你很聪明，你会增加30秒的投入拍摄一张去掉眼镜的照片（或理想一些，每换一个新姿势都拍一张“去掉眼镜”的照片）。做到这一点，那么Photoshop将做到让此修复过程非常简单。如果这听起来像一种痛苦，那么你肯定从来没有花过一个小时，拼命将反光修复掉。

第1步

在我们开始之前，首先确保你阅读了这里前面的简短介绍，否则你会不明白，在第2步中到底是怎么回事。好了，这里有一张照片，我们的拍摄对象戴着眼镜，你可以看到她眼镜中的反射（右侧非常糟糕，左侧还不太坏，但它肯定需要修复）。理想的情况是告诉你的拍摄对象，在你拍照后，他们还需要在有人走过去摘下他们的眼镜的时候保持一下姿势，这样，他们就不会改变姿势，如果他们自己摘下眼镜，他们绝对会改变姿势，然后再拍第二张。这就是我在这里所做的。

图13-9

第2步

因为我在她的眼镜上看到有反光，我让一个人去拿走它，然后我又拍了一张（她的头微微移动了，但我们能够很容易地将两张照片很好地合成）。当第二次拍摄的照片也在Photoshop 中打开了，我们选取移动工具（V），并保持两个图像都可见（浮动），按下并按住Shift键，然后单击并拖动“戴眼镜”的照片覆盖上“不戴眼镜”的照片，让它们在同一个文件中（如图13-10所示）。

图13-10

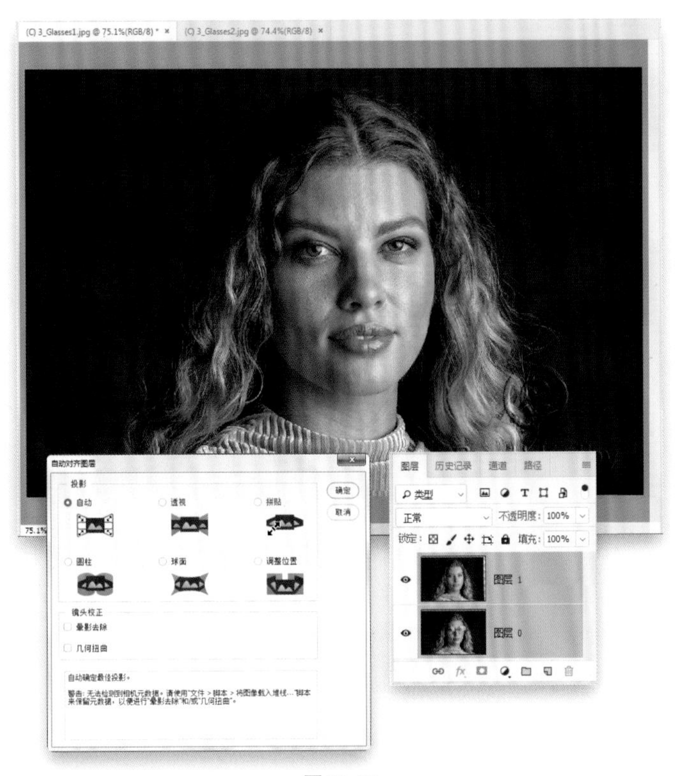

图 13-11

第 3 步

现在，按住 Shift 键可以帮助对齐照片，但它仍然有点错位，因为她在拍照时轻微移动了。所以，我们将利用 Photoshop 对齐它们。首先，按住 Ctrl（Mac：Command）键并单击在图层面板的每个图层，以同时选择他们两个，然后在编辑菜单中，选择自动对齐图层。当对话框出现时（如**图 13-11** 所示），将投影设置为自动，然后单击确定按钮。一旦完成后，图像周围的边缘可能会出现一些透明区域，Photoshop 在调整它们的同时扭曲了图像，不过不用担心，我们一会儿会处理这个情况。

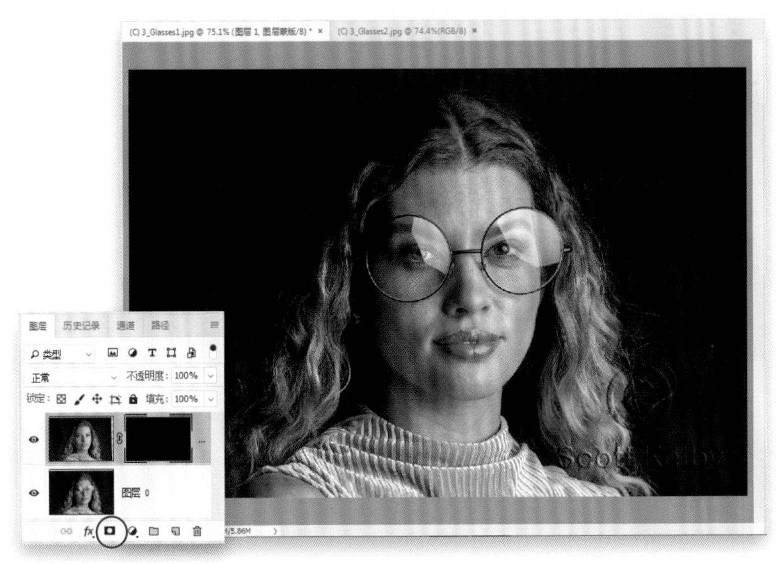

图 13-12

第 4 步

单击顶部图层，使其处于活动状态，然后按住 Alt（Mac：Option）键单击在图层面板底部的添加图层蒙版图标（从左边数第 3 个图标）以将顶部图层隐藏在黑色图层蒙版的后面。你现在应该看到了“戴眼镜”的图像，但在图层面板中，你会看到在“拿掉眼镜”图像上的黑色的图层蒙版图层处于激活状态（在它的周围环绕着一个白色边框）。

第5步

使用缩放工具（Z）放大她的眼睛，请确保你的前景色设定为白色，选取画笔工具（B），然后在选项栏中的画笔选择器中选择一个小的，边缘柔化的画笔。然后，只要简单地开始涂画右边的镜框，然后就可以使她没有眼镜的眼睛图像露出（如**图13-13**所示）。你所做的就是让顶部图层显示出来，但仅限于你需要的部分。一旦右边的眼睛完成修改，就对左侧的眼睛做相同的修改。确保你用的是一个小的笔刷，小心不要意外擦除任何镜框部分。如果你擦除了镜框，也没有什么大不了的，只要按X键，切换你的前景色为黑色，就可以将镜框涂画回来。

图13-13

第6步

一旦你完成了，返回完整显示图层，这样，我们就可以修复透明边缘。选取裁切工具（C），拖动裁切边界线到照片的边缘，然后按Enter（Mac：Return）键来完成裁切。最后，你可以继续并通过选择图层面板中的弹出菜单里的拼合图层来拼合（在面板的右上方）。你可以在下一页中看到修改前和修改后的效果。

图13-14

图 13-15

第7步

当你快要完成时，放大图像仔细查看，以确保你没有遗漏任何东西。你可以使用键盘上的左括号键尽可能缩小硬的圆形画笔（就像我在这里所做的那样）。一旦你在这一边完成了，对另一边的反射做同样的事情。这方面没有太多的思考，所以不应该花太多时间来修复它。你可以看到图 13-16 中修改前和修改后的效果。

图 13-16

13.4 修复群体合照

合影照片始终是一个挑战，因为毫无疑问，在这群人中的某些人会被拍得很糟糕（至少我的家庭经历过这种情形。我是开玩笑的，你知道吧？）。好吧，真正的问题是，合影时总是有一个或更多的人在错误的时间眨了眼睛、忘了微笑，或者没有看镜头等。我们将寻找两种方法来解决这个问题——第1种方法是最简单的，即当你拍照时使用三脚架；第2种方法是手持相机拍摄集体照（别担心，还是很简单的）。

第1步

这是我的一些工作人员在完成拍摄任务后，使用三脚架在工作室里拍摄的合影（手持拍摄版本即将推出）。艾瑞克（画面最右边穿着红色衬衫，双臂交叉的那位）在拍摄时眨眼了，这就是为什么我们总是一张接一张地拍摄多组照片的原因，因为拍摄中的人越多，就越可能是有人在眨眼，或者是被捕捉到往另一个方向看，或者是没有微笑。所以我们需要在类似的照片中找到另一张艾瑞克没有眨眼的照片。

图13-17

第2步

这是几分钟后拍摄的另一张照片。艾瑞克在这张照片中看起来很棒，但我不想用这张照片作为最终的图像，因为其他人的表情在另一张照片中都要好得多。所以，我们有一张4个人表情都很好的照片，以及这张艾瑞克的表情很好的照片。我的想法就是把艾瑞克的表情从这张照片中提取出来，并添加到你在第1步看到的照片。这样，每个人看起来都很棒。

图13-18

图 13-19

第3步

首先，从工具栏中选取套索工具（L），然后围绕艾瑞克的脸绘制选区（如**图13-19**所示）。你不需要选择整个头部，除非你觉得这是绝对必要的，当你只是替换面部而不是头部的时候，这种技法更简单（顺便提一下，在这种情况下，你可以选择他眼睛周围的区域）。但是，由于人们往往在照片之间移动他们的头，我通常会选择整张脸，只是为了节省时间）。当你选择了他的脸部，按快捷键Ctrl-C（Mac：Command-C）将其复制到内存中。

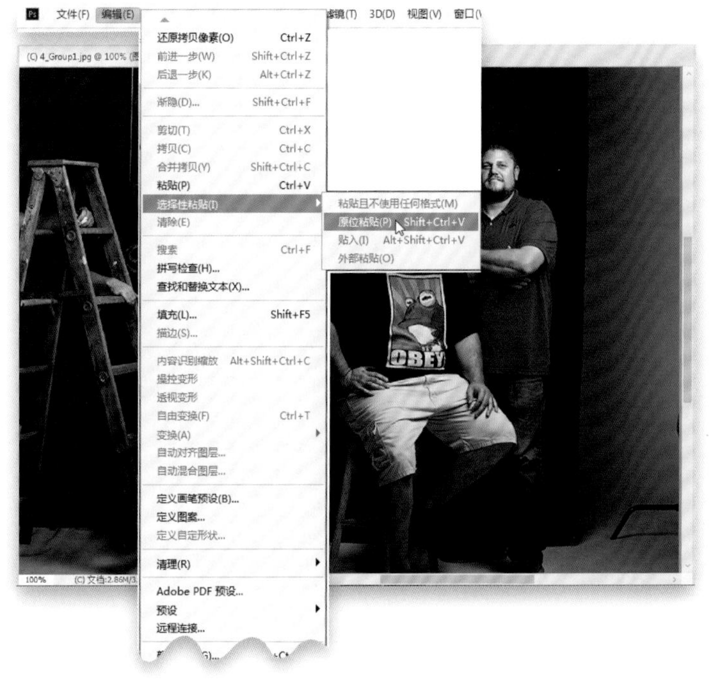

图 13-20

第4步

现在，切换到原始照片文件（就是那张除了艾瑞克，每个人的眼睛都睁开了的照片），然后在编辑菜单的选择性粘贴下选择原位粘贴。这是一个特殊的粘贴版本，非常适合这种情况（正如你将在下一步中看到的）。

第5步

当你选择原位粘贴时，他的头会粘贴到这张照片中与原始图像文档中完全相同的位置。不管怎样，因为我用三脚架拍摄时，他的脸部位置完全一样，然后砰的一声——你就完成了。如果他移动了一下头，当它原位粘贴时看起来有点不对劲，我们可以切换到移动工具（V），然后单击并把它拖动到合适的位置。

提示：如果它的位置不合适

当你选择原位粘贴时，如果它没有放在合适的位置上（他的头移动了），我上面提到过你可以使用移动工具将它拖动到合适的位置。但这不是提示。提示是转到图层面板，降低粘贴图层的不透明度，这样你可以从背景图层看到他的眼睛，这有助于你将他的眼睛完美地在两个图层上对齐。

第6步

这一切都非常完美，因为我使用了三脚架拍摄。但是，如果你手持拍摄呢？接下来，我使用了一种稍微不同的技巧。首先，我们需要把这两张照片放到同一个文档中。因此，把艾瑞克的表情看起来不错的图片挑选出来，按快捷键Ctrl-A（Mac：Command-A）选中整个图片，然后按快捷键Ctrl-C（Mac：Command-C）将其复制到内存中。现在，切换到另一张照片，然后按快捷键Ctrl-V（Mac：Command-V）将图像粘贴到内存的正上方。粘贴的图像将显示在其单独的图层上（如图13-22的图层面板中所示），但如果我们的任何一个对象在帧之间移动了一点点（通常有人这样做），那么这两张照片将不会完全对齐。幸运的是，Photoshop可以为我们进行图层对齐。

图13-21

图13-22

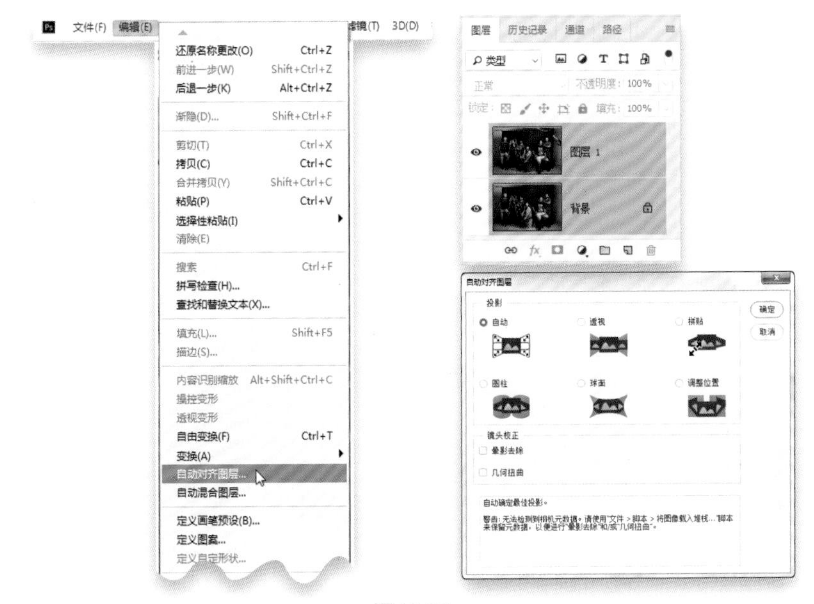

图 13-23

第7步

首先转到图层面板，在已选定顶部图层的情况下，按住Ctrl（Mac：Command）键并单击背景图层以选中两个图层（如图13-23所示，右上角）。现在，在编辑菜单下，选择自动对齐图层（如图13-23所示，左上角）。当自动对齐图层对话框出现时，单击自动单选按钮（如果尚未选中），然后单击确定按钮让Photoshop为你对齐这两个图层（它通常在这方面也做得非常出色！）。执行此操作时，有时会导致在此过程结束时对图像进行轻微的裁剪，使用裁剪工具（C）消除图像外部留下的任何细小的角落间隙。

图 13-24

第8步

无论你是使用原位粘贴，还是必须使用自动对齐图层功能来使两个图层完全对齐，此时，它们都是对齐的。因此，单击顶部图层使该图层处于活动状态，然后按住Alt（Mac：Option）键并单击图层面板底部的添加图层蒙版图标（左侧的第3个图标，如图13-24中红色圆圈所示），将顶部图层（艾瑞克的眼睛完全睁开的那个图层）隐藏在黑色图层蒙版后面。现在，从工具栏中选取画笔工具（B），从选项栏中的画笔选取器中选择一个小的柔边画笔，并在前景色设置为白色的情况下在艾瑞克的脸上绘制（大致这个区域）。随着你的绘制，顶部图层显示了他“睁大眼睛”的版本（如图13-24所示），而你的团队合照里每个人看起来都很不错。

人像后期处理工作流程

- 工作流程第1步：拍摄之后立即执行该操作
- 工作流程第2步：找出“留用”照片并建立收藏夹
- 工作流程第3步：快速修饰选中的照片
- 工作流程第4步：在Photoshop内做最终的调整和处理
- 工作流程第5步：传递最终图像

14.1 工作流程第1步：拍摄之后立即执行该操作

拍摄结束之后，在Lightroom 和Photoshop 内开始排序/ 编辑处理之前，我们有一些“重中之重”的事情要做，这就是在执行任何其他操作之前应立即备份照片。我实际上还在现场的时候就备份了。

第1步

导入照片后，它们已经在Lightroom内，但是还没有在任何地方备份——这些照片唯一的副本是在这台计算机上。如果笔记本电脑出现问题，这些照片就永远丢失了。因此，在拍摄之后要立即备份这些照片。尽管在Lightroom 内可以看到照片，但还需要备份这些照片文件自身。一种快速查找其文件夹的方法是转到Lightroom，用鼠标右键单击这次拍摄的某张照片，从弹出菜单中选择在资源管理器中显示（Mac：Show in Finder），如图14-1所示。

图14-1

第2步

这将打开Windows 资源管理器（Mac：Finder）的文件夹窗口，实际照片文件显示在其中，因此请单击该文件夹，把这个文件夹拖放到备份硬盘上（这必须是一个独立的外置硬盘，而不只是同一台计算机上硬盘的另一个分区）。如果你没有外置硬盘，则至少要把该文件夹刻录到CD 或DVD上。

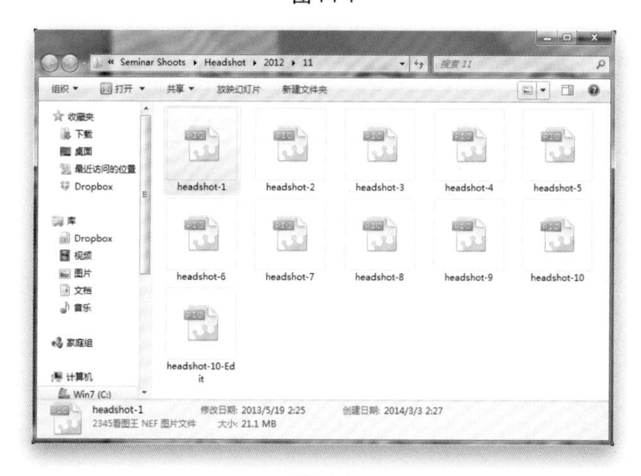

图14-2

14.2 工作流程第 2 步：找出“留用”照片并建立收藏夹

现在照片已经处于Lightroom 中，并且被备份到独立的硬盘，因此，现在该为这次拍摄的照片创建“保留”收藏夹，以删除那些虚焦、闪光灯没有触发或者混乱的照片（标有排除旗标的照片）。我们将通过创建收藏夹简化后面的工作，之后在该收藏夹集中为留用和选择图像（要展示给客户的最终图像）创建另一个收藏夹。

第 1 步

在图库模块内，请转到收藏夹面板（位于左侧面板区域内），单击该面板标题右侧的 +（加号）按钮，从弹出菜单中选择创建收藏夹集。当创建收藏夹集对话框弹出后，把新的收藏夹命名为Scarf Studio Shoot，之后单击创建按钮。现在我们得到了收藏夹集，可以在其中保存我们的留用图像，以及要展示给客户的最终图像（但是我们现在并不真正打算用这个收藏夹集——我们创建它是为了在稍后步骤中使用）。

图 14-3

第 2 步

我现在要查找这次拍摄中的留用和排除照片。按下字母键 G，在网格视图内查看照片，然后转到最顶部，双击第一张照片（这样它放大在放大视图内）。现在使用键盘上的左/右方向键查看拍摄中的每一张照片。每当看到一幅可留用照片时，按键盘上的字母键 P 将其标为“留用”，每当看到需要排除的照片（虚焦、构图失败、杂乱等）时，按字母键 X（将其标为“排除”，以待删除）。当你在所有图像之间移动时，请记住：只有留用和排除——而没有星级等。如果标记错了，按字母键 U 移去旗标。

图 14-4

第3步

选出留用和排除照片后，让我们从照片菜单中选择删除排除的照片，以删除排除照片，保留留用照片（如**图14-5**所示）。顺便说一下，当你将一张照片标记为排除后，它的缩览图实际上变得灰暗，呈现另一种视觉效果（除了黑色旗标之外），提醒你照片被标记为排除。

图14-5

第4步

现在，让我们打开过滤器，以仅显示留用照片（毕竟，这才是我们的目的——将留用照片与其他照片区分开来）。请转到预览区域上方的图库过滤器，单击属性，之后单击白色留用旗标过滤图像，以便只显示出留用照片。注意：如果在预览区域的顶部看不到图库过滤器工具栏，请按键盘上的\（反斜杠）键，使其可见。

图14-6

图 14-7

第5步

现在按Ctrl-A（Mac：Command-A）选择所有留用照片，之后按Ctrl-N（Mac：Command-N）创建新的收藏夹。该对话框弹出后，把这个收藏夹命名为“Picks”，打开在收藏夹集内部复选框，从下拉列表内选择我们在第1步中创建的Scarf Studio Shoot集（看到了吧？我告诉过你我们以后会用到）。一定要打开包括选定的照片复选框（这样的话，这些选定的照片会自动进入新收藏夹），单击创建按钮。这将把这些留用照片保存在Scarf Studio Shoot集下它们自己的收藏夹内（如**图14-7**中底部所示）。现在，所有留用照片仍然标有旗标，但是因为它们位于自己的收藏夹内，所以我们需要将旗标移除，为下一步做准备。所以，全部选中它们，然后按下字母键U移去旗标。

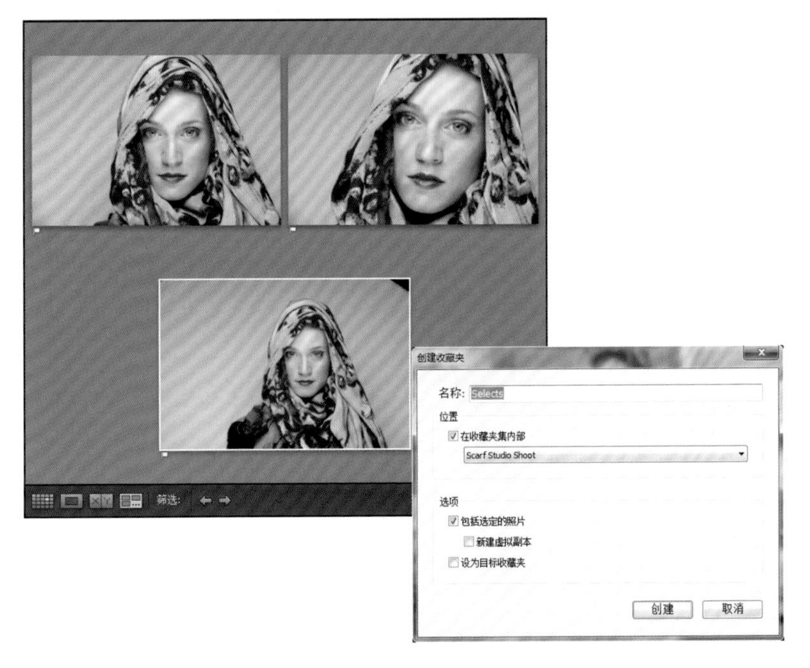

图 14-8

第6步

现在需要进一步精简照片——精简到只有那些我想展示给客户的照片。要完成精简，我选择Picks收藏夹某个姿势的所有图像，之后按字母键N进入筛选模式。照片会并排出现在屏幕上，我不断删除不是最喜欢的那幅照片，直到剩下一张或两张我喜欢的同一姿势的照片。单击此照片（如**图14-8**所示，我单击中间的照片），然后将其标为留用。按字母键G回到常规网格视图，选择一组下一个姿势照片，执行相同的精简操作（我最终留下了3张留用照片）。打开图库过滤器中的留用旗标滤镜，选择所有留用照片，再创建另一个新的收藏夹，把它命名为Selects，并保存在Scarf Studio Shoot收藏夹集内。

14.3 工作流程第3步：快速修饰选中的照片

现在已经把图像精简为将要演示给客户的这一部分，需要做出决定的时间到了：是想让客户以“原样”查看校样照片，还是想先在Lightroom的修改照片模块内调整它们？如果你想“原样”展示，则请跳到下一节。但是，如果你愿意花几分钟时间稍微调整一下，那就在这里跟着我操作。顺便提一下，这是一些快速调整，我们现在不想花费大量的编辑时间，因为客户很可能只想找出一幅最终图像（或者一张也不要）。

第1步

让我们对这张留用照片做一些轻微的调整，以准备好给客户展示。当然了，如果白平衡和曝光度关闭，我会在其他修饰之前先到修改照片模块校正这两个问题（在本例中，它们已经没问题了）。现在开始快速修饰。我注意到的第一点是模特的眼白有点偏灰，虹膜也很暗淡，所以请选取调整画笔工具（如**图14-9**中红圈所示）。将曝光度滑块稍微向右拖动（在这里我将其拖到+0.68），在模特眼白上绘图，使其变亮。完成绘图后，你可以调整一下数量（我将其提高到+0.82，这样看起来亮一点了）。让我们对模特的虹膜增加一点对比：首先单击新建，然后将所有滑块复位归零（双击效果二字）。再然后，增加对比度值（开始是25，之后增加到62），最后直接在虹膜上绘图。

图14-9

第2步

如果放大照片，会更清楚地看到模特的皮肤上有几个黑痣需要去除。从工具栏中选取污点去除工具（如**图14-10**中红圈所示），调整笔刷尺寸，使其刚刚大过希望移除的黑痣的尺寸，然后将光标移动到黑痣上，只需单击一次以去除黑痣。请进行这一操作，花费1分钟时间去除较大的黑痣。

图14-10

第3步

在戴上头巾之前，化妆师就给模特上了唇彩，连同头巾的颜色，它看上去太红了。所以，请前往HSL面板，单击顶部的饱和度，然后单击目标调整工具（面板左上角类小靶状图标）。直接在模特嘴唇上单击，向下拖动，这将降低红色饱和度（在这里，我将其向下拖，直到颜色得到更好的匹配，此时红色滑块是-31）。现在效果更好。

图14-11

图14-12

第4步

在图像左上角，能看到模特背后的柔光箱的边缘，很显然，我们不希望它出现在照片中。所以，请前往工具栏，再次选取污点去除工具，在该区域上绘图以将其去除（这将充分利用Lightroom 5中新添加的修复笔刷功能）。当执行此操作时，你会发现有许多皱纹，所以请绘图并同时将皱纹去除（这将花费你几分钟时间，因为皱纹数量很多，但是起码我们现在能在Lightroom中修复了）。不要忘了将这些快速修饰同样应用到另外两张要发送到客户审阅的照片中。

图14-13

14.4 工作流程第 4 步：在 Photoshop 内做最终的调整和处理

客户把他们选取结果告诉我之后，我就开始处理最终图像——首先在 Lightroom 内，之后，如果需要，就转到 Photoshop。在这个例子中，因为我要做一些更复杂的人像修饰，所以需要转到 Photoshop 来完成，但这一处理总是从 Lightroom 开始。

第 1 步

客户通过电子邮件把他们的挑选结果发送给我之后，我转到图库模块内的 Selects 收藏夹，我按键盘上的数字键 6 把它们打上红色标签 [我通常不这样做，但我们甚至还可以为客户最终选择的留用图像创建一个独立的收藏夹，并把它命名为 Client Selects（客户选择），但是否这样做完全由你决定]。在这个例子中，客户只选中一幅照片（我用红色标签将其标记，如**图 14-14** 所示）。

图 14-14

第 2 步

让我们在转到 Photoshop 之前在 Lightroom 内裁剪照片。所以，前往修改照片模块，单击工具栏内的裁剪叠加工具。单击并向内拖动裁剪框的一角，直到得到如**图 14-15** 所示的紧凑裁剪效果。完成后，单击 Enter（Mac：Return）锁定裁剪。

图 14-15

图 14-16

图 14-17

图 14-18

第 3 步

现在，我们转到Photoshop。按Ctrl-E（Mac：Command-E），稍等片刻，图像就显示在Photoshop内（如图14-16所示）。当然，这样做是假设你已经有Photoshop。我们将进行几项在Lightroom中无法实现的最终修饰——如校正面部对称（使面对特征完美对齐）。例如，模特右眼和眉毛比左边低（我显示出参考线，这样你能轻松看出这个问题）。同样的问题出现在嘴唇上—右边比左边低，所以看起来不是很对称。我们将在Photoshop中快速校正所有这些问题，所以请放大照片，按几次Ctrl-+（Mac：Command-+）键，以放大成如图14-16所示的效果。

第 4 步

我们将在模特眼睛和眉毛周围放置选区，柔化边缘，将其放置到自己的图层中，然后向上推动选区1/8英寸，以使得两只眼睛完美对齐。因此，首先选取套索工具（L），沿着模特右边的眼睛和眉毛周围创建一个选区，如图14-17所示。现在，要柔化选区边缘（并且掩盖我们做过修饰的痕迹），请进入选择菜单，在修改下选择羽化。当羽化选区对话框出现后（如图14-18所示），输入10像素（创建一个平滑的边缘过渡），然后单击确定按钮。

第5步

现在，按Ctrl-J（Mac：Command-J）键将选区放在一个单独的图层上。现在需要做的是切换到移动工具（V），使用向上箭头键将整个区域稍微提高几个像素，直到两边的眼睛看起来对齐（在本例中，我按了10次键）。为什么在选择区域上看不到生硬的线条或者明显的边界呢？这是因为我们添加了10像素的羽化，通过创建平滑过渡而隐藏了生硬的边界。现在，继续校正嘴唇。我们实际上要对嘴唇部分进行两个快速校正：降低上嘴唇左侧的高度，使其与右边匹配；使右侧嘴角（嘴唇相交的地方）变平，并且延伸它，使其更好地与左边匹配。但是，在进行操作之前，我们先按Ctrl-E（Mac：Command-E）键合并图层。

图14-19

第6步

进入滤镜菜单，选择液化，这将打开如**图14-20**所示的液化对话框。放大模特嘴唇部分（使用几步之前我们提到的同一键盘快捷键），然后单击左上角工具栏中的第一个工具（被称为向前变形工具）。该工具可以移动图像，类似于图像是有厚厚的液体组成的（像糖浆）。调整画笔尺寸，使其稍微大于要调整的嘴唇部分（可以使用键盘上的左右括号键调整画笔尺寸——位于字母P右边）。然后，将画笔放在上嘴唇左侧部分（如**图14-20**所示），单击，然后轻微向下推动，直到其与右侧位置持平。非常简单，对吗？现在，选取同一工具，转到右侧嘴角，轻微向外侧推动，使其更长，然后稍微向上推动，这样它看起来和左边一样平。可能也需要非常轻微地向上推动下嘴唇的右侧，靠近中央右侧的地方。

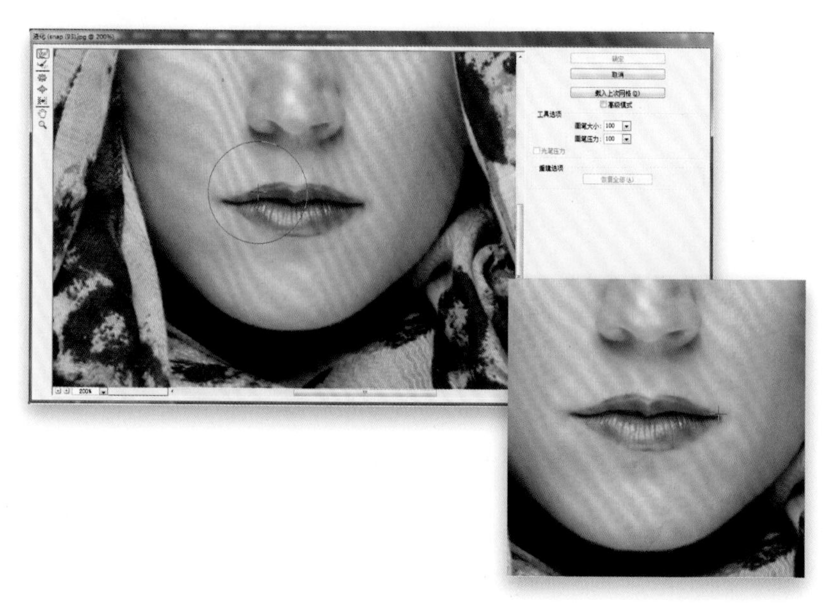

图14-20

图 14-21

第 7 步

模特的鼻子并不大，但是我们将使用非常适合此类修饰的工具来使其变得稍微小一点。它被称为折叠工具，可以缩小任何被单击的区域（或者被保持单击的区域）。所以，请切换到折叠工具（工具栏中第 3 个），在模特鼻子的主要部分单击几次（可能五六次），然后向上移动，在鼻梁位置，单击 3~4 次。最后，单击每个鼻孔 2~3 次（之所以单击这些不同的区域，而不是使用一个较大的画笔，是因为我想确保受影响的只是鼻子，而不是周围区域。使用太大的画笔，会影响到其他区域）。完成后，单击确定按钮应用这些修饰。

图 14-22

第 8 步

当完成 Photoshop 操作后，可以转回到 Lightroom 中完成锐化，但是因为当前在 Photoshop 中，所以我们可以利用一款工具，它能够帮助我们只锐化一个区域，并且使用整个 Photoshop 内最先进的锐化运算流程（Adobe 在 CS5 中更新了这项工具的算法，添加了保护细节复选框，在默认状态是开启的，对于类似锐化眼睛之类的工作效果极佳）。因此，请大幅度放大图像，选取工具栏中的锐化工具（位于模糊工具下方），确保选项条中的保护细节复选框被打开。现在，沿着眼睛虹膜周围进行几次圆形绘图，它确实使得眼睛更加闪亮！

第9步

我在Photoshop中做的最后一件事情是检查整个图像，看有没有遗漏任何痣点或者散乱的头发，使用修复画笔工具将其去除（按Shift-J键，直到达成效果；它与Lightroom 5的污点去除工具工作方式类似）。在Photoshop 内完成所有编辑后，还剩下两个步骤。（1）按Ctrl-S（Mac：Command-S）保存图像。不要重命名它，不要选择新位置存储它，不要执行存储为命令，只是简单按Ctrl-S保存它。（2）关闭图像。

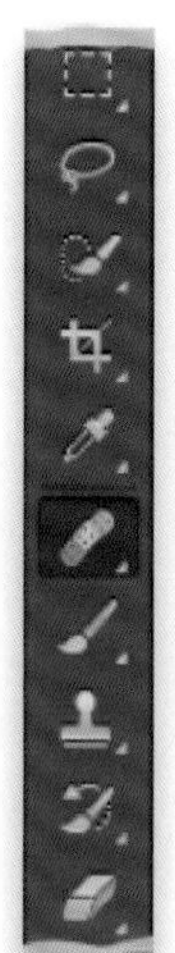

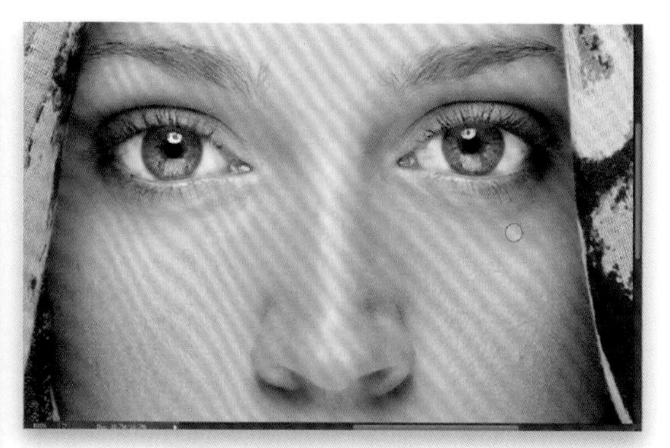

图14-23

第10步

就是这样——只做这两件事，编辑过的图像将会出现在Lightroom中原始未编辑图像的旁边，文件名最后带有“编辑”二字。**图14-25**中，我将两张图片放在一起，这样你能看到修改前/后对比。这不是那种天翻地覆的修饰——都是轻微的修改，最终结果也是微妙的，但是这就是创意。

图14-24

图14-25